职业教育本科土建类专业融媒体系列教材
浙江省普通高校"十三五"新形态教材

全过程工程造价咨询

王瑜玲　郑宽善　主编
任玲华　冯改荣　卢倩阳　杨　莹　副主编

中国建筑工业出版社

图书在版编目（CIP）数据

全过程工程造价咨询 / 王瑜玲，郑宽善主编；任玲华等副主编. — 北京：中国建筑工业出版社，2024.4
职业教育本科土建类专业融媒体系列教材　浙江省普通高校"十三五"新形态教材
ISBN 978-7-112-29815-0

Ⅰ. ①全…　Ⅱ. ①王…②郑…③任…　Ⅲ. ①工程造价-咨询业-高等学校-教材　Ⅳ. ①TU723.3

中国国家版本馆 CIP 数据核字（2024）第 087590 号

本书以习近平新时代中国特色社会主义思想和党的二十大精神为指导，依据国家最新政策与法规、最新动态和科研成果，以工程造价改革工作方案及住房和城乡建设部发布"十四五"建筑业发展规划为指引，对新模式、新理念、新方式、新流程全过程工程造价咨询的组织、实施、相关政策、取费标准、方法和手段、相关企业的发展等内容，用具体的真实案例，给出对应的解决方法，为全过程工程造价咨询提供相应的指导。

本书着眼于专业人才的科学思维与技能培养，分别从建设项目的全流程，决策、设计、招标投标、施工、结算、运营等阶段阐述工程造价咨询的内容与实务要点。

每一个模块设置导言或案例引入、训练目标和训练要求，引导学生学习，为授课教师的教学提供参考。每一个模块后附有对应任务点和综合训练，书中也配有大量的案例及可参考的技术经济资料，具有较强的实用性和可操作性。

本书可作为高等院校工程造价、建设工程管理、建筑工程技术、工程监理等相关专业的教材，也可作为建筑行业工程造价、工程管理等专业从业人员培训或自学辅导用书。

为方便教学，作者自制课件索取方式为：1. 邮箱 jckj@cabp.com.cn；2. 电话（010）58337285；3. 建工书院 http://edu.cabplink.com。

责任编辑：刘平平　李　阳
责任校对：赵　力

职业教育本科土建类专业融媒体系列教材
浙江省普通高校"十三五"新形态教材
全过程工程造价咨询
王瑜玲　郑宽善　主编
任玲华　冯改荣　卢倩阳　杨　莹　副主编
＊
中国建筑工业出版社出版、发行（北京海淀三里河路 9 号）
各地新华书店、建筑书店经销
北京鸿文瀚海文化传媒有限公司制版
天津安泰印刷有限公司印刷
＊
开本：787 毫米×1092 毫米　1/16　印张：17¼　字数：426 千字
2024 年 4 月第一版　　2024 年 4 月第一次印刷
定价：**50.00** 元（赠教师课件）
ISBN 978-7-112-29815-0
（42664）

前　言

本教材是浙江省普通高校"十三五"新形态教材，系全过程造价咨询系列教材之一。

全过程工程造价咨询是一项环环相扣、不可分解的整体工作，往往通过对工程造价的量化分解来实现，不同阶段的工程造价管理手段有所不同。

本书以投资者的视角，从决策阶段、设计阶段、招标投标阶段、施工阶段、结算阶段、运营阶段详细分析全过程造价管理的概念、内容和咨询要点。

本书结构体系完整，教学性强，内容注重实用性，支持启发性和交互式教学。为精准地引导学生学习，为授课教师的教学提供参考，每一个模块设置导言或案例引入，融合新技术、新工艺、新设备、新材料，引入与知识内容匹配的工程等；为突出教学重点，本书每一个项目前均设置了训练目标和训练要求，引导学生学习，为授课教师的教学提供参考。每一个模块后附有对应任务点和综合训练，书中也配有大量的案例及可参考的技术经济资料，具有较强的实用性和可操作性。

本书由浙江广厦建设职业技术大学王瑜玲担任第一主编，浙江中诚工程管理科技有限公司郑宽善担任第二主编，浙江建设职业技术学院任玲华、浙江广厦建设职业技术大学冯改荣、卢倩阳、杨莹担任副主编，浙江中诚工程管理科技有限公司张姝玲、许筠筠、唐燕芳等参编。全书由王瑜玲统稿校正。浙江广厦建设职业技术大学黄丽华主审。

从丁士昭教授提出全过程工程咨询概念、住房和城乡建设部发文推进试点工作到今天，全过程工程咨询已经成为一个时髦和热门的话题。但是如何更好地组织、实施全过程工程造价咨询，如何保证工程咨询质量、如何使用信息化手段解决造价咨询中的问题，仍待进一步解决。本书在编写过程中参考了许多相关文献，并将主要参考文献列于书末，在此向所有作者致以衷心的感谢。

我国的全过程工程造价咨询还在不断地改革与发展中，尚有许多问题有待进一步地探讨与研究，加之编者水平有限，书中疏漏及不妥之处在所难免，敬请各位专家、学者、同行和广大读者批评指正，我们将不胜感激！

目　录

模块一

认识全过程造价咨询

 导言

2017年《国务院办公厅关于促进建筑业持续健康发展的意见》国办发〔2017〕19号，鼓励工程咨询企业开展全过程工程咨询服务，在全国掀起了对全过程工程咨询探索与实践的热潮，拉开了全过程工程咨询改革的序幕。2020年住房和城乡建设部等九部门联合印发《住房和城乡建设部等部门关于加快新型建筑工业化发展的若干意见》提出：要发展全过程工程咨询，大力发展以市场需求为导向、满足委托方多样化需求的全过程工程咨询服务，培育具备勘察、设计、监理、招标代理、造价等业务能力的全过程工程咨询企业。2022年的"十四五"建筑业发展规划中将发展全过程工程咨询服务作为完善工程建设组织模式的主要任务。

全过程工程咨询推行以来，政府、行业协会相继出台一系列导则、指南等，规范引导全过程工程咨询良性发展，业主、咨询单位、高校等开展不同程度和形式的摸索与实践，提出实施全过程工程咨询的策略和路径。越来越多的人意识到全过程工程咨询服务是一种创新咨询服务组织实施方式，是工程咨询行业乃至整个建筑行业改革升级的一次重要契机。

训练目标

了解全过程造价咨询的背景与意义，了解全过程造价咨询的相关政策，了解全过程造价咨询的职业道德；熟悉全过程造价咨询的主要内容，了解全过程造价咨询项目团队组建与绩效考核。

训练要求

通过全过程造价咨询基本知识的学习，增强紧跟行业发展意识，提升与时俱进的能力。

1.1 全过程造价咨询的背景与意义

1.1.1 全过程造价咨询的背景

改革开放以来，我国工程咨询服务市场化、专业化快速发展，从开始的工程咨询基本由设计院来承担，逐步引入监理制度，建立招标代理、造价咨询等制度，逐步形成了投资咨询、招标代理、勘察、设计、监理、造价、项目管理等几个管理要素及对应承担机构，部分央企项目还开始开展事后评价工作。在现有制度支撑下，我国形成了基建大国的事实地位。同时形成了项目实质上专业条块"碎片化咨询现状"，项目业主通过平行承发包模式，独立与上述各单位打交道，综合取舍各单位"碎片化"咨询意见的难题则丢给了业主，而业主往往是非专业的，缺乏此类能力。而当项目出了问题，责任又往往推到对应某个"碎片"咨询意见的提供单位，缺乏有效的权责对应机制。此外，对项目最重要的立项及可研阶段重视程度不够，立项论据数据没有运维数据支撑，投资数据没有建设过程的造价数据支撑，整体上缺乏高质量的项目全生命周期的宏观咨询意见，往往导致投资决策轻率、建设过程浪费、责任主体不明确等乱象丛生，造成投资效果不尽如人意，很多项目建成即亏损。由于没有全过程的链条，缺失有效的负反馈机制，无法闭环，导致前人踩过的坑，后人继续去踩。

随着我国固定资产投资项目建设水平逐步提高，为更好地实现投资建设意图，投资者或建设单位在固定资产投资项目决策、工程建设、项目运营过程中，对综合性、跨阶段、一体化的咨询服务需求日益增强。这种需求与现行制度造成的单项服务供给模式之间的矛盾日益突出。在这样的背景下，推行全过程工程咨询旨在解决上述问题，实质上是把"项目代建"的内涵加以修正：剥离管理职能，咨询内容扩大到包含项目决策咨询、监理、造价咨询等全系列智力服务，服务时点延长到项目全生命周期，介入时点前延到项目决策阶段，向后延伸到项目运维阶段，本质上是让专业人做专业事，把指挥棒交到专业人士手中。

与此同时，近年来新技术不断发展，与工程造价相关的新技术包括信息化、互联网＋、大数据、BIM技术等，对工程造价的技术手段带来根本性的改变，在新时代技术背景下，涌现出数字化造价、云计价等新概念，以期更好地促进造价咨询服务技术水平的提升，彻底改变传统造价咨询模式和手段，新时代、新技术、新应用、新发展，这也给造价咨询带来机遇与挑战。新时代技术环境的改变必然要求不断创新咨询服务组织实施方式，大力发展以市场需求为导向、满足委托方多样化需求的全过程工程咨询服务模式，而新技术的应用也有利于全过程造价咨询服务的发展与推动，能改变过去碎片化的造价咨询服务模式，不断提升项目价值。

根据工程造价咨询统计公报数据，自2014年以来，全过程造价咨询业务收入逐年增长，年收入增长幅度最高可达25.54%，2021年，全过程造价咨询业务收入占总造价咨询业务收入的32.50%，具体如图1-1、图1-2所示，可见全过程造价咨询是未来的发展趋势。

1.1.2 全过程造价咨询的必要性

全过程造价管理（Whole Process Cost Management——WPCM）的提法是在原国家计划委员会计标（1988）30号文件中就提出的一个工程造价领域的全新思想，此后国内外工程造价管理界开始了对于这方面的研究。经过这些年的研究，建设项目全过程造价管理的基本理念已经建立起来了，但相应的建设项目全过程造价管理的具体理论和方法仍然需要不断地深化与补充。

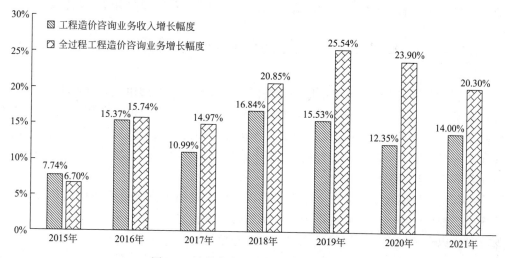

图 1-1 造价咨询业务收入增长幅度对比

图 1-2 造价咨询业务收入对比

从 20 世纪 90 年代开始，国内外工程造价界都十分重视和关注对工程项目全面造价管理的理论和方法的研究。21 世纪步入工程项目全面造价管理的发展阶段。随着投资体制的多元化和国际建设市场激烈竞争，亟需一大批熟悉和掌握国际上先进的建设项目造价管理理论和方法，并能熟练掌握建设项目全过程造价管理的高级管理人才。

2017 年以来，随着中国政府推动"一带一路"建设及"放管服"改革不断深化，推广全过程工程咨询成为当今中国建设领域深化改革的三大国家战略之一。从服务的时间跨度看，全过程工程咨询涵盖工程建设项目前期研究、决策以及项目实施和运维的全生命周期；从服务的执业范围看，全过程工程咨询提供包含设计和规划在内的涉及组织、管理、经济和技术等各有关方面的工程咨询管理服务。

2022 年 1 月住房和城乡建设部发布的"十四五"建筑业发展规划中提出，要完善工程建设组织模式，广泛推行发展全过程工程咨询服务。加快建立全过程工程咨询服务交付标准、工作流程、合同体系和管理体系，明确权责关系，完善服务酬金计取方式。发展涵盖投资决策、工程建设、运营等环节的全过程工程咨询服务模式，鼓励政府投资项目和国有企业投资项目带头推行。培养一批具有国际竞争力的全过程工程咨询企业和领军人才。

1.2 全过程造价咨询政策解读

为深化工程领域咨询服务供给侧结构性改革，破解工程咨询市场存在的建设单位对综合性、跨阶段、一体化咨询服务的需求日益增长与现行制度造成的单项服务供给模式之间的供需矛盾，创新咨询服务组织实施方式，《国务院办公厅关于促进建筑业持续健康发展的意见》提出"培育全过程工程咨询"，各部委及地方政府部门相继发布了一系列关于全过程工程咨询的政策文件。

全过程工程咨询政策文件在全过程工程咨询推广过程中具有重要的调控和指导作用，从国家及各地方政府（以试点城市为主）网站查找并汇总了 50 余份全过程工程咨询相关政策文件，以全过程工程咨询的定义界定、业务范围、项目类型、服务模式、委托方式、单位资质要求、人员资质要求、收费标准等为切入点，梳理相关条款。

1.2.1 定义界定

中国建设工程造价管理协会为加强建设工程造价行业的自律管理，规范工程造价咨询企业承担建设项目全过程造价咨询业务的内容、范围和质量标准，提高建设项目全过程工程造价咨询的水平，结合行业最新发展趋势和最新出台的相关法律法规与规章制度，对《建设项目全过程造价咨询规程》CECA/GC 4—2009 进行了修编，对该规程的内容进行了适当的补充和完善，形成了 2017 版《建设项目全过程造价咨询规程》CECA/GC 4—2017，该规程指出，全过程工程咨询指工程造价咨询企业

1.1
全过程工程咨询
概念汇总表

接受委托，依据国家有关法律法规和建设行政主管部门的有关规定，运用现代项目管理的方法，以工程造价管理为核心、合同管理为手段，对建设项目各个阶段、各个环节进行计价，协助建设单位进行建设投资的合理筹措与投入，控制投资风险，实现造价控制目标的智力服务活动。

国家及地方政府部门颁布的全过程工程咨询相关政策文件及征求意见稿，对全过程工程咨询的概念做出了描述，但尚未完全统一。

根据国家及地方政策文件关于全过程工程咨询的描述，全过程工程咨询服务是工程咨询的延伸，是指在项目投资决策、工程建设、运营管理过程中，为建设单位提供的涉及经济、技术、组织、管理等各有关方面的综合性、跨阶段、一体化的咨询服务。全过程工程咨询的定义明确了两个概念：一是服务的时间范畴，即全过程工程咨询是对工程建设项目前期研究和决策以及工程项目实施和运营的全生命周期；二是服务范围，即全过程工程咨询提供包含规划和设计在内的涉及组织、管理、经济和技术等各有关方面的工程咨询服务。

1.2.2 业务范围

根据国家及地方政策文件关于全过程工程咨询业务范围的描述，其业务范围主要包含招标代理、勘察、设计、监理、造价、项目管理等服务内容。具体详见表1-1。

全过程工程咨询业务范围咨询表 表 1-1

序号	文件名	全过程工程咨询主要内容
国家		
1	《国务院办公厅关于促进建筑业持续健康发展的意见》(国办发〔2017〕19 号)	培育全过程工程咨询。鼓励投资咨询、勘察、设计、监理、招标代理、造价等企业采取联合经营、并购重组等方式发展全过程工程咨询,培育一批具有国际水平的全过程工程咨询企业
2	《关于印发住房城乡建设部建筑市场监管司 2017 年工作要点的通知》(建市综函〔2017〕12 号)	总结和推广试点经验,推进企业在民用建筑项目提供项目策划、技术顾问咨询、建筑设计、施工指导监督和后期跟踪等全过程服务
3	《住房城乡建设部关于加强和改善工程造价监管的意见》(建标〔2017〕209 号)	充分发挥工程造价在工程建设全过程管理中的引导作用,积极培育具有全过程工程咨询能力的工程造价咨询企业,鼓励工程造价咨询企业融合投资咨询、勘察、设计、监理、招标代理等业务开展联合经营,开展全过程工程咨询,设立合伙制工程造价咨询企业
4	《工程咨询行业管理办法》(国家发展改革委令第 9 号)	全过程工程咨询:采用多种服务方式组合,为项目决策、实施和运营持续提供局部或整体解决方案以及管理服务
5	《关于征求推进全过程工程咨询服务发展的指导意见》(征求意见稿)和《建设工程咨询服务合同示范文本》(征求意见稿)意见的函(建市监函〔2018〕9 号)	全过程工程咨询是对工程建设项目前期研究和决策以及工程项目实施和运行(或称运营)的全生命周期提供包含设计和规划在内的涉及组织、管理、经济和技术等各有关方面的工程咨询服务
6	《国家发展改革委 住房城乡建设部关于推进全过程工程咨询服务发展的指导意见》(发改投资规〔2019〕515 号)	鼓励投资者在投资决策环节委托工程咨询单位提供综合性咨询服务,统筹考虑影响项目可行性的各种因素,增强决策论证的协调性。 在房屋建筑、市政基础设施等工程建设中,鼓励建设单位委托咨询单位提供招标代理、勘察、设计、监理、造价、项目管理等全过程咨询服务,满足建设单位一体化服务需求,增强工程建设过程的协同性
7	《关于征求〈房屋建筑和市政基础设施建设项目全过程工程咨询服务技术标准(征求意见稿)〉意见的函》	全过程工程咨询可分为投资决策综合性咨询和工程建设全过程咨询。其中,工程建设全过程咨询又可分为工程勘察设计咨询、工程招标采购咨询、工程监理与项目管理服务。工程咨询方还可根据委托方需求提供其他专项咨询服务
地方		
8	《江苏省住房城乡建设厅关于印发〈江苏省开展全过程工程咨询试点工作方案〉的通知》(苏建科〔2017〕526 号)	全过程工程咨询的服务内容包括项目策划、工程设计、工程监理、招标代理、造价咨询和项目管理等工程技术及管理活动
9	《关于印发〈浙江省全过程工程咨询试点工作方案〉的通知》(建建发〔2017〕208 号)	各地建设主管部门要积极引导建设单位(或投资方,下同)根据工程项目特点和自身需求,把全过程工程咨询作为优先采用的建设工程组织管理方式,将项目建议书、可行性研究报告编制、项目实施总体策划、报批报建管理、合约管理、勘察管理、规划及设计优化、工程监理、招标代理、造价控制、验收移交、配合审计等全部或部分业务一并委托给一个企业
10	《关于印发〈福建省全过程工程咨询试点工作方案〉的通知》(闽建科〔2017〕36 号)	全过程工程咨询服务内容包括但不限于项目决策策划、项目建议书和可行性研究报告编制、项目实施总体策划、项目管理、报批报建管理、勘察及设计管理、规划及设计优化、工程监理、招标代理、造价咨询、后评价和配合审计等工程管理活动,也可包括规划、勘察和设计等工程设计活动

序号	文件名	全过程工程咨询主要内容
11	《关于印发湖南省全过程工程咨询试点工作方案和第一批试点名单的通知》	全过程工程咨询,是指业主在项目建设过程中将工程咨询业务整体委托给一家企业,由该企业提供项目策划、可行性研究、环境影响评价报告、工程勘察、工程设计、工程监理、造价咨询及招标代理等工程咨询服务活动
12	《广东省住房和城乡建设厅关于印发〈广东省全过程工程咨询试点工作实施方案〉的通知》(粤建市〔2017〕167号)	各地住房城乡建设主管部门要积极引导建设单位根据工程项目的实际情况和需求,把全过程工程咨询作为优先采用的建设工程组织管理方式,将项目建议书、可行性研究报告编制、总体策划咨询、规划、勘察、设计、监理、招标代理、造价咨询、招标采购及验收移交等全部或部分业务委托给一个单位
13	《四川省住房和城乡建设厅关于印发〈四川省全过程工程咨询试点工作方案〉的通知》(川建发〔2017〕11号)	全面整合工程建设过程中所需项目策划、勘察设计、工程监理、招标代理、造价咨询、后期运营及其他相关咨询服务等业务,创建在现有法律法规框架下实施全过程工程咨询的新型管理制度
14	《关于开展全过程工程咨询试点的通知》(陕建发〔2018〕388号)	各地要积极引导建设单位根据工程项目的实际情况和需求,把全过程工程咨询作为优先采用的建设工程组织管理方式,将项目建议书、可行性研究报告编制、规划、勘察、设计、监理、招标代理、造价咨询、招标采购及验收移交等全部或部分业务委托给一个企业
15	《湖南省住房和城乡建设厅关于印发全过程工程咨询工作试行文本的通知》(湘建设〔2018〕17号)	全过程工程咨询,是指业主在项目建设过程中将工程咨询业务整体委托给一家企业,由该企业提供项目策划、可行性研究、环境影响评价报告、工程勘察、工程设计、工程监理、造价咨询及招标代理等工程咨询服务活动
16	《广东省住房和城乡建设厅关于征求〈建设项目全过程工程咨询服务指引(咨询企业版)(征求意见稿)〉和〈建设项目全过程工程咨询服务指引(投资人版)(征求意见稿)〉意见的函》(粤建市商〔2018〕26号)	全过程工程咨询是对建设项目全生命周期提供组织、管理、经济和技术等各有关方面的工程咨询服务,包括项目的全过程工程项目管理以及投资咨询、勘察、设计、造价咨询、招标代理、监理、运行维护咨询以及BIM咨询等专业咨询服务
17	《省住房城乡建设厅关于印发〈江苏省全过程工程咨询服务合同示范文本(试行)〉和〈江苏省全过程工程咨询服务导则(试行)〉的通知》(苏建科〔2018〕940号)	全过程工程咨询是对工程建设项目前期研究和决策以及工程项目实施和运行(或称运营)的全生命周期提供包含设计在内的涉及组织、管理、经济和技术等各有关方面的工程咨询服务
18	《关于印发〈陕西省全过程工程咨询服务导则(试行)〉〈陕西省全过程工程咨询服务合同示范文本(试行)〉的通知》(陕建发〔2019〕1007号)	全过程工程咨询是指采用多种形式,为项目决策阶段、施工准备阶段、施工阶段和运维阶段提供部分或整体工程咨询服务,包括项目管理、决策咨询、工程勘察、工程设计、招标采购咨询、造价咨询、工程监理、运营维护咨询以及BIM咨询等服务

1.2.3 项目类型

现行国家及地方政策文件中适合采用全过程工程咨询的项目类型以政府投资项目为主,鼓励非政府投资项目委托全过程工程咨询服务,同时,部分地方文件推行以PPP项目及工业园区等项目作为试点项目。具体详见表1-2。

实施项目类型汇总表　　　　　　　　　　　　　　　　　　　表 1-2

序号	文件名	全过程工程咨询
国家		
1	《关于征求推进全过程工程咨询服务发展的指导意见(征求意见稿)和建设工程咨询服务合同示范文本(征求意见稿)意见的函》(建市监函〔2018〕9号)	政府和国有投资项目带头推行全过程工程咨询
		鼓励非政府和国有投资项目委托全过程工程咨询服务
2	《国家发展改革委　住房城乡建设部关于推进全过程工程咨询服务发展的指导意见》(发改投资规〔2019〕515号)	政府投资项目要优先开展综合性咨询
		要充分发挥政府投资项目和国有企业投资项目的示范引领作用,引导一批有影响力、有示范作用的政府投资项目和国有企业投资项目带头推行工程建设全过程咨询。鼓励民间投资项目的建设单位根据项目规模和特点,本着信誉可靠、综合能力和效率优先的原则,依法选择优秀团队实施工程建设全过程咨询
3	《关于进一步改善和优化本市施工许可办理环节营商环境的通知》(沪建建管〔2018〕155号)	在本市社会投资的"小型项目"和"工业项目"中,不再强制要求进行工程监理。建设单位可以自主决策选择监理或全过程工程咨询服务等其他管理模式
地方		
4	《江苏省住房城乡建设厅关于印发〈江苏省开展全过程工程咨询试点工作方案〉的通知》(苏建科〔2017〕526号)	各级住房城乡建设主管部门要积极引导政府投资工程带头参加全过程工程咨询试点,鼓励非政府投资工程积极参与全过程工程咨询试点,重点选择有条件的房屋建筑和市政工程项目
5	《关于印发〈浙江省全过程工程咨询试点工作方案〉的通知》(建建发〔2017〕208号)	政府投资项目要率先垂范,带头采用全过程工程咨询
6	《浙江省住房和城乡建设厅等部门关于印发贯彻落实加快建筑业改革与发展的实施意见重点任务分工方案的通知》(建建发〔2017〕341号)	政府投资工程应带头推行全过程工程咨询,鼓励非政府投资工程委托全过程工程咨询服务
7	《关于印发湖南省全过程工程咨询试点工作方案和第一批试点名单的通知》	优先确定部分重点工程、PPP项目、政府投资项目及工业园区等项目为全过程工程咨询试点项目
8	《广东省住房和城乡建设厅关于印发〈广东省全过程工程咨询试点工作实施方案〉的通知》(粤建市〔2017〕167号)	政府投资项目应带头开展全过程工程咨询试点,鼓励非政府投资工程积极参与全过程工程咨询试点
		各市应优先选择代建、工程总承包、PPP等项目作为试点项目,试点项目原则上应为采用通用技术的房屋建筑和市政基础设施工程
9	《关于开展全过程工程咨询试点的通知》(陕建发〔2018〕388号)	引导政府投资项目带头开展全过程工程咨询试点,鼓励非政府投资工程积极参与全过程工程咨询试点
10	《山东省人民政府办公厅关于进一步促进建筑改革发展的十六条意见》(鲁政办字〔2019〕53号)	政府和国有资金投资的房屋、市政、水利、园林项目原则上实行工程总承包和全过程工程咨询服务
11	《关于在房屋建筑和市政工程领域加快推行全过程工程咨询服务的指导意见》鲁建建管字〔2019〕19号	政府投资和国有资金投资的项目原则上实行全过程工程咨询服务,鼓励民间投资项目积极采用全过程工程咨询服务

续表

序号	文件名	全过程工程咨询
12	《关于公开征求〈潍坊市建设工程全过程工程咨询服务管理办法〉(征求意见稿)意见的通知》	政府投资和国有资金投资的项目原则上实行全过程工程咨询服务,鼓励民间投资项目积极采用全过程工程咨询服务
13	《重庆市人民政府办公厅关于进一步促进建筑业改革与持续健康发展的实施意见》(渝府办发〔2018〕95号)	政府投资工程应带头推行全过程工程咨询

1.2.4　服务模式

目前全过程工程咨询服务模式主要有两种:

1. 由一家具有综合能力的咨询单位实施;

2. 由多家具有招标代理、勘察、设计、监理、造价、项目管理等不同能力的咨询单位联合实施。具体详见表1-3。

全过程工程咨询服务模式汇总表　表1-3

序号	文件名	全过程工程咨询
国家		
1	《关于征求推进全过程工程咨询服务发展的指导意见》(征求意见稿)和《建设工程咨询服务合同示范文本》(征求意见稿)意见的函(建市监函〔2018〕9号)	全过程工程咨询服务的组织模式。全过程工程咨询服务可由一家具有综合能力的工程咨询企业实施,或可由多家具有不同专业特长的工程咨询企业联合实施,也可以根据建设单位的需求,依据全过程工程咨询企业自身的条件和能力,为工程建设全过程中的几个阶段提供不同层面的组织、管理、经济和技术服务。由多家工程咨询企业联合实施全过程工程咨询的,应明确牵头单位,并明确各单位的权利、义务和责任
2	《国家发展改革委　住房城乡建设部关于推进全过程工程咨询服务发展的指导意见》(发改投资规〔2019〕515号)	投资决策综合性咨询服务可由工程咨询单位采取市场合作、委托专业服务等方式牵头提供,或由其会同具备相应资格的服务机构联合提供
		工程建设全过程咨询服务应当由一家具有综合能力的咨询单位实施,也可由多家具有招标代理、勘察、设计、监理、造价、项目管理等不同能力的咨询单位联合实施。由多家咨询单位联合实施的,应当明确牵头单位及各单位的权利、义务和责任
3	《关于征求〈房屋建筑和市政基础设施建设项目全过程工程咨询服务技术标准(征求意见稿)〉意见的函》	全过程工程咨询业务宜由一家具有相应资质和能力的工程咨询单位承担,也可由若干家具有相应资质和能力的工程咨询单位以联合体方式承担
		全过程工程咨询业务以联合体方式承担的,应在联合体各方共同与委托方签订的全过程工程咨询合同中明确联合体牵头单位及联合体各方咨询项目负责人
地方		
4	《江苏省住房城乡建设厅关于印发〈江苏省开展全过程工程咨询试点工作方案〉的通知》(苏建科〔2017〕526号)	试点项目的全过程工程咨询业务可以发包给同时具有相应设计、监理、招标代理和造价咨询资质的一家企业或具有上述资质的联合体;也可以发包给一家具有相应资质的企业,并由该企业将不在本企业资质业务范围内的业务分包给其他具有相应资质的企业

序号	文件名	全过程工程咨询
5	江苏省政府关于促进建筑业改革发展的意见(苏政发〔2017〕151号)	引导和支持建设单位将全过程工程咨询服务委托给具有全部资质、综合实力强的一家企业或一个联合体;或委托给一家具有相关资质的企业,并由该企业将不在本单位资质业务范围内的业务分包给其他具有相应资质的企业
6	《关于印发〈福建省全过程工程咨询试点工作方案〉的通知》(闽建科〔2017〕36号)	接受委托的全过程工程咨询服务单位可以是一个单位,也可以是多家单位组成的联合体
7	《四川省住房和城乡建设厅关于印发〈四川省全过程工程咨询试点工作方案〉的通知》(川建发〔2017〕11号)	接受委托的咨询服务单位既可以是一家单位,也可以是由两家单位组成的联合体;咨询服务单位不得与本项目的总承包企业、施工企业、材料(构配件、设备)供应单位之间有利益关系
8	《关于在房屋建筑和市政工程领域加快推行全过程工程咨询服务的指导意见》(鲁建建管字〔2019〕19号)	建设单位可以通过招标或者直接委托的方式选择一家咨询单位(或联合体)开展全过程工程咨询服务
9	《关于公开征求〈潍坊市建设工程全过程工程咨询服务管理办法〉(征求意见稿)意见的通知》	在房屋建筑、市政基础设施等工程建设中,建设单位应当委托一家具有综合能力的咨询单位实施全过程工程咨询服务,也可由多家具有勘察、设计、监理、造价、项目管理等不同能力的咨询单位组成联合体共同实施
10	《广东省住房和城乡建设厅关于征求〈建设项目全过程工程咨询服务指引(咨询企业版)(征求意见稿)〉和〈建设项目全过程工程咨询服务指引(投资人版)(征求意见稿)〉意见的函》(粤建市商〔2018〕26号)	投资人应将项目的全过程工程项目管理以及投资咨询、勘察、设计、造价咨询、招标代理、工程监理等各专业咨询业务整合委托给一家具有国家现行法律规定的与工程规模和委托工作内容相适应的工程咨询资质的全过程工程咨询单位(或联合体)承担,如为联合体,应明确牵头单位,且总咨询师应有牵头单位派出
11	《省住房城乡建设厅关于印发〈江苏省全过程工程咨询服务合同示范文本(试行)〉和〈江苏省全过程工程咨询服务导则(试行)〉的通知》(苏建科〔2018〕940号)	全过程工程咨询可采用以下组织模式
		1. 采用一体化全过程工程咨询提供商,以某一家企业作为集成化服务提供商
		2. 采用联合体形式,多家工程咨询机构基于项目签订联营合同,以一家作为牵头企业
		3. 采购局部解决方案,由业主或业主委托的一家咨询单位负责总体协调,由多家咨询单位分别承担各自的咨询服务
12	《关于印发〈陕西省全过程工程咨询服务导则(试行)〉〈陕西省全过程工程咨询服务合同示范文本(试行)〉的通知》(陕建发〔2019〕1007号)	全过程工程咨询有"1+N"、一体化和联合体三种服务形式
		1. "1+N"形式
		由一家具备咨询、勘察、设计、监理、造价等至少一项资质的咨询企业承担建设项目管理及一项或多项专业咨询服务
		"1"是指项目管理,服务范围包括建设项目决策、施工准备、施工、运维四个阶段中的一个或多个阶段,由建设单位自主确定
		"N"是指专业咨询服务的一项或多项
		2. 一体化形式
		由一家咨询企业承担全过程工程咨询服务,咨询企业应具备国家法律法规要求的相应资质
		3. 联合体形式
		由两家或两家以上咨询企业组成联合体承担全过程工程咨询服务,联合体咨询企业应具备国家法律法规要求的相应资质

1.2.5 委托方式

全过程工程咨询委托方式仍处于探索阶段，国家已颁布的政策文件并未明确委托方式，但在《关于征求〈房屋建筑和市政基础设施建设项目全过程工程咨询服务技术标准（征求意见稿）〉意见的函》中及部分地方政策文件中明确了依法应当招标的项目，应通过招标方式委托全过程工程咨询服务，依法不需招标的项目可以直接委托全过程工程咨询服务，具体详见表1-4。

全过程工程咨询委托方式汇总表   表 1-4

序号	文件名	全过程工程咨询
国家		
1	《关于征求〈房屋建筑和市政基础设施建设项目全过程工程咨询服务技术标准(征求意见稿)〉意见的函》	委托方可通过招标或直接委托方式委托全过程工程咨询业务。对于依法必须招标的工程咨询项目，在项目立项后即可通过招标方式委托工程咨询方实施全过程工程咨询
地方		
2	《关于印发〈浙江省全过程工程咨询试点工作方案〉的通知》(建建发〔2017〕208号)	社会投资项目可以直接委托实施全过程工程咨询服务。依法应当招标的项目，可在计划实施投资时通过招标方式委托全过程工程咨询服务；委托内容不包括前期投资咨询的，也可在项目立项后由项目法人通过招标方式委托全过程工程咨询服务
3	《关于印发〈福建省全过程工程咨询试点工作方案〉的通知》(闽建科〔2017〕36号)	依法必须招标的政府投资试点项目，采用全过程工程咨询服务的，应当通过招标的方式发包给全过程工程咨询试点单位
4	《关于印发湖南省全过程工程咨询试点工作方案和第一批试点名单的通知》	政府投资或国有投资试点项目应按照《招标投标法》组织全过程工程咨询招标投标，不需要进行招标的社会投资试点项目可直接委托全过程工程咨询服务
		对于已经公开招标委托单项工程咨询服务的项目，在具备条件的情况下，可以补充合同形式将其他工程咨询服务委托给同一企业，开展全过程工程咨询工作
5	《广东省住房和城乡建设厅关于印发〈广东省全过程工程咨询试点工作实施方案〉的通知》(粤建市〔2017〕167号)	依法应当招标的项目，可通过招标方式委托全过程工程咨询服务；委托内容不包括前期投资咨询的，可在项目立项后由项目法人通过招标方式委托全过程工程咨询服务。依法不需招标的项目可以直接委托全过程工程咨询服务
6	《四川省住房和城乡建设厅关于印发〈四川省全过程工程咨询试点工作方案〉的通知》(川建发〔2017〕11号)	依法应当进行招标的项目，当实行全过程工程咨询服务管理时，只需对勘察设计、工程监理其中一项进行招标即可，其他咨询服务可直接委托给同一家咨询单位，无需再对其他咨询服务内容进行招标；对于不需要依法进行招标的社会投资项目可以直接委托实行全过程工程咨询服务管理
7	《关于开展全过程工程咨询试点的通知》(陕建发〔2018〕388号)	依法应当招标的项目，可在计划实施投资时通过招标或竞争性谈判的方式委托全过程工程咨询服务；委托内容不包括前期投资咨询的，可在项目立项后由项目法人通过招标方式委托全过程工程咨询服务。依法不需招标的项目可以直接委托全过程工程咨询服务
8	《关于在房屋建筑和市政工程领域加快推行全过程工程咨询服务的指导意见》(鲁建建管字〔2019〕19号)	全过程工程咨询业务包含依法必须招标的勘察、设计、监理等内容的，应当招标

续表

序号	文件名	全过程工程咨询
9	《关于公开征求〈潍坊市建设工程全过程工程咨询服务管理办法〉(征求意见稿)意见的通知》	依法应当招标的项目,可在计划实施投资时通过招标方式委托全过程工程咨询服务;委托内容不包括前期投资咨询的,也可在项目立项后由项目法人通过招标方式委托全过程工程咨询服务
		建设单位亦可通过政府购买服务的方式将一个项目或多个项目一并打包委托全过程工程咨询服务
		社会投资项目可以直接委托实施全过程工程咨询服务
10	《广东省住房和城乡建设厅关于征求〈建设项目全过程工程咨询服务指引(咨询企业版)(征求意见稿)〉和〈建设项目全过程工程咨询服务指引(投资人版)(征求意见稿)〉意见的函》(粤建市商〔2018〕26号)	投资人可采用直接委托、竞争性谈判、竞争性磋商、邀请招标、公开招标等方式选择全过程工程咨询单位
		公开招标是政府投资项目选择全过程工程咨询单位的主要方式,符合相关法律法规规定的,可以采用邀请招标、竞争性谈判等方式选择全过程工程咨询单位

同时,在保证整个工程项目完整性的前提下,按照合同约定或经建设单位同意,可将自有资质证书许可范围外的咨询业务依法依规择优转委托/分包给具有相应资质或能力的单位,具体详见表1-5。

全过程工程咨询业务转委托/分包相关条款汇总表　　　　　表1-5

序号	文件名	全过程工程咨询
国家		
1	《关于征求推进全过程工程咨询服务发展的指导意见》(征求意见稿)和《建设工程咨询服务合同示范文本》(征求意见稿)意见的函》(建市监函〔2018〕9号)	工程咨询企业应当自行完成自有资质证书许可范围内的业务,在保证整个工程项目完整性的前提下,按照合同约定或经建设单位同意,将约定的部分咨询业务择优转委托给具有相应资质或能力的企业,工程咨询企业应对转委托企业的委托业务承担连带责任
2	《关于推进全过程工程咨询服务发展的指导意见》(发改投资规〔2019〕515号)	全过程咨询服务单位应当自行完成自有资质证书许可范围内的业务,在保证整个工程项目完整性的前提下,按照合同约定或经建设单位同意,可将自有资质证书许可范围外的咨询业务依法依规择优委托给具有相应资质或能力的单位,全过程咨询服务单位应对被委托单位的委托业务负总责
地方		
3	《江苏省住房城乡建设厅关于印发〈江苏省开展全过程工程咨询试点工作方案〉的通知》(苏建科〔2017〕526号)	试点项目的全过程工程咨询业务可以发包给同时具有相应设计、监理、招标代理和造价咨询资质的一家企业或具有上述资质的联合体;也可以发包给一家具有相应资质的企业,并由该企业将不在本企业资质业务范围内的业务分包给其他具有相应资质的企业
4	江苏省政府关于促进建筑业改革发展的意见(苏政发〔2017〕151号)	引导和支持建设单位将全过程工程咨询服务委托给具有全部资质、综合实力强的一家企业或一个联合体;或委托给一家具有相关资质的企业,并由该企业将不在本单位资质业务范围内的业务分包给其他具有相应资质的企业
5	《关于印发〈福建省全过程工程咨询试点工作方案〉的通知》(闽建科〔2017〕36号)	全过程工程咨询试点单位应在资质许可的范围内开展相应咨询服务,不具备相应资质的,经建设单位同意,可以将其资质许可范围之外的咨询业务依法分包给具有相应资质的单位

序号	文件名	全过程工程咨询
6	《广东省住房和城乡建设厅关于印发〈广东省全过程工程咨询试点工作实施方案〉的通知》（粤建市〔2017〕167号）	全过程工程咨询单位应当自行完成自有资质证书许可范围内的业务，在保证整个工程项目完整性的前提下，按照合同约定或经建设单位同意，将其他咨询业务择优分包给具有相应资质的单位。分包单位按照分包合同的约定对全过程工程咨询单位负责，全过程工程咨询单位和分包单位就分包的其他咨询业务对建设单位承担连带责任
7	《关于开展全过程工程咨询试点的通知》（陕建发〔2018〕388号）	全过程工程咨询企业应当完成资质证书许可范围内的业务；所承接的咨询业务中有不具备相应资质的，应在保证整个工程项目完整性的前提下，按照合同约定或经建设单位同意，将不具备资质的业务择优分包给具有相应资质的企业
8	《关于在房屋建筑和市政工程领域加快推行全过程工程咨询服务的指导意见》（鲁建建管字〔2019〕19号）	对有资质要求的咨询服务业务，咨询单位自有资质范围内的业务应当自行完成，资质范围内的业务根据合同约定另行委托，并对委托的业务负总责
9	《关于公开征求〈潍坊市建设工程全过程工程咨询服务管理办法〉（征求意见稿）意见的通知》	全过程咨询服务单位应当自行完成自有资质证书许可范围内的业务，在保证整个工程项目完整性的前提下，按照合同约定或经建设单位同意，可将自有资质证书许可范围外的咨询业务依法依规择优委托给具有相应资质或能力的单位，全过程咨询服务单位应对委托单位的委托业务负总责
10	《广东省住房和城乡建设厅关于征求〈建设项目全过程工程咨询服务指引（咨询企业版）（征求意见稿）〉和〈建设项目全过程工程咨询服务指引（投资人版）（征求意见稿）〉意见的函》（粤建市商〔2018〕26号）	如一家全过程工程咨询单位不具备全部专业咨询能力的，投资人可允许该全过程工程咨询单位将有关专业咨询工作分包给具备相关专业咨询资质和能力的咨询单位，由该全过程工程咨询单位与分包咨询单位签订分包咨询合同并提交投资人认可备案

对于依法必须招标的项目，全过程工程咨询所涉及的单项咨询业务是否必须招标，国家及地方相关文件规定：建设单位选择具有相应工程勘察、设计、监理或造价咨询资质的单位开展全过程咨询服务的，除法律法规另有规定外，可不再另行委托勘察、设计、监理或造价咨询单位。具体详见表1-6。

全过程工程咨询业务再招标相关条款汇总表 表1-6

序号	文件名	全过程工程咨询
	国家	
1	《关于促进工程监理行业转型升级创新发展的意见》（建市〔2017〕145号）	对于选择具有相应工程监理资质的企业开展全过程工程咨询服务的工程，可不再另行委托监理
2	《关于征求推进全过程工程咨询服务发展的指导意见》（征求意见稿）和〈建设工程咨询服务合同示范文本》（征求意见稿）意见的函》（建市监函〔2018〕9号）	建设单位在项目筹划阶段选择具有相应工程勘察、设计或监理资质的企业开展全过程工程咨询服务，可不再另行委托勘察、设计或监理
3	《关于推进全过程工程咨询服务发展的指导意见》（发改投资规〔2019〕515号）	建设单位选择具有相应工程勘察、设计、监理或造价咨询资质的单位开展全过程咨询服务的，除法律法规另有规定外，可不再另行委托勘察、设计、监理或造价咨询单位

续表

序号	文件名	全过程工程咨询
地方		
4	上海市人民政府办公厅印发《关于促进本市建筑业持续健康发展的实施意见》的通知(沪府办〔2017〕57号)	创新工程监理服务模式,鼓励监理企业在立足施工阶段监理的基础上,向"上下游"拓展服务领域,对于选择具有相应工程监理资质的企业开展全过程工程咨询服务的工程,可不再另行委托监理
5	《江苏省住房城乡建设厅关于印发〈江苏省开展全过程工程咨询试点工作方案〉的通知》(苏建科〔2017〕526号)	采用建筑师负责制的工程项目,监理、招标代理、造价咨询等技术服务可不另行招标
6	《关于印发〈福建省全过程工程咨询试点工作方案〉的通知》(闽建科〔2017〕36号)	经过依法发包的全过程工程咨询服务项目,不再另行组织规划、可研、评估、勘察、设计、监理、造价等单项咨询业务招标
7	《关于公开征求〈潍坊市建设工程全过程工程咨询服务管理办法〉(征求意见稿)意见的通知》	建设单位选择具有相应工程勘察、设计、监理或造价咨询资质的单位开展全过程咨询服务的,除法律法规另有规定外,可不再另行委托勘察、设计、监理或造价咨询单位
8	《广东省住房和城乡建设厅关于征求〈建设项目全过程工程咨询服务指引(咨询企业版)(征求意见稿)〉和〈建设项目全过程工程咨询服务指引(投资人版)(征求意见稿)〉意见的函》(粤建市商〔2018〕26号)	投资人在项目发起阶段选择具有相应工程勘察、设计、造价咨询或监理资质的全过程工程咨询单位开展全过程工程咨询服务,可不再另行委托勘察、设计、造价咨询或监理。同一项目的全过程工程咨询单位不得与承包人具有利益关系

1.2.6　单位资质要求

目前,国家及地方政策文件中对于全过程工程咨询单位资质要求的规定有所不同,通常要求具备勘察、设计、监理、招标代理、造价咨询、工程咨询等工程建设类资质中的一项或者多项资质。具体详见表1-7。

全过程工程咨询单位资质要求汇总表　　　　　　　　　　　　表1-7

序号	文件名	全过程工程咨询
国家		
1	《关于征求推进全过程工程咨询服务发展的指导意见》(征求意见稿)和《建设工程咨询服务合同示范文本》(征求意见稿)意见的函(建市监函〔2018〕9号)	全过程工程咨询服务企业承担勘察、设计或监理咨询服务时,应当具有与工程规模及委托内容相适应的资质条件
2	《国家发展改革委　住房城乡建设部关于推进全过程工程咨询服务发展的指导意见》(发改投资规〔2019〕515号)	全过程咨询单位提供勘察、设计、监理或造价咨询服务时,应当具有与工程规模及委托内容相适应的资质条件
3	《关于征求〈房屋建筑和市政基础设施建设项目全过程工程咨询服务技术标准(征求意见稿)〉意见的函》	全过程工程咨询业务应由具有相应能力和业绩的工程咨询方承担,其中涉及工程勘察、设计、监理、造价等咨询业务的,应由具有相应资质的工程咨询类单位承担

序号	文件名	全过程工程咨询
		地方
4	《关于印发〈浙江省全过程工程咨询试点工作方案〉的通知》（建建发〔2017〕208号）	承担全过程工程咨询的企业应当具有与工程规模和委托工作内容相适应的工程设计、工程监理、造价咨询的一项或多项资质，且不能与本项目的工程总承包企业、设计企业、施工企业以及建筑材料、构配件和设备供应企业之间有控股、参股、隶属或其他管理等利益关系，也不能为同一法定代表人
5	《关于印发湖南省全过程工程咨询试点工作方案和第一批试点名单的通知》	企业依法通过招标投标方式取得全过程工程咨询服务的，可在其资质许可范围内承担投资咨询、工程勘察、工程设计、工程监理、造价咨询及招标代理等业务
6	《广东省住房和城乡建设厅关于印发〈广东省全过程工程咨询试点工作实施方案〉的通知》（粤建市〔2017〕167号）	承担全过程工程咨询服务的单位应具有与工程规模和委托工作内容相适应的工程咨询、规划、勘察、设计、施工、监理、招标代理、造价咨询等一项或多项资质
7	《四川省住房和城乡建设厅关于印发〈四川省全过程工程咨询试点工作方案〉的通知》（川建发〔2017〕11号）	承担全过程工程咨询的企业应当具有与工程规模和委托工作内容相适应的工程咨询、工程设计、工程监理、造价咨询等工程建设类两项及以上的资质
8	《关于开展全过程工程咨询试点的通知》（陕建发〔2018〕388号）	承担全过程工程咨询服务的企业应具有与工程规模和委托工作内容相适应的工程咨询、规划、勘察、设计、监理、造价咨询等一项或多项资质，但不能与本项目的代建单位、施工单位、材料设备供应商之间有控股、参股、隶属等利益关系
9	《关于公开征求〈潍坊市建设工程全过程工程咨询服务管理办法〉（征求意见稿）意见的通知》	全过程咨询单位提供勘察、设计、监理或造价咨询服务时，应当具有与工程规模及委托内容相适应的资质条件
		咨询单位应当具有与全过程咨询服务相适应的能力，具有良好的社会信誉，综合实力强，在技术、经济、管理、法律等方面具有丰富经验。须具有与工程规模及委托内容相适应的工程设计、工程监、工程造价的两项或多项资质
10	《广东省住房和城乡建设厅关于征求〈建设项目全过程工程咨询服务指引（咨询企业版）（征求意见稿）〉和〈建设项目全过程工程咨询服务指引（投资人版）（征求意见稿）〉意见的函》（粤建市商〔2018〕26号）	具有国家现行法律规定的与项目规模和委托工作内容相适应的工程咨询、规划、勘察、设计、造价咨询、工程监理等相关资质

1.2.7 人员资质要求

国家及地方政策文件中大部分文件要求全过程工程咨询项目负责人应至少具备一项工程建设类注册执业资格（一级注册建造师、一级注册建筑师、注册造价师等），部分要求同时具有工程类、工程经济类高级职称，并且推进建筑师负责制。具体详见表1-8。

项目管理人员资质要求汇总表

表 1-8

序号	文件名	全过程工程咨询
国家		
1	《关于促进建筑业持续健康发展的意见》(国办发〔2017〕19号)	在民用建筑项目中,充分发挥建筑师的主导作用,鼓励提供全过程工程咨询服务
2	《关于开展全过程工程咨询试点工作的通知》(建市〔2017〕101号)	在民用建筑项目中充分发挥建筑师的主导作用,鼓励提供全过程工程咨询服务
3	《关于印发工程勘察设计行业发展"十三五"规划的通知》(建市〔2017〕102号)	推进工程建设全过程建筑师负责制
4	《关于定期报送加强建筑设计管理等有关工作进展情况的通知》(建办市函〔2017〕353号)	培育全过程工程咨询,试行建筑师负责制、加强个人执业资格管理、推动勘察设计企业和个人执业保险等情况
5	《关于征求推进全过程工程咨询服务发展的指导意见》(征求意见稿)和《建设工程咨询服务合同示范文本》(征求意见稿)意见的函(建市监函〔2018〕9号)	全过程工程咨询项目负责人应取得工程建设类注册执业资格或具有工程类、工程经济类高级职称,并具有类似工程经验。对于承担全过程工程咨询服务中勘察、设计或监理岗位的人员应具有现行法规规定的相应执业资格
6	《关于推进全过程工程咨询服务发展的指导意见》(发改投资规〔2019〕515号)	工程建设全过程咨询项目负责人应当取得工程建设类注册执业资格且具有工程类、工程经济类高级职称,并具有类似工程经验。对于工程建设全过程咨询服务中承担工程勘察、设计、监理或造价咨询业务的负责人,应具有法律法规规定的相应执业资格。全过程咨询服务单位应根据项目管理需要配备具有相应执业能力的专业技术人员和管理人员。设计单位在民用建筑中实施全过程咨询的,要充分发挥建筑师的主导作用
地方		
7	《关于印发〈浙江省全过程工程咨询试点工作方案〉的通知》(建建发〔2017〕208号)	全过程工程咨询项目负责人应具有相应的工程建设类注册执业资格,包括注册规划师、注册建筑师、勘察设计注册工程师、注册建造师、注册监理工程师、注册造价工程师等
8	《关于印发〈福建省全过程工程咨询试点工作方案〉的通知》(闽建科〔2017〕36号)	担任全过程工程咨询项目的项目负责人应当具有与委托内容相适应的注册咨询工程师(投资)、注册城市规划师、注册建筑师、勘察设计注册工程师、注册建造师、注册监理工程师、注册造价工程师等一项或多项国家(一级)注册执业资格。试行建筑师负责制,鼓励注册建筑师在民用建筑项目全过程工程咨询服务中发挥主导作用,提供项目策划、建筑设计、招标咨询、采购咨询、施工指导监督等全过程服务
9	《关于印发湖南省全过程工程咨询试点工作方案和第一批试点名单的通知》	全过程工程咨询项目总负责人应取得一项或多项与委托工作内容相适应的工程建设类注册执业资格。建立全过程工程咨询项目负责人制。对民用建筑工程,可委派注册建筑师为全过程工程咨询项目负责人;对市政工程和工业项目,可委派相应主导专业技术人员为全过程工程咨询项目负责人
10	《广东省住房和城乡建设厅关于印发〈广东省全过程工程咨询试点工作实施方案〉的通知》(粤建市〔2017〕167号)	全过程工程咨询项目负责人应具有一项或多项与工程规模和委托工作内容相适应的注册执业资格,学习借鉴香港经验,鼓励注册建筑师在建筑项目全过程工程咨询服务中发挥主导作用

序号	文件名	全过程工程咨询
11	《四川省住房和城乡建设厅关于印发〈四川省全过程工程咨询试点工作方案〉的通知》(川建发〔2017〕11号)	全过程工程咨询服务实行项目负责人制度,全过程工程咨询项目机构负责人应为一级注册建筑师、一级注册结构工程师、一级注册建造师、注册监理工程师、注册造价工程师、注册规划师等工程建设类注册人员
12	《关于开展全过程工程咨询试点的通知》(陕建发〔2018〕388号)	全过程工程咨询项目负责人应具有一项或多项与工程规模和委托工作内容相适应的注册执业资格,鼓励注册建筑师在民用建筑项目全过程工程咨询服务中发挥主导作用
13	《关于在房屋建筑和市政工程领域加快推行全过程工程咨询服务的指导意见》(鲁建建管字〔2019〕19号)	全过程工程咨询服务实行项目负责人负责制。投资决策综合性咨询应当充分发挥咨询工程师(投资)的作用,鼓励其作为综合性咨询项目负责人。工程建设全过程咨询项目负责人应当取得工程建设类注册执业资格且具有工程类、工程经济类高级职称,并具有类似工程经验且在该企业注册;工程建设全过程咨询项目负责人不得同时在两个或者两个以上的工程项目任职。承担工程建设全过程咨询业务中勘察、设计、造价、监理岗位的人员应符合国家和省现行相关从业人员的规定
14	《关于公开征求〈潍坊市建设工程全过程工程咨询服务管理办法〉(征求意见稿)意见的通知》	全过程工程咨询项目负责人应当取得工程建设类注册执业资格且具有工程类、工程经济类高级职称。对于工程建设全过程工程咨询服务中承担工程勘察、设计、监理或造价咨询业务的专业负责人,应具有法律法规规定的相应执业资格
15	《重庆市人民政府办公厅关于进一步施实意见》(渝府办发〔2018〕95号)	促进建筑业改革与探索试行建筑师负责制,充分发挥建筑师的主导作用持续健康发展的实用,鼓励提供全过程工程咨询服务
16	《广东省住房和城乡建设厅关于征求〈建设项目全过程工程咨询服务指引(咨询企业版)〉(征求意见稿)〉和〈建设项目全过程工程咨询服务指引(投资人版)(征求意见稿)〉意见的函》(粤建市商〔2018〕26号)	总咨询师应取得工程建设类注册执业资格(注册建筑师、注册结构工程师及其他勘察设计注册工程师、注册造价工程师、注册监理工程师、注册建造师、注册咨询工程师等一个或多个执业资格)或具有工程类、工程经济类高级职称,并具有与项目要求相匹配的能力和类似工程经验等
17	《省住房城乡建设厅关于印发〈江苏省全过程工程咨询服务合同示范文本(试行)〉和〈江苏省全过程工程咨询服务导则(试行)〉的通知》(苏建科〔2018〕940号)	全过程工程咨询服务总负责人执业资格要求:原则上应当取得工程建设类注册执业资格(如:具有注册造价工程师、注册监理工程师、注册建造师、注册建筑师、注册结构工程师及其他设计注册工程师)或具有工程类、工程经济类高级职称并具有类似工程经验人员承担,如国家有相关规定的从其规定
18	《关于印发〈陕西省全过程工程咨询服务导则(试行)〉〈陕西省全过程工程咨询服务合同示范文本(试行)〉的通知》(陕建发〔2019〕1007号)	全过程工程咨询项目负责人应具备咨询工程师、建筑师、结构工程师、其他勘察设计类工程师、造价工程师、监理工程师、建造师等一项或多项国家类注册执业资格,并具有类似工程咨询经验。民用建筑中实施全过程工程咨询的,充分发挥建筑师主导作用,可采用建筑师负责制

1.2.8 收费标准

目前国家层面尚未颁布详细、可操作的收费机制,缺乏成熟统一的规范性收费指导文件,全过程工程咨询服务收费标准主要包括两种:

1. 按各项专项服务的费用相叠加并增加相应统筹费用后计取;

2. 人员成本加酬金的方式计取,同时,鼓励建设单位根据咨询服务节约的投资额对咨询企业进行奖励，具体详见表1-9。

全过程工程咨询收费标准汇总表　　　　　　　　　　　　　　　　　　表 1-9

序号	文件名	全过程工程咨询
国家		
1	《关于征求推进全过程工程咨询服务发展的指导意见》（征求意见稿）和《建设工程咨询服务合同示范文本》（征求意见稿）意见的函（建市监函〔2018〕9号）	全过程工程咨询服务费应在工程概算中列支。建设单位应当根据工程项目的规模和复杂程度，工程咨询的服务范围、内容和期限等与工程咨询企业协商确定服务酬金。全过程工程咨询服务的酬金可按各项专项服务的费用相叠加并增加相应统筹费用后计取，也可按照国际上通行的人员成本加酬金的方式计取。全过程工程咨询服务企业应努力提升服务能力和水平，通过为工程建设和运行增值的效果体现自身的市场价值，避免采取降低咨询服务酬金的方式进行市场竞争，禁止采用低于成本价的恶性市场竞争行为。鼓励建设单位根据咨询服务节约的投资额对咨询企业进行奖励
2	《关于推进全过程工程咨询服务发展的指导意见》（发改投资规〔2019〕515号）	全过程工程咨询服务酬金可在项目投资中列支，也可根据所包含的具体服务事项，通过项目投资中列支的投资咨询、招标代理、勘察、设计、监理、造价、项目管理等费用进行支付。全过程工程咨询服务酬金在项目投资中列支的，所对应的单项咨询服务费用不再列支。投资者或建设单位应当根据工程项目的规模和复杂程度，咨询服务的范围、内容和期限等与咨询单位确定服务酬金。全过程工程咨询服务酬金可按各专项服务酬金叠加后再增加相应统筹管理费用计取，也可按人工成本加酬金方式计取。全过程工程咨询单位应努力提升服务能力和水平，通过为所咨询的工程建设或运行增值来体现其自身市场价值，禁止恶意低价竞争行为。鼓励投资者或建设单位根据咨询服务节约的投资额对咨询单位予以奖励
地方		
3	《江苏省住房城乡建设厅关于印发〈江苏省开展全过程工程咨询试点工作方案〉的通知》（苏建科〔2017〕526号）	全过程工程咨询服务收费应在工程概算中列支，并明确包含的服务内容，各项专项服务费用可分别列支。鼓励建设单位对全过程工程咨询企业提出并落实的合理化建议按照项目改进的实际成效和节约的投资额给予一定的奖励，奖励方式由双方在合同中约定
4	《关于印发〈浙江省全过程工程咨询试点工作方案〉的通知》（建建发〔2017〕208号）	全过程工程咨询服务费用应列入工程概算，各项专业服务费用可分别列支。全过程工程咨询服务费可探索实行以基本酬金加奖励的方式，鼓励建设单位对全过程工程咨询企业提出并落实的合理化建议按照节约投资额的一定比例给予奖励，奖励比例由双方在合同中约定
5	《关于印发〈福建省全过程工程咨询试点工作方案〉的通知》（闽建科〔2017〕36号）	全过程工程咨询服务费用应列入工程概算，原则上可按各单项咨询业务费用加总来确定，并可分别列支，各单项咨询业务费用按照现行政策规定或参照现行市场价格由合同双方约定。全过程工程咨询服务费可探索基本酬金加奖励的方式，鼓励建设单位按照节约投资额的一定比例对全过程工程咨询单位提出的合理化建议给予奖励，奖励比例由双方在合同中约定，从节约投资额中列支
6	《关于印发湖南省全过程工程咨询试点工作方案和第一批试点名单的通知》	建设单位与咨询企业在合同中约定全过程工程咨询服务费，可根据各项咨询服务费用叠加控制合同价，也可采用费率或总价方式。新增咨询服务费应由建设单位与咨询企业协商确定。全过程工程咨询服务收费应在工程概算中列支，可总体列支，也可按各专项服务内容分别列支。采用概念方案招标的，建设单位可对未中标企业进行一定金额补偿。合同签订后，建设单位应提供预付款，工程概算确定后再分期付款。咨询企业采用技术创新带来投资节约、运行成本下降或工程寿命延长的，建设单位可将节约投资、提高效益的一部分奖励给工程咨询企业，奖励比例由双方在合同中约定

续表

序号	文件名	全过程工程咨询
7	《广东省住房和城乡建设厅关于印发〈广东省全过程工程咨询试点工作实施方案〉的通知》（粤建市〔2017〕167号）	全过程工程咨询服务费应由委托双方根据工程项目的规模、复杂程度、服务范围和内容进行约定，可按照所委托的前期咨询、规划、勘察、设计、造价咨询、监理、招标代理等取费分别计算后叠加。全过程工程咨询服务费应列入工程概算，各专业咨询服务费可分别列支。全过程工程咨询服务费可探索实行基本酬金加奖励方式，对按照全过程工程咨询单位提出并落实的合理化建议所节省的投资额，鼓励建设单位提取一定比例给予奖励，奖励比例由双方在合同中约定
8	《四川省住房和城乡建设厅关于印发〈四川省全过程工程咨询试点工作方案〉的通知》（川建发〔2017〕11号）	全过程工程咨询服务费用应当根据受委托工程项目规模和复杂程度、服务范围与内容等，由建设单位与咨询服务企业按照相关规定在签订全过程工程咨询服务合同中约定。服务费用的计取可根据委托内容，依据现行咨询取费分别计算后叠加或根据全过程工程咨询项目机构人员数量、岗位职责、执业资格等，采用人工计时单价计取费。对咨询企业提出并落实的合理化建议，建设单位应当按照相应节省投资额或产生的经济效益的一定比例给予奖励，奖励比例在合同中约定
9	《关于开展全过程工程咨询试点的通知》（陕建发〔2018〕388号）	全过程工程咨询服务费应由委托双方根据工程项目的规模、复杂程度、服务范围和内容进行约定，可按照所委托的前期咨询、规划、勘察、设计、造价咨询、监理、招标代理等取费分别计算后叠加大于1或小于1的系数。全过程工程咨询服务费应列入工程概算，各专业咨询服务费可分别列支。全过程工程咨询服务费可探索实行基本酬金加奖励方式，鼓励建设单位按照全过程工程咨询企业提出并落实的合理化建议所节省投资额的一定比例给予奖励，奖励比例由双方在合同中约定
10	《关于在房屋建筑和市政工程领域加快推行全过程工程咨询服务的指导意见》（鲁建建管字〔2019〕19号）	全过程工程咨询服务酬金可按各专项服务酬金叠加后再增加相应统筹管理费用计取，也可按人工成本加酬金方式计取。全过程工程咨询服务酬金可在项目投资中列支，也可根据所包含的具体服务事项，通过项目投资中列支的投资咨询、招标代理、勘察、设计、监理、造价、项目管理等费用进行支付。鼓励建设单位根据咨询服务节约的投资额对咨询单位予以奖励，奖励比例由双方合同中约定。咨询单位不得采用低于成本价的恶性市场竞争行为
11	《关于公开征求〈潍坊市建设工程全过程工程咨询服务管理办法〉（征求意见稿）意见的通知》	全过程工程咨询服务酬金可按各专项服务酬金叠加后再增加相应统筹管理费用计取，也可按人工成本加酬金方式计取。全过程工程咨询服务酬金可在项目投资中列支，也可根据所包含的具体服务事项，通过项目投资中列支的投资咨询、招标代理、勘察、设计、监理、造价、项目管理等费用进行支付。鼓励投资者或建设单位根据咨询服务节约的投资额对咨询单位予以奖励，奖励比例由双方在合同中约定。全过程咨询服务单位不得以低于成本的价格恶意竞争
12	《广东省住房和城乡建设厅关于征求〈建设项目全过程工程咨询服务指引（咨询企业版）〉（征求意见稿）和〈建设项目全过程工程咨询服务指引（投资人版）（征求意见稿）〉意见的函》（粤建市商〔2018〕26号）	投资人应对全过程工程咨询单位在完成各项咨询目标后，实现的节约成本或提高功能的增值服务价值给予奖励，具体奖励标准由双方在合同中予以约定。投资人应根据全过程工程咨询的服务范围、内容和期限等，并结合项目规模和复杂程度（自然环境因素、社会因素、投资人要求等）等要素合理确定服务酬金，在项目全过程工程咨询合同中明确约定并按时支付。本指引建议全过程工程咨询服务酬金采取"1＋N"叠加计费模式，具体计费方法详见附录C《全过程工程咨询服务计费方法》。全过程工程咨询服务收费，应在工程概算中列支
13	《关于印发〈陕西省全过程工程咨询服务导则（试行）〉〈陕西省全过程工程咨询服务合同示范文本（试行）〉的通知》（陕建发〔2019〕1007号）	全过程工程咨询服务计费采取"项目管理＋专业咨询"（即1＋N）叠加计费模式

1.3 全过程造价咨询职业道德

1.3.1 国内法律、注册造价工程师不良行为内容及扣分标准等

一、遵守中华人民共和国相关法律

1. 《中华人民共和国刑法》及其修正案（一～十一）。

2. 《中华人民共和国民法典》及其他法律。

二、拒绝以下限制性的行为

1. "腐败行为"系指直接或间接地提供、给予、收受或要求任何有价财物，不适当地影响任何一方的行为。

2. "欺诈行为"系指任何行为隐瞒（包括歪曲事实）、任何有意或肆意地误导或企图误导一方以获得财物或其他方面的利益或为了逃避某项义务。

3. "共谋行为"系指由双方或多方设计的一种为达到不当目的安排，包括不适当地影响另一方的行为。

4. "胁迫行为"系指直接或间接地削弱或伤害，或威胁削弱或伤害任何一方或其财产以不适当地影响该方的行为。

5. "滥用"指盗取、浪费、故意或不计后果地不恰当使用项目下的相关资产。

6. "利益冲突"指在某项专业委任中代表客户或其他方的利益行事时，其义务与对另一位客户或另一方在同一个或相关专业委任中应尽的义务发生冲突。包括利益方冲突、自身利益冲突、保密信息冲突。

三、注册造价工程师不良行为内容及扣分标准等

1. 遵守《注册造价工程师管理办法》，尤其其中"第三章 执业""第四章 监督管理"与"第五章 法律责任"等内容。

2. 各省市自治区制定的相关标准规范等。浙江省建设工程造价管理总站《工程造价咨询企业及注册造价工程师不良行为内容及扣分标准（修订稿）》（部分）见表1-10。

浙江省工程造价咨询企业及注册造价工程师不良行为内容及扣分标准（部分） 表1-10

序号	不良行为内容	扣分	公开期限（月）	依据和理由
2	个人不良行为			
2.1	注册在本企业的执业人员因本企业职务行为受到刑事处罚或严重行政处罚的	15	18	违反《公司法》第六章
2.2	在执业过程中，索贿、受贿或者谋取合同约定费用外的其他利益	10	6	违反注册造价工程师管理办法第二十条
2.3	在执业过程中实施商业贿赂	10	6	违反注册造价工程师管理办法第二十条
2.4	签署有虚假记载、误导性陈述的工程造价成果文件	10	6	违反注册造价工程师管理办法第二十条

续表

序号	不良行为内容	扣分	公开期限（月）	依据和理由
2.5	同时在两个或者两个以上单位执业	10	6	违反注册造价工程师管理办法第二十条
2.6	涂改、倒卖、出租、出借资质证书，或者以其他形式非法转让注册证书或者执业印章	10	6	违反注册造价工程师管理办法第二十条
2.7	在非实际单位注册执业	10	6	违反《浙江省建设工程造价管理办法》第二十七条
2.8	以个人名义承接工程造价业务	10	6	违反注册造价工程师管理办法第二十条
2.9	允许他人以自己名义从事工程造价业务	10	6	违反注册造价工程师管理办法第二十条
2.10	超出执业范围、注册专业范围执业	10	6	违反注册造价工程师管理办法第二十条

备注：1. 所有扣分依据均以生效的司法机关判决书（仲裁书）、行政处罚决定书、通报批评文件、整改通知书等为准；同一文件中对同一企业涉及多条不良行为处罚，以最高分值和对应的公开期限进行处罚，不重复叠加计算。

2. 不良行为信息涉及一般失信行为的行政处罚信息自行政处罚决定之日起，最短公开期限为三个月，最长公开期限为一年；涉及严重失信行为的行政处罚信息自行政处罚决定之日起，最短公开期限为六个月，最长公开期限为三年；法律法规、规章另有规定的从其规定的办法。

1.3.2 其他职业道德介绍

一、2022年2月2日生效的英国皇家特许测量师学会（简称RICS）《行为规则》

1. 必须诚实正直地行事，并遵守相关专业义务，包括对RICS的义务

（1）会员和公司不通过自身的作为或不作为，或者与他人串通作为或不作为，误导他人。

（2）会员和公司不让自己受到他人（例如，因提供或收受工作推荐、礼品、宴请或付款）或自身利益的不当影响。

（3）会员和公司在整个专业服务委托期间，确定实际和潜在利益冲突，并且在存在利益冲突或重大利益冲突风险时不提供建议或服务，除非根据最新版RICS利益冲突专业声明的要求可以继续提供咨询或服务。

（4）公司有效流程来识别实际的和潜在的利益冲突，以便就是否承接工作做出恰当的决定，并保留就实际的和潜在的利益冲突所作决定的记录。

（5）提供专业建议和意见的会员和公司应根据相关和可靠证据，诚实、客观地提供相关服务。公司已实施确保董事、合伙人和员工如此行事的流程。

（6）会员和公司对客户的收费和服务是公开透明的。

（7）会员和公司采取行动，避免他人对其专业意见产生误解。

（8）会员和公司不恶意利用他人。

（9）会员和公司保护保密信息，仅在以下情况下使用或披露保密信息：用于提供保密

信息时约定的相关目的；已获得必要同意；法律要求或允许。

（10）公司保证客户资金安全，并实施适当的会计控制措施。

（11）会员不滥用客户资金，遵守旨在保证客户资金安全的控制措施。

（12）会员和公司不对任何金融犯罪提供便利，包括洗钱、逃税、贿赂和腐败。公司必须实施阻止董事、合伙人或员工如此行事的有效流程。

2. 必须保持专业能力，并确保由具备必要专业知识的合格人员提供服务

（1）会员和公司仅承担其具备相关知识、技能和资源，能够胜任的工作。

（2）会员和公司监督任何为其工作的员工，并确保这些员工具备胜任工作所需的知识、技能和资源。

（3）会员和公司确保分包商具备胜任工作所需的知识、技能和资源。

（4）会员和公司反思已经完成的工作及其影响，考虑可以如何吸取相关经验教训，在未来的工作中表现得更好。

（5）会员在整个职业生涯中维持并发展自己的知识和技能。他们确定发展需求，规划并进行持续专业发展（CPD）活动来满足发展需求，并且能够证明自己已经如此行事。公司鼓励、支持董事、合伙人和员工维持并发展知识和技能，确保他们遵守 RCIS 规定的 CPD 要求。

（6）会员和公司熟悉并遵守最新的相关立法、执业守则和其他专业及有关技术标准。公司确保董事、合伙人和员工也如此行事。

3. 必须提供优质和勤勉尽责的服务

（1）会员和公司在承接任何专业工作之前，了解客户的需求和目标。

（2）会员和公司与客户协商确定拟提供服务的范围和限制以及完成时间表。

（3）公司告知客户其受 RICS 规管，可能出于规管目的需要向 RICS 披露记录。

（4）如果需要调整服务条款或费用或成本预估，会员和公司及时告知客户并征求客户的同意。

（5）会员和公司以应有的谨慎、技能和勤勉尽责的态度，根据 RICS 技术标准及时完成他们的工作。

（6）会员和公司向客户沟通其专业建议和意见所依赖的重要信息。

（7）会员和公司以明确、易懂的方式和客户沟通。

（8）会员和公司确保向客户做出的任何推荐或介绍都符合客户的最佳利益，并告知客户相关推荐或介绍给会员或其公司带来的任何财物或其他利益。

（9）会员和公司对他们的工作和决定保留恰当详尽的记录，方便他们回答客户的问题，以及出于质量保证或规管目的对其工作展开审计。

（10）在向客户提供项目建议时，会员和公司鼓励客户选择可持续的解决方案，将危害降至最低，保持经济、社会和环境利益的均衡。

（11）会员和公司了解使用相关技术的利弊。

（12）会员和公司确保所有使用的数据是准确和最新的，存储在安全的地方，以及他们有使用数据和分享数据（在必要时）的适当法律权利。

（13）公司实施有效的工作质量保证流程。

4. 必须尊重他人，鼓励多元性和包容性

（1）会员和公司尊重他人的权利，对他人以礼相待。

（2）会员和公司公平对待所有人，不会因任何不当理由歧视任何人。

（3）会员和公司不欺凌、迫害或骚扰任何人。

（4）公司确保供应链不涉及现代奴役或其他滥用劳工行为。

（5）如果会员和公司发现或怀疑存在滥用劳工的行为，会向合适和公认的政府机构报告。

（6）会员和公司与他人一起工作时保持合作精神。

（7）会员和公司在工作场所营造包容的文化，支持所有人机会平等，确定并解决无意识偏见。

5. 必须以公众利益为行动准绳，对自己的行为负责，采取行动避免伤害，并维持公众对行业的信心

（1）会员和公司对他们认为不对的做法和决定质疑，在他们善意认为有必要的情况下，向同事、高级管理层、客户、RICS 或其他合适的人士、机构或组织提出自己的疑虑。公司在内部提供允许和支持员工向高级管理层提出疑虑的流程。

（2）会员和公司支持善意行事的董事、合伙人、员工、同事或客户提出自己的疑虑。

（3）会员和公司确保公司的公开声明或会员被（或可能被）识别为本学会会员的声明不会削弱公众对行业的信心。

（4）会员和公司以及时、开放和专业的态度回应对他们的投诉。

（5）会员和公司不阻拦投诉方接洽替代争议解决服务提供商、RICS 或任何其他规管机构。

（6）会员和公司配合对投诉或疑虑的调查，在经合理要求且法律允许的情况下提供信息。

（7）会员考虑任何健康问题对其专业胜任能力或开展专业工作的能力可能造成的影响，并在需要合理调整或无法继续胜任相关工作的情况下告知管理层或客户。

（8）会员和公司以负责任的方式管理与工作有关的资金。

（9）会员和公司在他们认为存在违反行为准则时采取适当的行动，并向 RICS 报告自己或他人严重违反本行为准则的行为。

二、英国皇家特许测量师职业道德

1. 做事要有诚信

（1）凡事都表现出值得信赖。

（2）在工作方式上保持开放和透明，为开展业务与客户或其他人分享适当且必要的信息，并采取对方容易理解的方式。

（3）尊重客户及潜在客户的机密信息。若非必要，不要向其他人泄露信息。

（4）不要利用客户、同事、第三方或对您具有义务的任何人。

（5）不要让对他人的偏见、利益冲突或不当影响您的判断与责任。

（6）不提供或接受可能提出不当义务的礼物、款待或服务。

（7）向所有利益相关方阐明您的雇主与客户存在的利益冲突。

（8）在决策或提供咨询服务时始终顾及公共利益。

2．永远提供高水平的服务

（1）清楚客户所需的服务以及自己所提供的服务。

（2）在自己的能力范围内行事，如果服务可能超出了您的能力范围，则准备好应对措施（例如告知客户、听取专家意见或咨询专家，或如果无法达到服务要求则解释清楚自己并非为客户提供服务的最佳人选）。

（3）与客户保持沟通以便他们能够做出明智的决策。

（4）如果选取了其他人的服务，则要确保按照商定的时间支付费用。

（5）鼓励公司将公平对待客户放在自身企业文化的核心位置。

3．所作所为促进公众对此专业的信任

（1）通过自身努力提升行业形象。

（2）履行自身义务，言出必行。

（3）明白自身行为会如何影响其他人，并在适当的时候对行为进行反思或改正。

（4）懂得作为专业人员不但要注重工作表现，还要注重个人生活中的表现。

（5）真正致力标准达成而不是简单地遵守。

4．对别人要尊敬

（1）在客户、潜在客户以及与您有接触的人的面前始终保持礼貌、体贴和周到的态度。

（2）尽自己所能鼓励公司或组织将公平对待和尊重客户放在自身企业文化的核心的位置。

5．承担责任

（1）始终以专业的技术、能力和勤奋行事。

（2）如果别人抱怨你的所作所为，则以恰当的专业态度作出回应，同时尽可能妥善解决，让抱怨者满意。

（3）如果认为有什么不对之处，则准备好表达自己的疑虑，并以恰当的方式向其他人反映问题。

三、2017 年第一版 RICS 全球专业标准和指南《利益冲突》

1. RICS 会员或规管公司不得在涉及利益冲突或重大利益冲突风险的情况下向客户提供建议或代表客户；除非全部受影响或可能受影响的人员均已事先提供了知情同意书。只有当 RICS 会员或规管公司确信，尽管存在利益冲突但进行的工作满足以下条件时，才可以申请知情同意书：

（1）符合全体受影响或可能受影响人员的利益。

（2）不受法律禁止。

该冲突不会妨碍会员或规管公司向可能受影响的人员提供优秀而中肯的建议。

2．各独立工作的或在非规管公司或规管公司内工作的 RICS 会员都必须：

（1）根据本专业声明识别和管理利益冲突。

（2）记录与是否接受（或在相关情况下是否继续）每个专业委托相关的决策，获取的知情同意书以及为避免产生利益冲突而采取的任何措施。

3．在该标准中"利益冲突"指的是以下三个方面：

（1）RICS 会员（独立工作或在非规管公司或规管公司内工作）或规管公司在某项专业委托中代表客户或其他方的利益行事时，其义务与对另一位客户或另一方在同一个或相关专业委托中应尽的义务发生冲突（利益方冲突）。

（2）RICS 会员（独立工作或在非规管公司或规管公司内工作）或规管公司在某项专业委托中代表客户的利益行事时，其义务与该 RICS 会员/公司的利益发生冲突（如果是规管公司，则是与该规管公司中任何直接或间接与该专业委托或委托相关的个人利益发生冲突）（自身利益冲突）。

（3）RICS 会员（独立工作或在非规管公司或规管公司内工作）按照要求需要向某位客户提供重要信息，但该 RICS 会员（独立工作或在非规管公司内工作）或规管公司按照要求要为另一位客户保密这些信息，这两项义务发生冲突（保密信息冲突）。

4. 在该标准中"知情同意书"指可能受利益冲突影响的一方自愿提供的同意书，即向有关的 RICS 会员（独立工作或在非规管公司或规管公司内工作）表明该方了解：

（1）存在利益冲突或重大利益冲突风险。

（2）由 RICS 会员（独立工作或在非规管公司或规管公司内工作）或规管公司知道的事实，对利益冲突有实质影响。

（3）该利益冲突是或可能是什么。

（4）利益冲突可能会影响该 RICS 会员（独立工作或在非规管公司或规管公司内工作）或规管公司代表客户利益提供建议或完全代表客户利益行事的能力。

 【学习互动】

您得到了一份合同，但感觉其中有小部分工作超出了自己的能力范围。您该怎么做？

A. 接受该合同并找个能帮忙的同事。

B. 对超出自己专长范围的工作开展强化突击。

C. 拒绝客户的业务。

D. 告知客户有部分工作超出了自己的专长范围，并建议客户将该部分工作外包。

E. 联系保险公司，确认自己是否享有该类工作保险，若有则接受该合同。

1.2
学习互动
参考答案

1.4　全过程造价咨询的概念、作用及主要工作内容

1.4.1　全过程造价咨询的概念

全过程造价管理是有效地利用专业的、技术的专长与方法去计划和控制资源、造价、利润、风险、并使之贯穿于项目始终。全过程造价咨询是适应经济形势的发展而新兴壮大起来中介行业，是根据工程造价咨询服务，把全过程造价管理的方法和思想应用其中，而且贯穿于建设项目的整个过程，是基于具体活动与过程，按照建设项目的过程与活动的组成与分解的规律来实现对于项目全过程的造价管理。

1.3
全过程造价咨询

全过程造价咨询业务是指专业的工程造价咨询单位受项目的建设单位或者其他单位的委托，对建设项目从决策阶段、设计阶段、实施阶段到竣工各阶段、各

环节工程造价进行全过程监督和控制并提供有关造价决策方面的咨询意见。

1.4.2 全过程造价咨询的作用

一、解决横向信息不对称问题

工程建设项目可分为几个阶段，不同的造价咨询人员在各个阶段进行造价管理，在前后不同阶段之间易产生横向信息不对称的问题。由于信息流通不畅，前后双方协调会出现问题，从而交易成本会有所增加，造成项目资源浪费，工程项目的成本处于失控状态，工程造价咨询机构参与全过程造价管理可以解决这些问题，通过对工程项目进行全过程的造价管理，不仅增强各阶段造价管理的衔接，使各个阶段的成果更易直接监督及检查。并同时使业主和工程造价咨询机构进行沟通，增强业主对项目的控制力，从而达到业主的要求目标。

二、解决纵向信息不对称问题

业主并不能及时掌握工程项目建设的全部知识，易导致业主和承包人之间的信息不对称，这样会导致逆向选择和道德风险问题。容易产生交易不公平，业主方资源不能得到优化配置。要解决这类问题，需要工程造价咨询人员参与到工程项目建设中，业主利用工程造价咨询人员的相关知识和经验，弥补自身的信息不足，这也是对承包人一种监督和控制，工程造价咨询人员作为业主方和承包人之间信息交流的纽带，可以有效地解决信息不对称问题。

三、交易费用有效节约

交易费用过大是工程造价管理中，分阶段造价管理的主要缺陷，其中主要体现为信息费用大，由于信息不对称问题的存在，各阶段造价管理对于其他阶段的结果不了解，而各阶段造价管理的结果相互之间又有紧密的联系，所以要付出很高的信息费用才能获得其他阶段的信息，而工程造价咨询机构由于参与到全过程造价管理中去，可以全程掌控所有信息，这样就会解决信息不对称问题，解决交易费用过大的问题。

四、解决分阶段造价管理的投资失控

现在造价管理处于阶段性的管理模式，缺乏建设项目全过程造价管理的意识，并存在信息不对称的问题，导致结算超预算、预算超概算、概算超估算的发生。同时不能很好地协调质量、成本、进度三者之间的关系，容易导致业主投资失控。

1.4.3 全过程造价咨询的主要工作内容

一、全过程造价咨询工作流程

1. 业务承接阶段

首先是接受客户委托，通过客户提供的资料对委托的项目进行初步的调查，确定是否具备承接全过程造价咨询业务的作业条件。然后与客户签订统一格式的咨询合同或协议，如遇特殊情况需签订非统一格式的咨询合同或委托协议，必须经法律合规部门审核后，方能与客户签署。

2. 业务准备阶段

首先根据委托项目的特点及具体要求，成立项目组，确定项目经理和项目组人员。然后项目组应按合同的要求制定工作进度计划和实施方案。最后按照项目各阶段内容，收集

准备与其所承担的具体工作有关的文件、信息、工具、咨询涉及的国家和当地管理部门有关建设方面的法律法规和相关政策规定。

3. 业务实施阶段

组织建设项目投资估算的编制；编制可行性研究报告；负责进行经济评价；概预算编制；概预算审核；优化设计、施工方案；负责施工图预算的编制或审核；招标文件与合同条款拟定；编制或审核工程量清单与最高投标限价；分析投标报价；确定工程合同价款；编制工程进度款和资金使用计划、工程预付款、工程计量支付、工程变更、工程索赔、偏差调整；结算审核和决算编制。

4. 业务终结阶段

对整个建设项目全过程造价咨询工作进行总结，向委托单位提交项目总结报告。对大型或技术复杂及某些特殊工程，咨询单位应进行咨询服务回访与总结。咨询工作结束后，由项目负责人或专人将咨询活动中所涉及的过程文件和成果文件进行整理后移交档案管理人，并登记业务档案目录。依据合同或协议结清咨询费，咨询费交同级会计部门入账。

二、全过程造价咨询各阶段的咨询管理内容

1. 项目决策阶段造价咨询管理

(1) 建设项目投资估算的编制、审核与调整；

(2) 协助建设单位进行投资分析、风险控制，提出融资方案的建议；

(3) 协助建设单位指导设计单位进行限额设计，选择经济合理的设计方案；

(4) 编制项目建议书；

(5) 编制建设项目的可行性研究报告；

(6) 对建设项目的投资进行评估；

(7) 对建设项目进行经济评价。

2. 项目设计阶段造价咨询管理

(1) 设计概算的编制、审核与调整；

(2) 施工图预算的编制和审核；

(3) 提出工程设计、施工方案的优化建议，各方案工程造价的编制与备选。

3. 项目招标投标阶段造价咨询管理

(1) 参与工程招标文件的编制；

(2) 施工合同的相关造价条款的拟定；

(3) 招标工程工程量清单的编制；

(4) 招标工程最高投标限价的编制或审核；

(5) 各类招标项目投标报价合理性的分析。

4. 项目施工阶段造价咨询管理

(1) 建设项目工程造价相关合同履行过程的管理；

(2) 工程计量支付的确定，审核工程款支付申请；

(3) 施工过程的设计变更、工程签证等的处理；

(4) 协助甲方进行费用调整、索赔及反索赔工作，并提供咨询意见和合理建议。

5. 项目竣工阶段造价咨询管理

（1）各类工程竣工结算审核；

（2）竣工决算的编制与审核；

（3）建设项目后评价；

（4）建设单位委托的其他工作。

6. 项目运营阶段造价咨询

（1）投资效益评估（项目的盈利能力、偿债能力、资金流动性等）；

（2）项目总结。

全过程造价管理是通过对中间计量和进度款结算进行把控，从而反向逆推进度，质量、成本控制，将资金监管放在项目的施工阶段，让每一笔资金的去向明明白白，审批过程，变更过程清清楚楚；管好项目的过程就是：从工程结决算出发，把工程上每一块钱的来龙去脉弄得清清楚楚，把每一个工艺工序的质量、进度、档案、资金、安全都管控得有条不紊。比如，一个桩基要计量支付，那么计量支付之前，就应有这根桩基的中间交工验收单，然后倒推交工验收单，对应的开工申请、批复、施工放样、成孔检验单、钢筋笼的检验单、混凝土的材料用量、浇筑信息、混凝土的坍落度、混凝土的强度、桩检报告、取芯报告、交工验收申请，全部调出来。只有这些全部具备的情况下，才给予计量支付。

1.5 全过程造价咨询的项目团队组建与绩效考核

1.5.1 项目团队组建

一、全过程造价咨询服务模式

1. "全驻场"模式

委托人强制要求项目上所有造价咨询工作均由项目现场驻场人员完成，对项目现场驻场人数进行严格考核，项目组成员全部为现场驻场人员。

2. "驻场+后台"模式

委托人不强制要求项目上所有造价咨询工作均由项目现场驻场人员完成，项目组成员部分为现场驻场人员，部分为公司后台人员，项目上造价咨询工作由项目现场驻场人员与公司后台人员共同协作完成。

3. "半驻场"模式

项目现场不长期安排驻场人员，项目实施过程中依据委托人要求阶段性安排咨询人员前往项目现场驻场完成相关造价咨询工作。

4. "不驻场"模式

委托人以订单式模式安排造价咨询工作，项目现场不安排驻场人员，项目上造价咨询工作均由公司后台人员完成。

二、驻场人员岗位设置

建议岗位划分为部门经理岗、区域负责人岗位、项目经理岗、工程师岗、助理工程师岗、实习生岗，各岗位人员设置要求见表1-11。

驻场人员岗位设置要求表　　　　　　　　　　　　表 1-11

序号	建议岗位设置	职级	建议要求
1	部门经理岗	L6-12	10 年以上工作经验,有管理经验,1 个区域以上负责人经验 3 年以上
2	区域负责人	L5-11	10 年以上工作经验,有管理经验,2 个以上完整项目(房地产)全过程一级项目经理经验
3	项目经理		
3.1	一级项目经理	L4-10	10 年工作经验,1 个以上完整项目(房地产)全过程二级项目经理岗位经验,须兼带项目
3.2	二级项目经理	L4-9	8 年工作经验,1 个以上完整项目(房地产)全过程三级项目经理岗位经验,鼓励兼带项目
3.3	三级项目经理	L4-8	6 年工作经验,1 个以上完整项目(房地产)全过程工程师岗位经验
4	工程师		
4.1	一级工程师	L3-7	5 年以上工作经验,1 个以上完整项目(房地产)全过程二级工程师岗位经验
4.2	二级工程师	L3-6	4 年以上工作经验,1 个以上完整项目(房地产)全过程三级工程师岗位经验
4.3	三级工程师	L3-5	3 年以上工作经验,有驻场项目经验
5	助理工程师		
5.1	一级助理岗	L2-4	3 年工作经验
5.2	二级助理岗	L2-3	2 年工作经验
5.3	三级助理岗	L2-2	1 年工作经验
6	实习生		
6.1	后台实习生	L1-1	实习生考核期建议为 3 个月,建议考核维度如下: (1)企业文化认同度:认同企业文化、职业道德满足要求。 (2)专业水平程度:能完成基本简单算量工作(与项目组人员同步算量,考核准确率),师傅带教过一遍工作后能独立完成。 (3)沟通能力:能与带教师傅、公司其他员工进行有效沟通,能明确理解工作任务要求
6.2	驻场实习生	L1-1	

三、驻场人员数量安排

1. 签订全过程造价咨询合同后应结合投标书要求安排充足咨询服务人员,以达到按时完成委托人工作要求,具体人员数量应以合同为依据,如合同无强制要求时,建议在投标阶段进行成本测算并合理安排人员。

2. 驻场与后台工作界面划分

(1)驻场(主责沟通协调)

1)驻场项目经理依据现场工作量进行任务安排,所有工作量均优先安排现场完成(总承包重计量与总承招标清单编制除外),如现场工作量无法完成需启动后台完成时须向领导申请,领导同意后方可由后台实施,后台产生的浮动报酬与差旅费成本计入项目考核成本。

2)驻场项目经理工作交底:各项工作启动前均需对工作要求进行交底,交底须包含:①完整资料提供:各类联系单、进度款申报资料、合同申报结算资料、最终版图纸、招标范围与界面分判、招标清单参考模板、计算稿式样、参考价依据、评标报告模板、合同结算模板等资料；②成果质量要求与完成时间（项目组评估实施时间后，项目经理须与雇主沟通最终完成时间）交底；③固定格式版过程图纸疑问收集要求交底等。

3）驻场项目经理工作沟通：项目组成员收集过程图纸疑问后以固定格式电子版形式发给项目经理，项目经理负责与雇主沟通，及时与雇主沟通结果并催要问题回复资料，第一时间反馈给项目组成员。

（2）后台（主责成果质量）

1）后台负责人接收任务、按工作流程编写工作计划。

2）后台负责人接受交底、梳理资料、审查资料的合理性与合规性、确认雇主成果要求、启动各项工作。

3）后台负责人提出合理性建议、参加各项协调会议、按成果文件要求编制成果并提交复核。以总承包重计量为例，驻场与后台工作界线与职责划分见表1-12。

驻场与后台工作界线与职责划分表 表1-12

序号	成果	责任方		备注
		后台	驻场	
1	**准备阶段**			
1.1	工作人员名单	√	√	分不同工作阶段不同业态和楼栋安排工作人员和联系方式,项目经理/驻场负责人与后台负责人一并完成
1.2	工作计划	√	√	分不同工作阶段不同业态和楼栋安排工作人员和联系方式,项目经理/驻场负责人与后台负责人一并完成
1.3	工作要求交底		√	项目经理/驻场负责人须对后台人员进行项目要求交底
1.4	整套资料移交		√	项目经理/驻场负责人须分类整理资料后移交至后台负责人,后台负责人反馈资料的完整性
1.5	图纸疑问提供	√		后台算量过程中遇图纸问题须按标准格式将图纸疑问提交项目经理/驻场负责人
1.6	图纸疑问回复		√	项目经理/驻场负责人与雇主沟通并在一定时间内将图纸疑问回复反馈给后台负责人
1.7	拟计入图纸的变更梳理		√	如有,项目经理/驻场负责人整理成目录＋附件形式提交给算量后台负责人
1.8	算量软件设置参数 （仅限涉及采用软件计量项目）	√		项目组成员须在算量前按合同/要求对参数进行设置,设置完成后发后台负责人复核无误后启动算量工作
2	**编制阶段**			
2.1	每周进展汇报	√		每周一上午10点前(具体时间从约定)发出本周工作计划和上一周完成情况,以及新发现的图纸疑问
2.2	计算稿/软件算量文件	√		全套成果文件、钢筋抽样单等
2.3	工程量计算说明	√		对于算量过程中,双方需对合同中界定模糊或相关文件无约定,或新增做法和工艺的计量规则进行说明,以便提高核对效率
2.4	工程量清单/参考价/参考价编制依据（或来源说明）	√		初稿
2.5	经济技术指标分析表	√		

续表

序号	成果	责任方 后台	责任方 驻场	备注
2.6	其他		√	如有其他资料要求,项目经理/驻场负责人须分类整理资料后移交至后台负责人
3	**核对阶段(如有)**			
3.1	对账授权书		√	
3.2	每日核对计划	√		后台负责人每天早上9点30分前(具体时间从约定)邮件发出当天核对计划和前一天完成情况,并汇总前一天核对过程中遇到的争议内容
3.3	工程量清单	√		核对完成
3.4	新增单价审批表及其附件	√		含综合单价分析表、市场询价资料
3.5	争议汇总及处理方案	√		不含图纸答疑,仅指核对过程中新增的争议
4	**确认阶段**			
4.1	定稿版成果文件	√		总承包计量文件
4.2	甲供材明细表(如有)	√		
4.3	可调差材料明细表(如有)	√		
4.4	工程量清单/参考价/参考价编制依据(或来源说明)	√		含新增单价计量计价规则,终稿
4.5	经济技术指标分析表	√		终稿
4.6	确定量清单指标差异分析报告	√		含与原合同、目标成本进行技术指标与单方经济指标对比分析
4.7	纳入预算的其他资料	√		主要含图纸会审、变更、工程指令、现场签证、疑问回复
4.8	图纸目录	√		

1.5.2 项目绩效考核条件设立

以项目竞标时设置的目标为基准设立项目团队绩效考核条件,项目团队绩效考核应以项目服务周期为考核周期,项目团队绩效考核条件建议见表1-13。

2023年度××项目团队绩效考核评分表 表1-13

序号	考核项目(任务绩效)	分值	考核要求及核算方式	评分标准	得分
一				考核项	
1	项目回款	5	按照合同节点约定完成项目回款工作,计算公式:实际回款/合同回款≥100%	开票时间控制:根据合同条款开具发票,每延迟1天扣1分/次,直至为0	
		10		收款时间控制:发票开出15个工作日内完成回款工作,每延迟1天扣2分/次,直至为0	
		10		回款金额控制:实际回款额每低1%扣1分,直至为0	

序号	考核项目 (任务绩效)	分值	考核要求及核算方式	评分标准	得分
2	人才储备与团队稳定性	6	满足项目内工作需求为将来业务开展要求:项目无主审岗位流出并根据公司要求培养新人	项目核心岗位保有:每流失 1 人(公司主动辞退的不计入考核范围)扣 3 分,直至为 0	
		4		储备人员的培养,未响应公司要求培养新人扣 2 分/人,直至为 0	
3	成本控制	20	根据公司与部门下达的成本目标及项目其他成本目标进行项目成本控制	项目成本每超过 1 万,扣 1 分;计算公式:项目实际成本－计划成本(人力资源部确定),直至为 0	
4	工作完成及时率	10	项目推进及时率:各阶段各事项实际推进率/合同约定推进率>100%	未能按照合同节点约定完成项目进度的,每事项时间每延迟 1 天扣 1 分,直至为 0	
5	工作质量控制	5	专业达标率,委托方及部门或者复核部门成果通过率,分为内部质量控制及外部质量控制	未完成三级复核擅自将资料外发:每发现 1 次扣 1 分,直至为 0	
		15		委托方因质量问题投诉(质量问题或者返工等)至部门经理或公司的,扣 5 分/次,直至为 0	
6	客户满意度	15	履约评价指标(ABCD 四档)	履约评价为 A 等的得满分,B 档 10 分;C 档 5 分,D 档 0 分	
二				加分项	
1	合理化建议采纳率	—	针对公司相关管理方法、流程标准并制度化、人员培养及人才梯队建设、核心人员保有、外部合作商高效利用等	公司每采纳一条,奖励 0.5 分/项,采纳在公司内推广的且为公司带来短期或长期利益的,视情况奖励 3～15 分	
2	合同外创收	—	因团队原因得到委托方高度认可,获得委托人直接委托的其他项目或从本项目获得合同外收益的	项目收入 10 万～50 万元,奖励 2 分;50 万～100 万元,奖励 3 分,100 万～300 万元,奖励 10 分,300 万元以上奖励 20 分	
三				否决项	
1	廉政建设	—	严格遵守职业道德规范、在项目执行过程中未有廉洁事件发生	一经发现,本年度考核为 0 分,取消计提相关津贴及参与本项目利润分配的资格。造成公司利益受损,公司保留追究经济及刑事责任的权利	
2	信息泄密	—	利用职位之便泄露公司项目相关信息,包括但不限于公司制度、项目进度、项目人员配备、技术力量、本项目产值、利润及分公司等信息		

综合训练

一、填空题

1. 委托方可通过_____或_____方式委托全过程工程咨询业务。

2. _____指在某项专业委任中代表客户或其他方的利益行事时，其义务与对另一位客户或另一方在同一个或相关专业委任中应尽的义务发生冲突。包括_____、_____、_____。

二、简答题

1. 全过程造价咨询可分为哪些阶段？

2. 全过程造价咨询的人员资质要求有哪些？

3. 简述全过程造价咨询的作用。

4. 全过程造价咨询模式下，相关人员的职业道德是否重要？为什么？

5. 请用自己的语言简述全过程造价咨询的必要性。

1.4
综合训练
参考答案

模块二

项目决策阶段造价咨询

Chapter 02

国家体育馆——"鸟巢"建造过程

国家体育场，又名"鸟巢"，是 2008 年北京奥运会主场馆、2022 年北京冬奥会和冬残奥会开闭幕式场馆，也是全球首个"双奥开闭幕式场馆"。国家体育场"鸟巢"位于北京奥林匹克公园中心区，占地 20.4hm²，建筑面积 25.8 万 m²，可容纳观众 9.1 万人。国家体育场工程为特级体育建筑，主体结构设计使用年限 100 年，主体建筑是由一系列钢桁架围绕碗状座席区编制而成的椭圆鸟巢外形，南北长 333m、东西宽 296m，最高处高 69m。国家体育场 2003 年 12 月 24 日开工建设，2008 年 6 月 28 日落成。奥运会后成为北京市民参与体育活动及享受体育娱乐的大型专业场所，并成为地标性的体育建筑和奥运遗产。

国家体育场-鸟巢项目由雅克·赫尔佐格、德梅隆以及李兴钢等设计，由北京城建集团负责施工。体育场的形态如同孕育生命的"巢"和摇篮，寄托着人类对未来的希望。"鸟巢"的设计寓意原始生命的孵化过程，是既能体现科技、人文、绿色奥运精神，又能与周围自然环境良好地达成协调统一的优秀方案。

国家体育场-鸟巢项目在建设中采用了先进的节能设计和环保措施，比如良好的自然通风和自然采光、雨水的全面回收、可再生地热能源的利用、太阳能光伏发电技术的应用等，是名副其实的大型"绿色建筑"。

中国工程院院士沈世钊等国内知名建筑专家就奥运场馆建设结构优化、加工安装、技术解决系统、审查制度等提出一系列建议，其中对于"鸟巢"的安全性提出如下建议：作为大跨度重型结构，并且常年承担着世界上最大可开启屋顶的"鸟巢"，建议取消可开启、滑动式的屋顶，因为该屋顶不但耗费钢材，而且使场馆承重大大增加，存在较大安全隐患。

基于"节俭办奥运"的基本理念，"鸟巢"瘦身的目标是大幅度减少用钢量，将建安造价由 27.3 亿元降至 23.7 亿元。根据中咨公司当时的测算，有没有盖子的工程造价相差 6 亿元。结构调整后，取消移动屋顶，可减少 1 万多吨用钢量，节约 4 亿~6 亿元。

然而现实中"决算超预算、预算超概算、概算超估算"长期以来的确成为中国众多工程项目的痼疾。从"鸟巢"项目得出启示，科学决策对工程造价的影响不容忽视。工程造价咨询在决策阶段对工程造价的影响主要体现在整个建筑工程项目的可行性，通过专业的分析对整个项目的适用性、可操作性和科学合理性进行全面掌握，在明确这一目标的前提下，使工程项目在造价控制上更加合理和具有权威性。

训练目标

了解项目决策阶段造价咨询的意义，了解决策阶段投资控制措施，熟悉项目决策阶段造价咨询的主要内容，会编制和审核项目决策阶段工程造价的相关文件。

训练要求

根据工程背景资料信息，完成工程项目投资估算的编制；能够选择合适的经济方案比选方法进行方案比选；能够分析投资估算指标和概算指标。

2.1　项目决策阶段造价咨询概述

2.1.1　项目决策的重要性

建设项目全生命周期是指从建设意图产生到项目废除的全过程，包括了决策期、实施期和运营期。项目决策阶段在项目建设程序的最前端，具有统领作用，对项目顺利实施、有效控制和高效利用投资至关重要。项目决策阶段更多关注项目的战略层面，关心工程的价值实现及其效果。项目决策阶段会制定项目目标，而项目战略层面关注目标制定的方式及其合理性等，是影响工程价值实现的关键。作为项目全生命周期的首要阶段，项目决策阶段对项目预期价值的实现影响巨大。相对于项目全生命周期中的其他阶段，该阶段能够使整个项目建立在可靠和优化的基础之上。此外，项目实施过程中，项目方案变更的成本会随着项目的推行而逐渐变高，但其影响功能和成本的能力却不断降低，如图 2-1 所示。因此，项目决策在项目的全生命周期中占据着重要的地位。

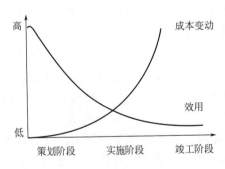

图 2-1　项目方案变动与效用关系

2.1.2　项目决策技术层面和组织上的矛盾性

虽然项目决策阶段在项目全生命周期中占据重要地位，但由于项目前期信息缺口大、不确定性高、决策者认知等诸多问题的限制与约束，导致项目决策在技术层面和组织层面呈现矛盾性特征，严重影响项目前期策划的成果与质量。

一、项目决策技术层面的矛盾性

项目决策技术层面的矛盾性主要体现在两方面，即信息量与项目不确定性的矛盾和信息数量与成本效用的矛盾。

项目的独特性、临时性等特征使得项目不确定性高，其中，项目决策阶段面临的不确定性最高，而关键决策信息的获取将有效降低项目不确定性。在实践中，项目决策阶段信息需求量大、更迭速度快，关键信息支撑少，存在信息量小与项目不确定性高的矛盾。项目前期信息需求和项目不确定性的关系，见图 2-2（a）。

此外，项目决策阶段需要进行深入信息收集保证决策的准确性。但一方面由于项目是否立项的未知性，企业往往不会在前期策划阶段投入大规模成本获取决策所需信息；另一方面对于寄生式的组织形式，组织成员对决策结果不承担任何责任，同时由于项目决策本身的风险、不确定性及上层战略变化等原因，深入的前期策划研究难以提升项目决策的科学性。而且随着前期策划工作的不断深入，信息效用不断增加，但是附加信息的净效用却呈明显下降趋势，信息数量-成本比并非理想直线上升，见图 2-2（b）。即项目决策阶段还存在信息数量与成本效用的矛盾。

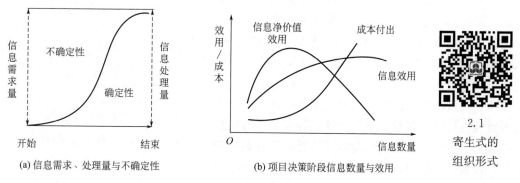

(a) 信息需求、处理量与不确定性   (b) 项目决策阶段信息数量与效用   2.1 寄生式的组织形式

图 2-2 项目决策技术层面矛盾关系图

综上所述，在项目决策阶段，不能仅依赖决策者的主观建议和过往项目信息来减少项目的不确定性，更需要项目信息的不断更新、获取与积累，做好相关信息的筛选与分析，避免出现信息紊乱、信息拥堵和信息断层。同时分析确定信息净价值效用与信息数量的最优关系，以相对较少的信息数量达到最佳的信息净价值效用。

二、项目决策组织层面的矛盾性

项目决策组织层面的矛盾性主要体现在两方面，即决策者的主观性和项目参与者局限性。

首先，项目决策阶段的决策者往往依赖直觉、经验、想法等主观意志对项目进行决策。此外，项目决策还受决策者专业知识、工程和工作经验和经历、所处职位和职业特征等的影响。一方面大部分项目决策者为非专业人士，另一方面即使决策者为专业人士或委托专业人士提供咨询服务，受其关注点局限性的影响仍然会导致项目决策失误，影响项目预期价值实现，如设计师往往更关注设计，而忽视成本；营销专业人士往往更关注产品市场愿景及入市时机，而忽视技术的可行性；工程技术专业人员往往重视技术实现，关注技术创新和挑战。

其次，项目参与者的认知局限性一般体现在追求技术极致、过于侧重专业领域、忽视信息效用及组织形式缺陷等。政治家和工程师倾向于采用新技术，虽然从产业发展角度来看，新技术的应用会促进技术的成熟与推广，但从项目的整体情况来看，并非最优选择。项目前期策划阶段专业分工之后，项目各参与方基于自身专业领域，侧重专业业务，忽视其他方面的考量，缺少系统集成视角。由于专业人士侧重专业性，政治家关注资源的协调、宏观经济的发展等，两者出发点不一致，关注点有分歧，影响项目前期决策及项目预期价值的实现。项目前期策划阶段采用寄生式的组织形式，人员从其他部门直接调动，且大多数组织人员非专职人员，对决策结果不承担责任，大量决策相关信息由项目不同参与方解释和使用，虚假信息可能性增加，干扰了项目决策的准确性。

2.1.3 项目决策与项目决策阶段造价咨询

一、项目决策与项目投资决策

项目决策是指在项目前期，通过收集资料和调查研究，在充分占有信息的基础上，针对项目的决策和实施，进行组织、管理、经济和技术等方面的科学分析和论证，是项目概念的形成过程。在不同的角度，为达到业主的基本要求和目标，对项目的整体策略进行规划，从而加强对项目的全过程预先推演和分析的一系列活动，项目决策过程如图 2-3 所示。

项目投资决策指的就是对拟建工程项目的必要性以及可行性进行技术与经济层面论证，进而最终确定出最为科学的一种投资方案。建设工程项目的特点是建设周期长、投资大、风险大，并且具有一定的不可逆转性，

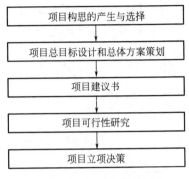

图 2-3 项目决策过程

一旦开始建设，各项工作开展，开始安装设备，即使在很短的一段时间内发现存在投资失误，那么也很难挽回损失。因此，项目投资决策阶段对建设工程项目能否取得预期的经济效益、社会效益起关键作用。项目投资决策阶段是整个工程造价全过程的初始阶段，它是对整个项目的一个宏观概括和把握，其决策成果直接影响着投资成败，因此项目投资决策阶段的造价咨询工作是工程造价全过程咨询工作最重要的工作流程之一。

在此阶段当中，对工程建设中选用的任何一个阶段都有可能造成较为深远的影响，尤其是此阶段内对于施工建设标准（包括材料标准）、选择建设的场地、施工中需要应用的工艺以及各种型号设备的选用，这些选择都会对工程造价的价格造成直接的影响。

二、项目决策综合性咨询与项目决策造价咨询

项目决策阶段的咨询，需要综合项目各种因素，才能科学决策，因此该阶段的咨询内涵应该是综合性咨询。项目前期决策综合性咨询是指业主在前期策划阶段委托工程咨询单位提供的针对项目的决策和实施，进行组织、管理、经济和技术等方面的科学分析和论证，为业主提供决策依据和建议。项目决策综合性咨询能够统筹考虑影响项目可行性的各种因素，从而增强决策论证的协调性。

项目决策综合性咨询解决的主要问题：第一，为什么要建设项目；第二，能够提供什么样的产品和服务；第三，建什么样的工程（规模、品质）；第四，确定项目决策目标（即项目总目标）和决策原则；第五，工程选址；第六，采用什么样的实施方式。

目前，决策综合性咨询的服务方式分为三种：一是由一体化咨询服务企业负责全部咨询工作，并根据咨询服务合同约定对服务成果承担相应责任；二是各单位签订基于项目的联营合同，以一家咨询单位作为牵头企业负责总体协调，共同合作完成项目咨询服务，各合作方根据联合体协议，承担相应责任；三是由多家咨询单位共同完成前期决策咨询，由业主或业主委托的一家咨询单位负责总体协调，该情况下，各参与单位根据咨询服务合同

约定对服务成果承担各自的责任。

　　建设项目决策阶段主要是指为了实现未来预定目标，根据客观条件提出各种备选方案，借助一定的科学手段和方法，从若干个可行方案中选择一个最优方案的全过程。决策的四要素包括：①决策前提，即有明确的目的。②决策条件，即有若干个可行方案可供选择。③决策重点，即方案的比较分析。④决策结果，即选择一个满意方案。

　　项目决策阶段造价咨询业务是项目决策综合性咨询的一项专项咨询，主要基于项目的造价方面进行决策判断咨询，见表 2-1。项目决策阶段造价咨询业务流程如图 2-4 所示。

工程咨询企业项目决策综合性咨询的服务清单　　　　　　　　　　　　表 2-1

服务内容		项目决策阶段		
		概念阶段	可行性研究阶段	策划阶段
全过程咨询		1. 项目定义与目标论证 2. 投资决策综合咨询 3. 价值策划		
专项咨询	评估咨询	1. 商业方案 2. 项目建议书 3. 投资机会研究	1. 项目总纲要 2. 环境影响评价报告 3. 节能评估报告 4. 可行性研究报告 5. 安全评价 6. 社会稳定风险评价 7. 水土保持方案 8. 地质灾害危险性评估 9. 交通影响评价 10. 项目大纲	
	造价咨询	1. 投资估算编制 2. 项目经济评价报告编制与审核	1. 投资估算和资金筹措计划编制 2. 项目经济评价报告编制与审核	
	组织策划			1. 组织结构策划 2. 工作职责及管理职能策划
	合同策划			1. 发承包方式策划 2. 合同结构总体方案
	BIM 咨询	1. 采用 BIM 使方案与财务分析工具集成 2. 修改相应参数，实时获得项目各方案的投资收益指标		

三、项目决策综合性咨询与投资决策综合性咨询的区别

　　投资决策综合性咨询是指投资者在投资决策环节委托工程咨询单位提供的就投资项目的市场、技术、经济、生态环境、能源、资源、安全等影响可行性的要素，结合国家、地区行业发展规划及相关重大专项建设规划、产业政策、技术标准及相关审批要求进行的分析研究和论证，为投资者提供决策依据和建议。与项目前期决策综合性咨询主要存在以下三方面的区别，即服务对象不同、咨询内容不同以及服务阶段不同，详见表 2-2。

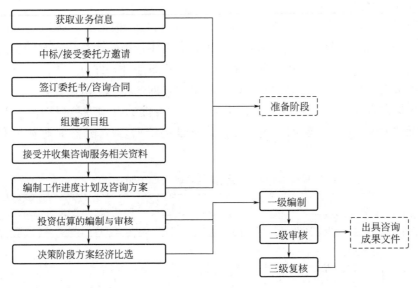

图 2-4　项目决策阶段造价咨询业务流程图

项目决策综合性咨询与投资决策综合性咨询的区别　　　表 2-2

区别	项目决策综合性咨询	投资决策综合性咨询
服务对象不同	业主	投资者
咨询内容不同	影响概念形成、可行性研究和策划等阶段，在满足业主目标和需求的基础上为业主提供决策依据和建议，并为工程实施阶段的展开奠定基础	影响项目可行性的各种因素，为投资者提供决策依据和建议
服务阶段不同	贯穿项目决策的概念形成、可行性研究和策划等三个阶段，不仅要对投资和项目可行性做出决策，还对后面的工程实施阶段具有指导性的作用	概念阶段和可行性研究阶段

2.2　项目决策阶段造价咨询的内容

投资决策阶段造价咨询工作流程的工作内容主要是对拟建工程项目从工程造价咨询的角度进行合理、科学地分析，对不同的建设方案做比选并做出可靠的投资估算，为项目的最终决策提供建设成本投入的关键数据，项目决策的正确与否决定着后期工期建设的成败，影响着工程的投资大小和经济效益状况，因此做好投资决策阶段的造价咨询工作直接影响着项目的投资成本和投资收益。

2.2
项目决策阶段
造价咨询

2.2.1　编制并审核投资估算

投资估算是保证投资者对建设项目进行投资可行性研究的主要方法，能够对资金安全和投资收益起到积极促进的作用。项目策划、项目建议书、可行性研究三个阶段都是通过投资估算反映建设工程项目的工程造价，投资估算主要包括工程项目建设投资和流动资金。

投资估算是指项目投资的前期决策过程中对项目投资额的估计。在此阶段，项目建设方应委托项目造价咨询机构，对拟建项目的技术先进性、适用性、经济合理性和能否创造社会效益，进行全面、充分的调查、分析和论证，并从工程建设标准、质量要求、建筑材料性能和价格等方面合理确定工程投资估算。

2.3
投资估算的
编制与审核

在全过程工程造价管理中，建设项目决策期间确定的投资估算的合理性将对后期的项目实施产生重要影响。在项目决策期间，关键需要对投资估算进行科学分析，需要考虑项目实施过程中的诸多因素，然后将相关信息整合，根据分析结果做出科学决策，确保建设项目具有较好的可行性。以此保证造价管理的科学性。具体来说，在开展决策阶段的造价管理过程中需要制定科学的投资估算，进而避免在工程建设期间造价无法满足项目实施需要而造成估算不足导致的投资失控；同时要保证投资估算的合理性，以此确保各参与方的利益，促进项目的顺利实施。因此，要想发挥造价管理工作的实际价值，需要在决策之前做好相关准备工作，分析项目建设中可能存在的风险。然后制定科学的应对措施，在投资估算中合理考虑并预留风险费用，确保在不同的实施环节不超投资估算且有造价管理的动力。

基于此，投资估算是全过程工程造价管理中的一项重要工作和课题，没有科学准确的估算，就谈不上工程造价的事前控制和管理。因此。投资估算应力求做到准确、全面，为建设项目决策提供重要的经济依据，避免决策失误和投资失控。

一、投资估算的编制原则

投资估算是项目建设前期决策阶段的重要文件，对建设项目后续投资起着重要作用。投资估算应包含项目建设的全部投资额，不仅要反映实施阶段的静态投资，还必须反映项目建设期间的动态投资。投资估算的编制原则有以下几点：

1. 投资估算编制中使用估算指标的分类、项目划分、项目内容、表现形式等要结合各专业的特点，并且要与项目建议书、可行性研究报告的编制深度相适应。

2. 投资估算编制内容中，典型工程的选择必须遵循国家的有关建设方针政策，符合国家技术发展方向，贯彻国家高科技政策和发展方向，使投资估算的编制既能反映正常建设条件下的造价水平，也能适应今后若干年的行业发展水平。

3. 投资估算编制要反映不同行业、不同项目的特点，要适应项目前期工作的需要，而且具有综合性。投资估算要密切结合行业特点和项目建设的特定条件，在内容上既要贯彻指导性、准确性和可调性原则，又要有一定的深度和广度。

4. 投资估算编制要体现国家对固定资产投资实施间接调控作用的特点，要贯彻能分能合、有粗有细、细算粗编的原则，使投资估算能满足项目建议书和可行性研究各阶段的要求，既能反映建设项目的全部投资及其构成，又能分析组成建设项目投资的各单项工程投资，做到既能综合使用，又能个别分解使用。

5. 投资估算编制要贯彻静态和动态相结合的原则。要充分考虑在市场经济条件下，建设条件、实施时间、建设期限等因素的不同，建设期的动态因素，即价格、建设期利息及涉外工程的汇率等因素的变动导致估算的量差、价差、利息差、费用差等动态因素对投资估算的影响。对上述动态因素采用必要的调整办法和调整参数，尽可能减少这些动态因素对投资估算准确度的影响，使其具有较强的实用性和可操作性。

二、投资估算的作用

在全过程工程造价管理中，投资估算作为论证拟建项目的重要经济文件，既是建设项目经济评价和投资决策的重要依据，又是该项目实施阶段投资控制的目标值。投资估算在全过程工程造价管理的决策阶段发挥着十分重要的作用。

1. 项目建议书阶段的投资估算是项目主管部门审批项目建议书的依据之一，并对项目的规划、规模起参考作用。

2. 项目可行性研究阶段的投资估算是项目投资决策的重要依据，也是研究、分析、计算项目投资经济效果的重要基础。当可行性研究报告被批准之后，其投资估算额就作为设计任务中下达的投资限额，即作为建设项目投资的最高限额，不得随意突破。

3. 项目投资估算对工程设计概算起控制作用，设计概算不得突破批准的投资估算额，并应控制在投资估算额以内。

4. 项目投资估算可作为项目资金筹措及制定建设贷款计划的依据，建设单位可根据批准的投资估算额进行资金筹措和向银行贷款。

5. 项目投资估算是核算建设项目固定资产投资需要额和编制固定资产投资计划的重要依据。

6. 项目投资估算是进行工程设计招标、优选设计单位和设计方案的依据。在进行工程设计招标时，投标单位报送的标书中，除了设计方案的图样说明、建设工期等，还应包括项目的设计概算和经济性分析，以便衡量设计方案的经济合理性。

7. 项目投资估算是实行工程限额设计的依据。实行工程限额设计，要求设计者必须在一定的投资范围内确定设计方案，以便控制项目建设和装饰的标准。

三、投资估算的内容

投资估算的编制应综合考虑工程项目的实施进度估算出工程项目的总投资，编制深度要满足项目策划、项目建议书、可行性研究三个阶段对其进行经济评价的要求。投资估算的内容如图 2-5 所示。

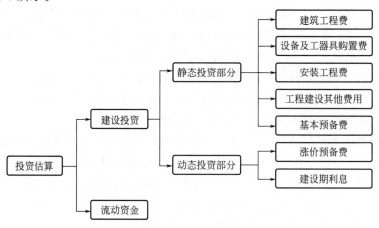

图 2-5　建设工程项目投资估算内容

其中，建筑工程费是指建造永久性建筑物和构筑物的工程造价，如办公楼、住宅楼、实验楼、图书馆、仓库、电站、厂房、设备基础等工程的费用。

计算设备及工器具购置费时，对于价值高的设备按单台（或按套）估算费用，价值较小的设备按类估算，如果有进口设备和国内设备的，应分别估算相应的设备购置费。

设备及工器具购置费包括设备的购置费、工器具购置费、现场制作非标准设备费、生产用家具购置费和相应的运杂费。安装工程费的计算需要注意的是，需要安装的设备才能估算安装工程费用，不需要安装的设备不产生安装工程费，不可进行估算。

安装工程费的估算，包括各种机电装配、安装工程费用，以及附属于被安装设备的管线敷设工程费用；如果待安装的设备在安装过程有相连的工作台、梯子，其装设工程费用也一并估算在内；此外，安装设备的绝缘、保湿、防腐等工程费用、单体试运转和联动无负荷试运转等费用也应进行估算。

工程建设其他费用可分为建设用地费、与建设项目有关的其他费用、与未来生产经营有关的费用。

流动资金是指生产经营性项目投产后，用于购买原材料、燃料、支付工资及其他经营费用所需的周转资金。它是伴随着固定资产投资而发生的长期占用的流动资产投资。

$$流动资金＝流动资产－流动负债 \tag{2-1}$$

其中，流动资产主要考虑现金、应收账款和存货；流动负债主要考虑应付账款。

编制项目投资估算首先需要收集和熟悉项目相关资料，现场踏勘；然后依据建设项目的特征、方案设计文件和相应的工程造价计价依据或资料，对建设项目总投资及其构成进行编制；还需要对项目的主要技术经济指标进行分析。

投资估算的编制方法、编制深度等应符合《建设项目投资估算编审规程》（CECA/GC1）的有关规定；成果文件应符合《建设工程造价咨询成果文件质量标准》（CECA/CC7）、《工程造价咨询企业服务清单》（CCEA/GC11）中成果文件的组成和要求的相关规定；满足《建设工程造价咨询合同》的相关要求。

项目决策分析与评价分为四个阶段：建设项目规划阶段、项目建议书（投资机会研究）阶段、初步可行性研究阶段、可行性研究阶段，这四个阶段对于建设项目投资估算编制的精度要求是逐步提高的，不同建设项目阶段的投资估算精度要求见表 2-3。

项目决策分析与评价各阶段的投资估算精度要求　　　　　表 2-3

项目决策分析与评价阶段	允许误差率
建设项目规划阶段	±30%以内
项目建议书(投资机会研究)阶段	±30%以内
初步可行性研究阶段	±20%以内
可行性研究阶段	±10%以内

造价咨询服务机构需要从宏观角度出发，与委托方进行及时沟通，力求能够提高项目决策阶段投资估算的准确度。在投资估算报告编制完毕以后，还需要对其进行审核，咨询服务机构邀请本机构内部造价人员以及同行业知名专家对其进行审核，这也是提高投资估算准确性的一种重要方法。

四、投资估算的编制步骤

根据投资估算的不同阶段，主要包括项目建议书阶段及可行性研究阶段的投资估算。可行性研究阶段的投资估算的编制一般包含静态投资部分、动态投资部分与流动资金估算三部分，主要包括以下步骤：

1. 分别估算各单项工程所需建筑工程费、设备及工器具购置费、安装工程费，在汇总各单项工程费用的基础上，估算工程建设其他费用和基本预备费，完成工程项目静态投资部分的估算。

2. 在静态投资部分的基础上，估算价差预备费和建设期利息，完成工程项目动态投资部分的估算。

3. 估算流动资金。

4. 估算建设项目总投资。

五、投资估算的编制方法

1. 静态投资部分的估算方法

静态投资部分估算的方法很多，各有其适用的条件和范围，而且误差程度也不相同。一般情况下，应根据项目的性质、占有的技术经济资料和数据的具体情况，选用适宜的估算方法。在项目建议书阶段，投资估算的精度较低，可采取简单的匡算法，如生产能力指数法、系数估算法、比例估算法或混合法等，在条件允许时，也可采用指标估算法；在可行性研究阶段，投资估算精度要求高，需采用相对详细的投资估算方法，即指标估算法。

（1）单位生产能力估算法

依据调查的统计资料，利用相近规模的单位生产能力投资乘以建设规模，即得拟建项目投资。其计算公式为：

$$C_2 = \left(\frac{C_1}{Q_1}\right) Q_2 f \tag{2-2}$$

式中　C_1——已建类似项目的静态投资额；

　　　C_2——拟建项目的静态投资额；

　　　Q_1——已建类似项目的生产能力；

　　　Q_2——拟建项目的生产能力；

　　　f——不同时期、不同地点的定额、单价、费用变更等的综合调整系数。

这种方法把项目的建设投资与其生产能力之间视为简单的线性关系。使用单位生产能力估算法时，要注意拟建项目的生产能力和类似项目的可比性，否则误差很大。

由于在实际工作中不易找到与拟建项目十分类似的项目，通常是把项目按其下属的单项工程、设施和装置进行分解，分别套用类似单项工程、设施和装置的单位生产能力投资估算指标，然后汇总求得项目总投资；或根据拟建项目的规模和建设条件，将投资进行适当调整后估算项目的投资额。

这种方法主要用于新建项目或装置的估算，十分简便迅速。但要求估价人员掌握足够的典型工程的历史数据，而且这些数据均应与单位生产能力的造价有关，方可应用，而且必须是新建装置与所选取装置的历史资料相类似，仅存在规模大小和时间上的差异。

（2）生产能力指数法

生产能力指数法又称指数估算法，它是根据已建成的类似项目生产能力和投资额来粗略估算拟建项目投资额的方法，是对单位生产能力估算法的改进。其计算公式为：

$$C_2 = \left(\frac{C_1}{Q_1}\right)^x Q_2 f \tag{2-3}$$

式中　x——生产能力指数；

其他符号含义同前。

上式表明造价与规模呈非线性关系，且单位造价随工程规模的增大而减小。在正常情况下，$0 \leqslant x \leqslant 1$。在不同生产率水平的国家和不同性质的项目中，$x$ 的取值是不同的。比如，美国的化工项目取 $x = 0.6$，英国的化工项目取 $x = 0.66$，日本的化工项目取 $x = 0.7$。

若已建类似项目的生产规模与拟建项目生产规模相差不大，Q_1 与 Q_2 的比值在 $0.5 \sim 2$，则 x 的取值近似为 1。若已建类似项目的生产规模与拟建项目生产规模相差不大于 50 倍，且拟建项目生产规模的扩大仅靠扩大设备规模来达到时，则 x 的取值在 $0.6 \sim 0.7$；若是靠增加相同规格设备的数量达到时，则 x 的取值在 $0.8 \sim 0.9$。

生产能力指数法主要应用于拟建装置或项目与用来参考的已知装置或项目的规模不同的场合。生产能力指数法与单位生产能力估算法相比精确度略高，其误差可控制在 $\pm 20\%$ 以内。尽管估价误差仍较大，但它有其独特的好处，即这种估价方法不需要详细的工程设计资料，只需知道工艺流程和规模即可。

（3）因子估算法

因子估算法是以拟建项目的主体工程费或主要设备费为基数，以其他工程费与主体工程费的百分比为系数估算项目总投资的方法。这种方法简单易行，但是精度较低，一般用于项目建议书阶段。因子估算法的种类很多，在我国常用的方法有设备系数法和主体专业系数法。

① 设备系数法。这种方法以拟建项目的设备费为基数，根据已建同类项目的建筑安装工程费和其他工程费等与设备价值的百分比，求出拟建项目建筑安装工程费和其他工程费，进而求出建设项目总投资。其计算公式为

$$C = E(1 + f_1 P_1 + f_2 P_2 + \cdots + f_n P_n) + I \tag{2-4}$$

式中　　　　C——拟建项目的投资额；

　　　　　　E——拟建项目的设备费；

$P_1, P_2, \cdots, P_n$——已建项目的建筑安装工程费和其他工程费等于设备费的百分比；

$f_1, f_2, \cdots, f_n$——由于时间因素引起的定额、价格、费用标准等变化的综合调整系数；

　　　　　　I——拟建项目的其他费用。

② 主体专业系数法。这种方法以拟建项目中投资比重较大且与生产能力直接相关的工艺设备投资为基数，根据已建同类项目的有关统计资料，计算出拟建项目中各专业工程费与工艺设备投资的百分比，据以求出拟建项目各专业投资，汇总即为项目总投资。其计算公式为

$$C = E(1 + f_1 P_1' + f_2 P_2' + \cdots + f_n P_n') + I \tag{2-5}$$

式中　P_1', P_2', P_n'——已建项目中各专业工程费与工艺设备投资的百分比；

其他符号含义同前。

（4）比例估算法

比例估算法是根据统计资料，先求出已有同类企业的主要设备投资占已建项目投资的比例，然后再估算出拟建项目的主要设备投资，即可按比例求出拟建项目的建设投资。其计算公式为

$$I = \frac{1}{K} \sum_{i=1}^{n} Q_i P_i \tag{2-6}$$

式中　I——拟建项目的建设投资；

　　　K——已建项目的主要设备投资占已建项目投资的比例；

　　　n——设备种类数；

　　　Q_i——第 i 种设备的数量；

　　　P_i——第 i 种设备的单价（到厂价格）。

（5）指标估算法

指标估算法是把建设项目划分为建筑工程费用、设备及工器具购置费及其他基本建设费等费用项目或单位工程，再根据各种具体的投资估算指标，进行各项费用项目或单位工程投资的估算，在此基础上汇总成每一单项工程的投资，另外再估算工程建设其他费用及预备费，即求得建设项目总投资。

建筑工程费用估算。建筑工程费用是指为建造永久性建筑物和构筑物所需要的费用。一般采用单位建筑工程投资估算法、单位实物工程量投资估算法、概算指标投资估算法等进行估算。

① 单位建筑工程投资估算法，以单位建筑工程量投资乘以建筑工程总量计算。这种方法还可细分为单位价格估算法、单位面积价格估算法和单位容积价格估算法。

a. 单位价格估算法。此方法实际上是利用每功能单位的成本价格估算，选出所有此类项目中的共有单位，并计算每个项目中该单位的数量。

$$总建筑造价＝功能面积×功能单价 \tag{2-7}$$

这种方法所采用的单位取决于所考虑的项目类型。例如，车库采用每个车位的成本；公寓楼采用每间套房的成本；如果考虑建一所大学，那就要采用每个学生的成本。无论以什么作为成本，都需要分析已完成项目的成本，将总建筑工程成本除以项目中的单位数量，得到单位价格，然后将所得到的单位价格运用到将来的计划中，计算出它们的预计总价。

用这种估算方法能够很快得到粗略的估算结果，但是缺乏精确性。要对成本进行精确的预测，未来的项目在资源价格、建筑设计、项目总体规模、完成质量、地理位置和工程施工时间等方面必须与先前分析的项目高度相似。显然，先前的项目和新项目之间会有很多不同之处，而这些差异将严重影响单价估算的准确性，因此就需要根据这些项目之间的差异适当调整价格。

b. 单位面积价格估算法。单位面积价格分析的单位是项目房屋总面积（m²）。房屋总面积即为外墙墙面以内的所有房屋面积。

$$总建筑造价＝房屋总面积×单位面积价格 \tag{2-8}$$

利用此方法的步骤为，首先分析已完成项目的建筑施工成本，用已知的项目建筑施工成本除以该项目的房屋总面积，即为单位面积价格，然后将结果应用到未来的项目中，以估算其建筑施工成本。

单价的估算方法主要依靠最近类似项目的成本构成，综合考虑项目位置远近、工期长短、项目等级及质量、建筑方法复杂性、项目是否有特别设施等因素做出造价调整。这种估算方法不仅容易理解，而且设计者除了可以从自己的项目中得到单位面积价格外，还可以从相关文件资料中得到大量有关单位面积价格的数据，所以应用最为广泛。设计中首先需要确定的细节往往是建筑面积，所以在项目开发的早期即可采用这种估算方法。但是，所有影响单位价格估算方法的可变因素同样也会影响对单位面积的分析。

c. 单位容积价格估算法。在一些项目中，楼层高度是影响成本的重要因素之一。例如仓库、工业窑炉砌筑的高度根据需要会有很大的变化，这时显然不再适用单位面积价格估算法，而单位容积价格估算法则成为确定初步估算的好方法。将总的建筑施工成本除以建筑容积，即可得到单位容积价格。将建筑面积乘以从建筑基座平面到屋顶平面的高度，即为建筑容积。测量建筑面积时仍然从外墙墙面开始计算

② 单位实物工程量投资估算法，以单位实物工程量的投资乘以实物工程总量计算。例如，土石方工程按立方米投资，矿井巷道衬砌工程按每延长米投资，路面铺设工程按每平方米投资，再乘以相应的实物工程总量计算建筑安装工程费。

③ 概算指标投资估算法。没有上述估算指标且建筑工程费占总投资比例较大的项目，可采用概算指标估算法。采用此种方法，应有较为详细的工程资料、建筑材料价格和工程费用指标，投入的时间和工作量大。

设备及工器具购置费估算。设备及工器具购置费由设备购置费、工器具购置费、现场制作非标准设备费、生产家具购置费和相应的运杂费等组成。其估算根据项目主要设备表及价格、费用资料编制，工器具购置费按设备费的一定比例计取。价值高的设备应按单台（套）估算购置费，价值较小的设备可按类估算，国内设备和进口设备应分别估算。设备购置费由设备原价和设备运杂费构成。国内设备原价为设备出厂价，一般是指设备制造厂的交货价或订货合同价。它一般根据生产厂或供应商的询价、报价、合同价确定，或采用一定的方法计算确定。国产设备原价分为国产标准设备原价和国产非标准设备原价。进口设备原价是指进口设备抵岸价，即设备抵达买方边境港口或边境车站，且交完关税等税费后形成的价格。进口设备抵岸价的构成与进口设备的交货类别有关。

安装工程费估算。安装工程费通常按行业或专门机构发布的安装工程定额、取费标准和指标估算投资。具体可按安装费率、每吨设备安装费或单位安装实物工程量的费用估算，即

$$安装工程费 ＝ 设备原价 \times 安装费率 \tag{2-9}$$

$$安装工程费 ＝ 设备吨位 \times 每吨安装费 \tag{2-10}$$

$$安装工程费 ＝ 安装工程实物量 \times 安装费用指标 \tag{2-11}$$

工程建设其他费用估算。工程建设其他费用按各项费用科目的费率或者取费标准估算。

基本预备费估算。基本预备费在工程费用和工程建设其他费用的基础之上乘以基本预备费率。

值得注意的是，在使用指标估算法时，应根据不同的年代、地区进行调整。因为年代地区不同，设备与材料的价格均有差异。调整方法可以将主要材料消耗量作为计算依据，也可以按不同工程项目的"万元工料消耗定额"而定不同的系数。在有关部门颁布定额或材料价差系数（物价指数）时，可以据其调整。总之，使用指标估算法进行投资估算绝不能生搬硬套，必须对工艺流程、定额、价格及费用标准进行分析，经过实事求是地调整与换算后，才能提高其精确度。

2. 动态投资部分估算方法

动态投资部分主要包括价格变动可能增加的投资额和建设期利息两部分，如果是涉外

项目，还应该计算汇率的影响。动态投资部分的估算应以基准年静态投资的资金使用计划为基础，而不是以编制的年静态投资为基础。

（1）价差预备费

价差预备费是指建设项目在建设期间由于价格等变化引起工程造价变化的预测预留费用。费用内容包括人工、设备、材料、施工机械的价差费，建筑安装工程费及工程建设其他费用调整，利率、汇率调整等增加的费用。价差预备费的测算方法，一般根据国家规定的投资综合价格指数，按估算年份价格水平的投资额为基数，采用复利法计算。计算公式为

$$PF = \sum_{t=0}^{n} I_t \left[(1+f)^m (1+f)^{0.5} (1+f)^{t-1} - 1 \right] \tag{2-12}$$

式中　　PF——价差预备费；

　　　　n——建设期年份数；

　　　　I_t——建设期中第 t 年的静态投资计划额，包括设备及工器具购置费、建筑安装工程费、工程建设其他费用及基本预备费；

　　　　f——年均投资价格上涨率；

　　　　m——建设前期年限（从编制估算到开工建设，单位：年）。

（2）建设期贷款利息

建设期贷款利息包括向国内银行和其他非银行金融机构贷款、出口信贷、外国政府贷款、国际商业贷款以及在境内外发行的债券等在建设期内应偿还的借款利息。当总贷款是分年均衡发放时，建设期贷款利息的计算可按当年借款在年中支用考虑，即当年贷款按半年计算利息，上年贷款按全年计算利息。计算公式为

$$q_j = \left(p_{j-1} + \frac{1}{2} A_j \right) i \tag{2-13}$$

式中　　q_j——建设期第 j 年应计利息；

　　　p_{j-1}——建设期第（$j-1$）年年末贷款累计金额与利息累计金额之和；

　　　　A_j——建设期第 j 年贷款金额；

　　　　i——年利率。

在国外贷款利息的计算中，还应包括国外贷款银行根据贷款协议向贷款方以年利率的方式收取的手续费、管理费、承诺费，以及国内代理机构经国家主管部门批准的以年利率的方式向贷款单位收取的转贷费、担保费、管理费等。

3．流动资金估算方法

流动资金是指生产经营性项目投产后，为进行正常生产运营，用于购买原材料、燃料，支付工资及其他经营费用等所需的周转资金。企业只有具有一定数量的可以自由支配的流动资金，才能维持正常的生产和经营活动，才能增强承担风险和处理意外损失的能力。流动资金的特点是在生产和流通过程中不断地由一种形态转化为另一种形态，它的价值在产品销售后依次得到补偿。

铺底流动资金是保证项目投产后能正常生产经营所需要的最基本的周转资金数额，是流动资金的一部分，一般为项目投产后所需流动资金的 30%。

流动资金估算一般采用分项详细估算法，个别情况或者小型项目可采用扩大指标估

算法。

（1）分项详细估算法

流动资金的显著特点是在生产过程中不断周转，其周转额与生产规模及周转速度直接相关。分项详细估算法是根据周转额和周转速度之间的关系，对构成流动资金的各项流动资产和流动负债分别进行估算。在以往的项目评价中，为简化计算，仅对存货、现金、应收账款和应付账款四项内容进行估算。根据目前最新的《建设项目经济评价方法与参数（第三版）》，估算内容增加了预付账款和预收账款两项内容。相应的计算公式如下：

$$流动资金＝流动资产－流动负债 \tag{2-14}$$
$$流动资产＝应收账款＋预付账款＋存货＋现金 \tag{2-15}$$
$$流动负债＝应付账款＋预收账款 \tag{2-16}$$
$$流动资金本年增加额＝本年流动资金－上年流动资金 \tag{2-17}$$

估算的具体步骤：首先计算各类流动资产和流动负债的年周转次数，然后再分项估算占用资金额。

① 周转次数计算。周转次数是指流动资金的各个构成项目在一年内完成多少个生产过程。周转次数可用一年天数（通常按 360 天计算）除以流动资金的最低周转天数计算，则各项流动资金年平均占用额度为流动资金的年周转额度除以流动资金的年周转次数。计算公式为

$$周转次数＝\frac{360}{流动资金的最低周转天数} \tag{2-18}$$

存货、现金、应收账款和应付账款的最低周转天数可参照同类企业的平均周转天数并结合项目特点确定。又因为周转次数又可以表示为流动资金年周转额除以各项流动资金年平均占用额度，所以有

$$各项流动资金＝\frac{流动资金年周转额}{周转次数} \tag{2-19}$$

② 应收账款估算。应收账款是指企业对外赊销商品、劳务而占用的资金。应收账款年周转额应为全年赊销收入净额。在可行性研究中，用销售收入代替赊销收入。计算公式为

$$应收账款＝\frac{年销售收入}{年收账款周转次数} \tag{2-20}$$

③ 存货估算。存货是企业为销售或者生产耗用而储备的各种物资，主要有原材料、辅助材料、燃料、低值易耗品、维修备件、包装物、在产品、自制半成品和产成品等。为简化计算，仅考虑外购原材料、外购燃料、在产品和产成品，并分项进行计算。计算公式为

$$存货＝外购原材料＋外购燃料＋在产品＋产成品 \tag{2-21}$$
$$外购原材料＝\frac{年外购原材料总成本}{按种类分项周转次数} \tag{2-22}$$
$$外购燃料＝\frac{年外购燃料}{按种类分项周转次数} \tag{2-23}$$
$$在产品＝\frac{年外购原材料、燃料＋年工资及福利费＋年修理费＋年其他制造费}{在产品周转次数}$$
$$\tag{2-24}$$

$$产成品 = \frac{年经营成本 - 年营业费用}{产成品周转次数} \qquad (2-25)$$

④ 预付账款估算。预付账款是指企业为购买各类材料、半成品或服务所预先支付的款项。计算公式为

$$预付账款 = \frac{外购商品或服务年费用}{产品周转次数} \qquad (2-26)$$

⑤ 现金需要量估算。项目流动资金中的现金是指货币资金，即企业生产运营活动中停留于货币形态的那部分资金，包括企业库存现金和银行存款。计算公式为

$$现金需要量 = \frac{年工资及福利费 + 年其他费用}{现金周转次数} \qquad (2-27)$$

⑥ 流动负债估算。流动负债是指在一年或者超过一年的一个营业周期内，需要偿还的各种债务，包括短期借贷、应付票据、应付账款、预收账款、应付工资、应付福利费、应付股利、其他暂收应付款项、预提费用和一年内到期的长期借款等。在可行性研究中，流动负债的估算只考虑应付账款和预收账款两项。计算公式为

$$应付账款 = \frac{年外购原材料 + 年外购燃料 + 其他材料年费用}{应付账款周转次数} \qquad (2-28)$$

$$预收账款 = \frac{预收的营业收入年金额}{预收账款周转次数} \qquad (2-29)$$

（2）扩大指标估算法

扩大指标估算法是根据现有同类企业的实际资料，求得各种流动资金率指标，也可根据行业或部门给定的参考值或经验确定比率。将各类流动资金率乘以相对应的费用基数来估算流动资金。一般常用的基数有销售收入、经营成本、总成本费用和固定资产投资、年产量等，究竟采用何种基数，依行业习惯而定。扩大指标估算法简便易行，但准确度不高，适用于项目建议书阶段的估算。用扩大指标估算法计算流动资金可以有四种方法，计算公式为

$$年流动资金额 = 年费用基数 \times 经营成本（总成本）流动资金率 \qquad (2-30)$$
$$年流动资金额 = 年产值 \times 产值流动资金率 \qquad (2-31)$$
$$年流动资金额 = 固定资产投资 \times 固定资产投资资金率 \qquad (2-32)$$
$$年流动资金额 = 年产量 \times 单位产量流动资金率 \qquad (2-33)$$

其中，当采用固定资产投资资金率时，要充分考虑项目的类型。比如，化工项目的流动资金占固定资产投资的 12%～15%，一般工业项目的流动资金占固定资产投资的 5%～12%。

（3）估算流动资金应注意的问题

在采用分项详细估算法时，应根据项目实际情况分别确定现金、应收账款、预付账款、存货和应付账款、预收账款和最低周转天数，并考虑一定的保险系数。因为最低周转天数减少，将增加周转次数，从而减少流动资金需用量，因此必须切合实际地选用最低周转天数。对于存货中的外购原材料和燃料，要分品种和来源，考虑运输方式和运输距离，以及占用流动资金的比重等因素确定。

在不同生产负荷条件下的流动资金，应按不同生产负荷所需的各项费用金额，分别按照上述计算公式进行估算，而不能直接按照 100% 的生产负荷下的流动资金乘以生产负荷百分比求得。

流动资金属于长期性（永久性）流动资产，流动资金的筹措可通过长期负债和资本金（一般要求占30％）的方式解决。流动资金一般要求在投产前一年开始筹措，为简化计算，可规定在投产的第一年开始按生产负荷安排流动资金需用量。其借款部分按全年计算利息，流动资金利息应计入生产期间财务费用，项目计算期末收回全部流动资金（不含利息）。

2.2.2 决策阶段方案经济比选

对于同一个建筑项目而言，所选择的估算方法不同，最终所得到的投资方案也会存在一定差异性，因此造价咨询服务机构需要结合实际情况对各个方案的经济性进行综合对比，为投资者提供最为科学的建议，进而选择合理的投资方案。

方案经济比选是项目评价的重要内容。建设项目的投资决策以及项目可行性研究的过程是方案比选和择优的过程，在可行性研究和投资决策过程中，对涉及的各决策要素和研究方面，都应从技术和经济相结合的角度进行多方案分析论证，比选优化，如产品或服务的数量、技术和设备选择、原材料供应、运输方式、厂（场）址选择、资金筹措等方面，根据比较的结果，结合其他因素进行决策。

一、方案比选的类型

方案之间存在着三种关系，即互斥关系、独立关系和相关关系。

1. 互斥关系

互斥关系是指各个方案之间存在着互不相容、互相排斥的关系，在进行比选时，在各个备选方案中只能选择一个，其余的均必须放弃，不能同时存在。

2. 独立关系

独立关系是指各个方案的现金流量是独立的不具相关性，其中任一方案的采用与否与其可行性有关，而与其他方案是否采用无关。

3. 相关关系

相关关系是指在各个方案之间，某一方案的采用与否会对其他方案的现金流量带来一定的影响，进而影响其他方案的采用或拒绝。相关关系有正相关和负相关。当一个方案的执行虽然不排斥其他方案，但可以使其效益减少，这时方案之间具有负相关关系，方案之间的比选可以转化为互斥关系。当一个方案的执行使其他方案的效益增加，这时方案之间具有正相关关系，方案之间的比选可以采用独立方案比选方法。

二、方案比选定量分析方法的选择

1. 在项目无资金约束的条件下，一般采用现值比较法、净年值比较法和差额投资内部收益率法。

2. 方案效益相同或基本相同时，一般采用净现值比较法、净年值比较法和最小费用法。

3. 折现率的设定。折现率是建设项目经济评价中的重要参数，可以从两个角度考虑设定折现率：一是从具体项目投资决策的角度，设定折现率应反映投资者对资金时间价值的估计，作为投资项目决策的判据；二是从投资者投资计划整体优化的角度，设定折现率应有助于选择投资方向，作出使全部投资净收益最大化的投资决策。本模块从具体项目投资决策的角度，即在可行性研究阶段，将其作为具体投资项目（或方案）的决策判据。方案比选中，通常采用与财务分析或经济费用效益分析统一的折现率基准。

2.2.3 撰写可行性研究报告

最后就是要结合项目实际情况撰写可行性研究报告，将关注的重点集中在拟建项目的技术经济评价结果与投资风险分析等方面。在进行可行性研究过程中主要就是否投资以及应当怎样决策之前，对拟建项目的各方面进行充分调研，对可行的项目方案进行技术经济论证。与此同时，还要分析研究项目在技术层面的先进性与适应性，项目是否具备建设条件，经济构成及运转计划是否合理，同时预估对建设项目建成之后能产生多大的经济与社会效益等方面用科学的方式结合已完工程建设项目经验进行预测与评价，结合项目前评价最终决定该项目是否适合进行投资，并选择出最佳的投资方案，给出确定的结论性建议，为委托方的项目投资决策提供参考。

建设项目可行性研究报告是拟建项目最终决策研究的文件。它是项目决策的主要依据，是项目编制设计任务书，列入国家计划，向信贷部门提出贷款要求等的依据。以工业项目为例，可行性研究报告的内容有：

（1）总论，项目提出的背景（改扩建项目要说明企业现有概况），投资的必要性和经济意义；研究工作的依据和范围。

（2）需求预测和拟建项目规模；国内现有工厂生产能力估计；销售预测、价格分析、产品竞争能力，进入国际市场的前景；拟建项目的规模、产品方案和发展方向的技术经济比较和分析。

（3）资源、原材料、燃料及公用设施情况。

（4）建厂条件和厂址方案。

（5）设计方案。

（6）环境保护。

（7）企业组织、劳动定员和人员培训。

（8）实施进度的建议。

（9）投资估算和资金筹措。

（10）财务评价。

（11）国民经济评价。

2.3 项目决策阶段造价咨询要点

咨询单位主要承担的国家基本建设的前期策划、投资决策等任务，包括了需求分析与评估、投资决策、项目团队组建及沟通方式、建立项目目标、可行性研究、编制财务计划、选址、方案设计、编写项目实施计划、确定采购发包策略等。无论是项目的收益还是造价，项目策划阶段都对其有着十分重要的影响，因此，在进行全过程工程咨询时项目策划阶段是最主要的阶段，需要做好项目可行性研究工作。

首先，在进行项目可行性研究分析时，要充分发掘业主的真正需求，在项目实施时咨询方越早介入越好。因为咨询方都是专业的人员，其知

2.4
项目决策阶段
咨询实务

识、技能和经验要更专业些，而且对于项目的理解与业主也会有所不同，咨询方及时介入项目，不仅能够将业主的长期战略贯彻到项目中，而且能够提供专业的意见，及时对项目策划过程中出现的偏差进行纠正。

其次，在前期策划实施过程中，风险管理也是至关重要的一环。在项目前策划阶段存在着许多的不确定因素，项目具有较大的可塑性，对项目进行改造也有许多机会，而且改造的成本也会最低，所以在这个阶段加强风险管理，可以确保项目获得最大的投资收益。但在实践工作中，这个阶段业主往往都很忙，而且意识不到风险管理的重要性，更不会有对风险的应急方案。所以该阶段咨询人员就需要向业主说明，在这一时期进行风险管理的利与弊，及时对风险进行管理，采取主动措施，才能更好地实现对工程的控制。

最后，在项目策划阶段，还涉及价格管理部门，即通过对有限的资源进行优化，从而实现增值的目的，使业主可以在投资中获得最大化的效益。通过项目策划阶段对价值管理目标和方针的确定，在建设过程中，就会按照投资方的价值取向进行，从而使业主获得良好的效益。

任务 1　方案经济比选

【任务目标】

1. 熟悉项目决策阶段方案的经济比选。
2. 完成计算期不同互斥方案的比选。

【完成任务】

计算期不同互斥方案的比选，需要对各备选方案的计算期和计算公式进行适当的处理，使各方案在相同的条件下进行比较。满足时间可比条件而进行处理的方法很多，常用的有年值法、最小公倍数法和研究期法等。

1. 年值法（AW）

年值法是通过分别计算各备选方案净现金流量的等额年值（AW）并进行比较的方法，以 AW≥0，且 AW 最大者为最优方案。

2. 最小公倍数法

最小公倍数法又称方案重复法，是以各备选方案计算期的最小公倍数作为各方案的共同计算期，假设各个方案均在这样一个共同的计算期内重复进行，对各方案计算期内各年的净现金流量进行重复计算，直至与共同的计算期相等。以净现值较大的方案为优。

3. 研究期法

研究期法是通过研究分析，直接选取一个适当的计算期作为各个方案共同的计算期，计算各个方案在该计算期内的净现值，以净现值较大的为优。在实际应用中，为方便起见，往往直接选取诸方案中最短的计算期作为各方案的共同计算期，所以研究期法也可以称为最小计算期法。方案比较中经济评价指标的应用范围见表 2-4。

方案比较中经济评价指标的应用范围 表 2-4

用途	指标	
	净现值	内部收益率
方案比选(互斥方案选优)	无资金限制时,可选择 NPV 较大者	一般不直接用,可计算差额投资内部收益率($\triangle$IRR),当$\triangle$IRR$\geq i$ 时,以投资较大方案为优
项目排队(独立项目按优劣排序的最优组合)	不单独使用	一般不采用(可用于排除项目)

任务 2 项目投资估算的编制与审核

【任务目标】

1. 熟悉投资估算指标的编制步骤和方法。

2. 熟悉项目投资估算指标编制数据的收集与分析整理。

3. 掌握项目投资估算的编制。

【项目背景】

某省某剧院建设项目,建筑面积 40399.7m²,其中地下建筑面积 9941m²。请根据某省 2020 年《建筑工程投资估算指标》,分析说明该项目投资估算相关表格的用途。

【完成任务】

该项目的投资估算指标包括工程概况、工程造价费用组成、土建工程各分部占定额直接费的比例及每 1m² 直接费用指标、主要实物工程量指标和工料消耗指标。

1. 工程概况

工程概况包括工程结构特征,它主要供估算人员依据拟建工程的结构特征与表中所列的结构特征相对应选用指标,见表 2-5。

工程概况 表 2-5

项目名称	某剧院建设项目		
专业分类	建筑安装工程	建设地点	×××
建设规模			
建筑面积(m²)	40399.7	地下建筑面积(m²)	9941
地上层数	5	地下层数	3
建筑高度(m)	22.6	结构类型	框剪
工程分类	民用建筑工程	类别分类	科教文卫建筑
工程造价(元)	336715418	单方造价(元/m²)	8334.61

续表

项目名称	某剧院建设项目		
工程计价信息			
计价方式	清单计价(13)	计价依据	2018 定额
造价类型	最高投标限价	编制日期	2022/10/10
工程主要特征信息			

备注　1. 土石方工程:三类土;

2. 基坑围护形式:PC 工法桩、水泥搅拌桩、拉森钢板桩、钻孔灌注桩、喷锚支护;

3. 桩基形式:钻孔灌注桩,桩径 700mm;

4. 基础形式:独立基础、筏形基础;

5. 砌体工程:烧结页岩多孔砖;

6. 地下防水工程:1.5 厚自粘聚合物改性沥青防水卷材(无胎)+单组分聚氨酯防水涂料(用量不少于 2.3kg/m²);

7. 屋面防水工程:4 厚自粘型聚合物改性沥青防水卷材(耐根穿刺防水层)+1.5 厚单组分聚氨酯防水涂膜(用量不少于 2.3kg/m²);

8. 内装修工程:地面,耐磨漆楼地面+防静电地板楼地面+块料楼地面;墙面及天棚,涂料+穿孔 FC 板;

9. 外立面工程:玻璃幕墙、铝板幕墙、石材幕墙、金属屋面系统;

10. 安装工程:电气工程、给排水工程、消防工程、暖通工程、电梯设备供货及安装、智能化工程、泛光照明、抗震支架;

11. 消防系统:水喷淋、水炮系统、消火栓系统、水幕及雨淋系统、气体灭火系统、消防报警系统、图像型探测器及线型光束感烟火灾探测器系统、空气采样烟雾探测报警系统、大空间智能灭火控制系统、防火门监控系统、气体灭火系统、电气火灾监控系统及消防电源监控系统、消防应急疏散余压监控系统;

12. 给水管材:不锈钢给水管;排水管材:镀锌钢管排水管、柔性球墨铸铁排水管、聚丙烯超静音排水管、镀锌钢管雨水管、HDPE 虹吸雨水专用管;

13. 风管管材:镀锌薄钢板矩形风管;

14. 空调工程:VRF 系统+水系统;

15. 智能化工程:建筑设备监控系统、计算机网络系统、综合布线系统、视频安防系统、入侵报警系统、有线电视系统、公共广播系统、电梯五方通话系统、停车场管理系统、信息导引及发布系统、能耗监测系统、多媒体会议系统、出入口控制系统、UPS 系统、防雷系统、接地系统、综合管路系统。

2. 工程造价费用组成

按照工程造价费用组成每 1m² 综合造价指标包括土建、安装单位工程造价指标,见表 2-6。

工程造价费用组成分析表
表 2-6

编号	项目	金额(元)	单方造价(元/m²)	占造价比例(%)	其中占造价比例(%)					
					人工费	材料费	机械费	管理费	利润	风险费
一	**分部分项合计**	258970658	6682.91	80.2	11.5	60.85	4.28	2.44	1.19	0
1	建筑(编号:01)	221478481	5507.34	66.09	10.11	48.62	4.14	2.14	1.04	0
1.1	土石方工程	5281476	130.73	1.57	0.14	0	1.14	0.2	0.1	0
1.2	地基处理与边坡支护工程	10842742	268.39	3.22	0.33	2.06	0.61	0.14	0.07	0
1.3	桩基工程	34491917	853.77	10.24	1.65	6.3	1.56	0.49	0.24	0
1.4	砌筑工程	4500670	111.40	1.34	0.27	1.01	0	0.04	0.02	0

续表

编号	项目	金额（元）	单方造价（元/m²）	占造价比例（%）	其中占造价比例（%）					
					人工费	材料费	机械费	管理费	利润	风险费
1.5	混凝土及钢筋混凝土工程	63119259	1562.37	18.75	2.05	15.85	0.32	0.35	0.17	0
1.6	金属结构工程	34969670	865.59	10.39	0.66	9.28	0.24	0.14	0.07	0
1.7	门窗工程	2300631	56.95	0.68	0.05	0.62	0	0.01	0	0
1.8	屋面及防水工程	7267760	179.90	2.16	0.4	1.64	0.02	0.06	0.03	0
1.9	保温、隔热、防腐工程	143133	28.30	0.34	0.08	0.24	0	0.01	0.01	0
1.10	楼地面装饰工程	2789633	69.05	0.83	0.2	0.58	0.01	0.03	0.01	0
1.11	墙、柱面装饰与隔断、幕墙工程	42620203	1054.96	12.66	3.01	8.96	0.02	0.45	0.22	0
1.12	天棚工程	1779471	44.05	0.53	0.15	0.34	0	0.02	0.01	0
1.13	油漆、涂料、裱糊工程	7415462	183.55	2.2	0.97	1.02	0	0.14	0.07	0
1.14	其他装饰工程	2537275	63.21	0.76	0.04	0.71	0	0.01	0	0
1.15	拆除工程	1381438	34.19	0.41	0.11	0	0.22	0.05	0.02	0
1.16	措施项目	37741	0.93	0.01	0	0.01	0	0	0	0
2	安装工程（编号:03）	37492177	1175.57	14.11	1.39	12.23	0.14	0.3	0.15	0
2.1	机械设备安装工程	1193243	29.54	0.35	0.03	0.32	0	0.01	0	0
2.2	热力设备安装工程	54924	1.36	0.02	0	0.02	0	0	0	0
2.3	静置设备与工艺金属结构制作安装工程	32465	0.80	0.01	0	0.01	0	0	0	0
2.4	电气设备安装工程	14213138	351.81	4.22	0.4	3.67	0.03	0.08	0.04	0
2.5	建筑智能化工程	2741488	67.86	0.81	0.06	0.73	0.01	0.01	0.01	0
2.6	自动化控制仪表安装工程	18979	0.47	0.01	0	0	0	0	0	0
2.7	通风空调工程	1062447	273.83	3.29	0.35	2.77	0.05	0.08	0.04	0
2.8	工业管道工程	83077	2.06	0.02	0	0.02	0	0	0	0
2.9	消防工程	2917539	72.22	0.87	0.21	0.58	0.01	0.04	0.02	0
2.10	给排水、采暖、燃气工程	8752480	216.65	2.60	0.25	2.33	0.03	0.06	0.03	0
2.11	通信设备及线路工程	88915	2.20	0.03	0	0.03	0	0	0	0
2.12	刷油、防腐蚀、绝热工程	985442	24.39	0.29	0.08	0.17	0.01	0.02	0.01	0
2.13	其他工程	5348040	132.38	1.59	0.01	1.58	0	0	0	0
二	**措施项目费**	20954646	518.69	6.22	2.18	1.57	0.73	0.44	0.21	0
1	组织措施费	3635429	89.98	1.08	0	0	0	0	0	0
1.1	安全文明施工费	3385958	83.81	1.01	0	0	0	0	0	0

编号	项目	金额（元）	单方造价（元/m²）	占造价比例（%）	其中占造价比例（%）					
					人工费	材料费	机械费	管理费	利润	风险费
1.2	二次搬运费	201620	4.99	0.06	0	0	0	0	0	0
1.3	冬雨季施工增加费	47851	1.18	0.01	0	0	0	0	0	0
2	技术措施费	17319217	428.70	5.14	2.18	1.57	0.73	0.44	0.21	0
三	其他项目费	3037323	75.18	0.90	0	0	0	0	0	0
四	规费	14934148	369.66	4.44	0	0	0	0	0	0
五	税金	27802191	688.18	8.26	0	0	0	0	0	0
六	合计	325698966	8334.62	100.02	13.68	62.42	5.01	2.88	1.4	0

3. 主要实物工程量指标

该部分所列工程量数值可用来估算拟建工程主要分项工程的工程量。用该工程量乘以拟建工程的建筑面积后，套用工程所在地预算单价求出单位工程主要分项工程的直接费用，再按规定计取各项费用即可求得拟建项目的主要分项工程造价。另外，实物工程量可供换算和调整与拟建工程不相符合的分项工程量，见表 2-7。

清单项目主要工程量分析表　　　　　　表 2-7

序号	项目名称	单位	工程量	单方用量	金额（元）
一	**土(石)方工程**				
1	土方开挖	m³	81731.600	2.023	1388757.61
2	土(石)方回填	m³	22444.820	0.556	495506.34
二	**桩与地基基础工程**				
1	成孔灌注桩	m	53286.520	1.319	29104622.06
2	旋喷桩	m	1894.000	0.047	688417.58
三	**砌筑工程**				
1	砖基础	m³	674.490	0.017	473208.98
2	砖砌体	m³	970.240	0.024	597709
3	砌块砌体	m	4447.040	0.110	2246540.61
四	**混凝土及钢筋混凝土工程**				
1	现浇混凝土垫层	m³	2048.090	0.051	1041104.11
2	现浇混凝土基础	m³	12043.970	0.298	7207519.04
3	现浇混凝土柱	m³	3384.610	0.084	2240792.30
4	现浇混凝土梁	m³	7246.910	0.179	4229226.63
5	现浇混凝土板	m³	5646.630	0.140	376302.22
6	现浇混凝土墙	m³	7399.480	0.183	4549160.65
7	现浇混凝土楼梯	m³	1865.370	0.046	303112

序号	项目名称	单位	工程量	单方用量	金额(元)
8	现浇混凝土栏板	m³	263.540	0.007	185384.58
9	现浇混凝土其他构件	m³	759.390	0.019	520796.34
10	现浇混凝土钢筋	t	5700.918	0.141	25891556.51
11	桩基础钢筋	t	2631.113	0.065	12124687.46
12	预埋铁件、螺栓	t	119.833	0.003	1046938.45
五	**金属结构工程(略)**				
1	钢架	t	592.920	0.015	5009675.58
2	钢柱	t	969.874	0.024	7000910.86
3	钢梁	t	822.986	0.020	6357912.03
4	钢楼承板	m³	5651.737	0.140	1606170.8
六	**屋面及防水工程**				
1	屋面卷材防水	m²	12891.520	0.319	515401.95
2	屋面涂膜防水	m²	14608.650	0.362	571928.64
3	屋面刚性防水	m²	19776.140	0.490	4230368.37
4	卷材防水	m²	18785.210	0.465	627582.76
5	涂膜防水	m²	21944.240	0.543	938339.46
七	**耐酸、隔热、保温防腐工程**				
1	墙面保温隔热	m²	1442.090	0.283	614040.94
2	屋面保温隔热	m²	8444.240	0.209	431500.66
3	天棚保温隔热	m²	312.730	0.008	11986.94
八	**楼地面工程**				
1	水泥砂浆楼地面	m²	11530.630	0.285	298568.06
2	细石混凝土楼地面	m²	13225.200	0.327	1375588.04
3	自流平楼地面	m²	562.110	0.014	47779.35
4	石材楼地面	m²	389.610	0.010	82133.69
5	块料楼地面	m²	1193.340	0.030	142136.48
6	橡塑面层楼地面	m²	1658.860	0.041	317074.81
7	防静电、金属复合地板楼地面	m²	655.430	0.016	209523.32
8	水泥砂浆踢脚线	m²	312.270	0.008	20522.38
9	石材踢脚线	m²	57.930	0.001	10163.24
10	金属踢脚线	m²	82.300	0.002	29249.56
11	水泥砂浆面层楼梯	m²	193.360	0.005	20418.82

续表

序号	项目名称	单位	工程量	单方用量	金额(元)
12	石材面层楼梯	m²	174.950	0.029	276767.94
13	扶手带栏杆栏板	m²	1765.020	0.044	569796.61
14	石材台阶面	m²	24.810	0.001	1660.29
九	**墙柱面工程**				
1	墙面抹灰	m²	46753.470	1.157	1404020.01
2	柱、梁面抹灰	m²	1554.240	0.038	67314.14
3	墙柱面钉贴网片	m²	61620.480	1.525	625447.87
4	墙柱面镶贴块料	m²	45.130	0.001	7932.5
十	**天棚工程**				
1	天棚抹灰	m²	14781.740	0.366	156196.72
2	天棚吊顶	m²	5872.900	0.105	1620319.98
十一	**门窗工程**				
1	木门	m²	481.21	0.012	212103.18
2	金属门	m²	1263.663	0.031	900511.71
3	金属卷帘门	m²	133.920	0.003	60169.02
4	厂库房大门、特种门	m²	85.200	0.002	319798.84
5	金属窗	m²	1031.340	0.026	760058.07
十二	**措施项目**				
1	混凝土基础模板	m²	4923.630	0.122	219584.2
2	混凝土柱模板	m²	17582.890	0.435	113268.24
3	混凝土梁模板	m²	39813.590	0.985	2821921.78
4	混凝土板模板	m²	29663.480	0.734	1635809.65
5	混凝土墙模板	m²	34779.830	0.861	2013497.27
6	混凝土栏板,翻桥模板	m²	2408.490	0.060	152242.99
7	综合脚手架	m²	39500.860	0.978	1453147.42
8	满堂脚手架	m²	17500.710	0.433	416928.97
十三	**电气设备安装工程**				
1	配电箱	台	368.000	0.009	2457792.92
2	电力电缆	m	45730.210	1.132	5523872.81
3	控制电缆	m	9716.370	0.241	106961.83
4	电气配管	m	68037.100	1.684	1240226.89
5	电气配线	m	128564.380	3.182	445596.65

序号	项目名称	单位	工程量	单方用量	金额(元)
6	桥架	m	6557.900	0.162	814220.96
十四	**消防工程**				
1	水喷淋钢管	m	16966.790	0.420	1406504.92
2	消火栓钢管	m	2566.840	0.064	310764.8
3	水喷淋(雾)喷头	个	3733.000	0.092	124526.73
4	水流指示器	个	33.000	0.001	9893.83
5	消火栓	套	27.000	0.006	214493.05
6	点型探测器	个	1093.000	0.027	136279.33
7	模块	个	1000.000	0.025	226972.87
十五	**给排水、采暖、燃气工程**				
1	镀锌钢管(管道)	m	6473.120	0.160	404277.76
2	钢管(管道)	m	1783.740	0.044	480958.79
3	不锈钢管(管道)	m	3933.950	0.097	373206.89
4	铸铁管(管道)	m	2144.750	0.053	450416.01
5	塑料管(管道)	m	4167.260	0.103	338519.83
6	复合管(管道)	m	109.420	0.003	8615.53
7	螺纹阀门	个	752.000	0.019	237192.87
8	焊接法兰阀门	个	214.000	0.005	545242
9	沟槽式法兰阀门	个	230.000	0.006	270077.44
10	泵	台	67.000	0.002	412668.91
十六	**通风空调工程**				
1	通风机	台	191.000	0.005	780574.39
2	风机盘管	台	191.000	0.005	706274.95
3	碳钢通风管道	m²	14934.390	0.370	1641277.58
4	复合型风管	m	10448.930	0.259	3581372.48

4. 工料消耗指标

工料消耗指标由每1m²和每万元所含人工工日、主要材料消耗量组成。每1m²消耗量指标乘以拟建工程的建筑面积，即可求出拟建工程的人工工日和主要材料数量，可供估算人员计算工料消耗量，见表2-8。

工料消耗量分析表 表2-8

序号	名称	单位	工程量	单方用量
一	**人工**		286872.948	7.101
1	一类人工	工日	3964.579	0.098
2	二类人工	工日	183094.499	4.532
3	三类人工	工日	99813.870	2.471
二	**材料**			

续表

序号	名称	单位	工程量	单方用量
1	带肋钢筋	t	8132.914	0.201
2	圆钢	t	320.500	0.081
3	型钢	t	622.049	0.015
4	钢板	t	2346.104	0.182
5	钢筋桁架楼承板	m²	1645.821	0.041
6	自承式楼承板	m²	4118.951	0.102
7	水泥	t	15875.272	0.393
8	砌砖	千块	1146.852	0.028
9	砌块	m³	4786.080	0.118
10	黄沙	t	3307.647	0.082
11	泵送商品混凝土	m³	39165.694	0.912
12	非泵送商品混凝土	m³	30805.770	0.908
13	干混砂浆	m³	2631.685	97.712
14	无缝钢管	m	98720.531	2.444
15	钢塑管	m	11.061	0.003
16	塑料电线管	m	5221.547	0.129
17	塑料水管	m	4233.936	0.105
18	电线	m	194367.633	4.811
19	电缆	m	55805.720	1.381
20	复合风管	m²	10941.805	0.271
21	配电箱	台	368.000	0.009
22	泵	台	67.000	0.002

任务3 房地产项目拿地测算

 【任务目标】

1. 熟悉拿地测算阶段逻辑、工作流程、部门分工。
2. 熟悉拿地测算关注要点。
3. 熟悉拿地测算成本工作内容。

 【项目背景】

投资是房地产开发业务链的最前端一环,也是价值最高的一环。地块的好坏从根本上决定了投资者的利益回报大小与快慢。当地块通过基本素质的初步研判,被纳入取地目标后,下一步即需要测算出目标地块的各项指标情况,作为投资决策的依据。某房地产为了新项目开发进行拿地测算。

【完成任务】

1. 完成拿地测算阶段逻辑的逻辑图，梳理工作流程，明确部门分工

因各房地产公司成本归集口径差异，房地产开发成本划分内容存在一定差异，基本划分口径为前后期费用、建筑安装工程费、基础设施费、公共配套设施、开发间接费、增值服务及资本化借款费用。

（1）拿地测算阶段逻辑：逻辑图如图 2-6 所示。

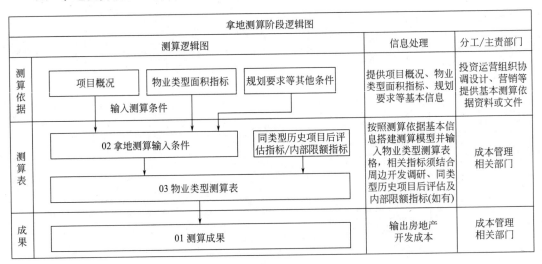

图 2-6　拿地测算阶段的逻辑图

（2）工作流程：成本流程如图 2-7 所示。

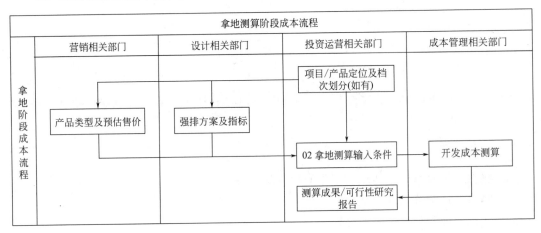

图 2-7　拿地测算阶段的成本流程

（3）部门分工

投资运营相关部门：依据项目调研信息，确定项目定位及档次，并提供给营销相关部门、设计相关部门及成本管理相关部门各项目成本工程师；负责收集各部门数据，形成开发成本测算需求数据，经分管领导确认后，提交至成本管理相关部门进行开发成本测算。

营销相关部门：根据项目定位及档次，确定项目产品线、产品类型、客户定位、售价

及去化情况。

设计相关部门：根据上述信息明确产品定位、大致产品标准、方案排布原则，完成强排方案及相关指标输出表。

成本管理相关部门：根据投资运营相关部门提供的各部门数据，并依据同类型历史项目后评估及内部限额指标（如有）物业形态的成本数据等编制拿地阶段开发成本测算表。

成本测算过程中，各分项成本由以下部门配合提供，并由投资运营相关部门收集，具体细项分工见表2-9。

成本测算过程中的部门分工 表2-9

序号	科目名称	分工/责任部门
一	房地产开发成本	成本管理相关部门
1	前期及后期费用	开发报建相关部门
2	建筑安装工程费	成本管理相关部门
3	基础设施费	成本管理相关部门
3.1	红线内外市政工程费	成本管理相关部门、投资管理相关部门/开发报建相关部门
3.2	环境景观工程	成本管理相关部门
4	公共配套设施	成本管理相关部门
5	开发间接费	
5.1	销售设施费	营销相关部门
5.2	其他(如管理费)	人事行政相关部门
6	增值服务	成本管理相关部门
7	资本化借款费用	财务相关部门

2. 拿地测算关注要点

拿地测算关注要点包括地块条件、规划条件要求、测算输入条件复核、关键指标复核等内容，地块条件同时区分地块内、地块外条件，地块现状须进行逐项复核是否存在（农田、树林、池塘、河流、山丘、建筑物、道路、三通一平是否到位……）等情形，具体如下：

（1）地块条件关注要点-地块内（表2-10）

地块条件关注要点-地块内 表2-10

序号		关注要点	有/无	如有,请具体描述
1	地块条件关注要点-地块内	地块存在大量堆土、河流、池塘等需投入大量成本完成场地平整或需进行淤泥换填的情形		
2		是否存在移交前未完成拆迁项,包括建筑物、青苗、坟墓等需要投入拆迁协调费		
3		是否存在保护性建筑		
4		是否存在场地堆土/山坡需要铲除		
5		是否已进行场内方格网及场外市政道路标高测量		
6		项目场地大小、是否可考虑土方平衡		
7		场地标高与周边市政道路是否有高差地块、有覆土(明确覆土厚度)		
8		是否有高压线,需要投入迁移成本		
9		存在地下燃气、供电等市政管线迁移的情况或者地下障碍物		

（2）地块条件关注要点-地块外（表 2-11）

地块条件关注要点-地块外 表 2-11

序号		关注要点	有/无	如有,请具体描述
1	地块条件关注要点-地块外	是否紧邻江河湖泊,地质条件复杂恶劣,支护桩基投入大		
2		是否紧邻地铁、保护建筑、已入住小区及市政道路等变形控制要求高,维护成本特别高的情形		
3		是否紧邻高速高架,需增加隔声设施		
4		地块周边道路、给水、供电接驳点位置,周边给水及供电容量是否足够,是否有配建配电站或供电扩容要求		
5		是否紧邻学校,白天对施工噪声有无要求,对施工有无影响		
6		现场不满足三通(道路、水、电)条件需额外投入成本的情形		
7		自来水、燃气、排水等基础设施不齐备,需额外投入成本的情形		

（3）规划条件要求关注要点（表 2-12）

规划条件要求关注要点 表 2-12

序号		关注要点	有/无	如有,请具体描述
1	规划条件要求关注要点	地上停车比例(需了解当地政府对配建停车位的要求,如有些区域地上配建车位不能冲减地下停车位)		
2		公建配套规模(如小学、幼儿园、菜市场、代建社会车位、社区用房、古建筑复建等),了解建筑面积、交付标准、是否有偿、是否有产权、经营权等		
3		配建变电站、代建市政道路		
4		自持物业比例		
5		预制装配率、装配室面积		
6		绿色建筑		
7		海绵城市		
8		充电桩		
9		外立面公建化要求(政府要求外立面采用何种体系,如窗墙体系或幕墙体系等)		
10		是否有公租房、长租公寓、人才住房		
11		是否可进行人防易地,人防异地缴费标准		

（4）测算输入条件复核关注要点（表 2-13）

测算输入条件复核关注要点 表 2-13

序号		关注要点	有/无	如有,请具体描述
1	测算输入条件复核关注要点	项目暂定售价、档次		
2		项目是否精装交付,明确交付标准(要求精装交付的最低比例)		
3		地下室层数,是否涉及深基坑,顶板覆土厚度		

续表

序号		关注要点	有/无	如有,请具体描述
4	测算输入条件复核关注要点	所在地土石方单价		
5		地块周边在建项目信息(桩基形式、基坑支护形式),对于支护及桩基方案是否经过设计工程论证		
6		复杂地块是否已进行竖向论证		
7		供配电外线长度		
8		周边项目产品标准(门窗、外立面、栏杆、精装修、景观),对本项目产品标准的规划,有无确定要超标准化产品标准的部分		
9		本项目对标项目信息(产品标准、单方成本等)		

（5）关键指标复核关注要点（表2-14）

关键指标复核关注要点

表2-14

序号		关注要点	有/无	如有,请具体描述
1	关键指标复核关注要点	地下单车位面积是否为设计按内控标准进行计算		
2		是否存在架空层、避难层等不计容但计算建筑面积的情况		
3		是否存在错层阳台,且错层阳台不算面积的情况		
4		是否存在全封闭阳台,且全封闭阳台计容算一半、建筑面积算全部的情况		
5		是否存在将计容不可售价面积归入收入计算的情况		
6		两费费率为多少,是否已论证		
7		利润率计算时是否存在将未去化的地库成本直接加入利润的情况		
8		税金计算是否已由财务复核,且确认无税金漏算情况(尤其是土增税和房产税漏算)		
9		项目投资、营销、设计、成本是否已对户型、车位数、税筹进行综合论证,即: 1)户型设置是否满足政府车位要求的临界值 2)户型设置是否满足已考虑税筹		

3. 拿地测算成本工作内容（表2-15）

结合项目经验值和成本限额指标文件（如有），成本指标分为通用类和个性类两类。通用类指标是指一般受项目个性化因素影响不大、指标值范围跨度不大的成本指标；个性类指标是指受项目个性因素影响大、指标值范围跨度大的成本指标。

拿地测算成本工作中各类指标的测算办法及指标使用方法，特别是个性类指标，具体测算时需重点复核，按项目实际情况调整。

成本测算过程中的部门分工

表2-15

序号	科目名称	指标分类	测算办法	使用方法
1	前期及后期费用	个性类	总结项目经验值,设置参考区间	项目据实调整
2	建筑安装工程费			

续表

序号	科目名称	指标分类	测算办法	使用方法
2.1	土石方及基础处理工程	个性类	总结项目经验值,设置参考区间	项目据实调整
2.2	建筑安装工程费	通用类	假设测算条件,融入限额指标,建立成本测算模型,成本经验值验证	更新项目概况信息及业态面积指标,自动输入结果,复核、校验
3	**基础设施费**			
3.1	红线内市政工程费	个性类	总结项目经验值,设置参考区间	项目据实调整
3.2	环境景观工程	通用类	按限额值设置	按限额取值
3.3	红线外市政工程费	个性类	总结项目经验值,设置参考区间	项目据实调整
4	**公共配套设施**	通用类	同建安单体测算方法	同建安单体使用方法
5	**开发间接费**	个性类	由财务相关部门测算提供	项目据实调整
6	**增值服务**	个性类	项目据实填写	项目据实填写
7	**资本化借款费用**	个性类	由财务部测算提供	项目据实填写

测算模型共由两个子表组成,详细测算表格见《01 销售物业拿地阶段开发成本测算输出成果》《02 测算输入条件》,"预留系数"为考虑测算深度、不可预见费、物价上涨等因素的综合调整系数,"预留系数"按 10%～15%考虑。

2.5
《01 销售物业拿地阶段开发成本测算输出成果》

💡 综合训练

一、填空题

1. 建设项目全生命周期是指从建设意图产生到项目废除的全过程,包括了_____、_____和_____。

2. 项目决策阶段存在信息缺口大、不确定性高、决策者认知等诸多问题,导致项目决策在_____和_____呈现矛盾性特征。

3. 项目决策过程由_____、_____、_____、_____和_____组成。

4. 投资决策综合性咨询与项目前期决策综合性咨询主要存在____、_____和_____三方面的区别。

2.6
《02 测算输入条件》

二、简答题

1. 决策阶段项目方案变动与效用关系是什么?
2. 项目决策技术层面的矛盾性主要体现在哪些方面?
3. 项目决策组织层面的矛盾性主要体现在哪些方面?
4. 项目决策与项目投资决策是否一样?为什么?
5. 项目决策阶段造价咨询的内容有哪些?
6. 项目决策阶段造价咨询要点有哪些?

2.7
综合训练参考答案

三、案例题

某工程为地上 3 层住宅，建筑高度 10.5m，主体结构采用装配式混凝土框架结构。造价分析指标见表 2-16～表 2-18。请根据所给信息，对该项目概算指标的相关内容进行分析说明。

工程概况　　　　　　　　　　　　　　表 2-16

工程名称	某多层住宅	工程类别	建筑安装工程	结构特征	混凝土框架结构
建筑面积	1089.25m²	造价类别	最高投标限价	建筑高度	10.5m
层数	三层	单方造价	3159.97 元/m²	编制时间	某年某月
工程结构特征	本工程为地上 3 层住宅，建筑高度 10.5m，主体结构采用装配式混凝土框架结构。混凝土全部采用商品混凝土，砂浆按预拌干混砂浆；填充墙：外墙采用陶粒加气混凝土砌块，内墙采用烧结页岩多孔砖及 ALC 条板墙；屋面做法为 20mm 厚 1：3 水泥砂浆找平层（随捣随抹），60mm 厚挤塑聚苯板（XPSB1 级），2.6mm 波形沥青防水板（吸水率小于等于 12%），防腐木挂瓦条 20×40(h)，中距按瓦材规格 8mm×150mm 锤击式膨胀钉固定，水泥块瓦；外墙采用素水泥浆掺胶水喷涂，10mm 厚 1：3 水泥砂浆内掺 5%防水剂兼找平，50mm 厚有釉面发泡陶瓷保温板；门窗采用铝合金门窗及钢质门。安装工程包含电气工程、给排水工程、弱电工程等					

工程造价费用组成分析表　　　　　　　　　表 2-17

	项目	造价（元）	单方造价（元/m²）	占总价比例（%）
1. 建筑工程量清单费用		2537531.36	2329.61	73.72
其中	砌筑工程	222839.00	204.58	6.47
	混凝土及钢筋混凝土工程	590911.48	542.49	17.17
	门窗工程	332175.88	304.96	9.65
	屋面及防水工程	151129.63	138.75	4.39
	保温、隔热、防腐工程	718005.17	659.17	20.86
	楼地面装饰工程	62308.33	57.20	1.81
	墙、柱面装饰工程	166579.9	152.93	4.84
	天棚工程	10989.41	10.09	0.32
	油漆、涂料、裱糊工程	22340.04	20.51	0.65
	其他装饰工程	260252.52	238.93	7.56
2. 安装工程量清单费用		283096.89	259.90	8.22
其中	电气工程	129424.52	118.82	3.76
	给排水工程	129208.77	118.62	3.75
	弱电工程	24463.60	22.46	0.71
3. 措施项目清单		294305.50	270.19	8.55
（1）技术措施费		246789.84	226.57	7.17
（2）组织措施费		47515.66	43.62	1.38
4. 其他项目费				
5. 规费		42864.12	39.35	1.25

续表

项目	造价(元)	单方造价(元/m²)	占总价比例(%)
6. 税金	284201.81	260.92	8.26
总造价	3441999.68	3159.97	100

主要工料机耗用量分析表　　　　　　　　表 2-18

序号	名称	单位	耗用量(每平方米)	金额(元)	占总价比例(%)
1	**人工费**				
(1)	一类	工日	0.01	1027.41	0.03
(2)	二类	工日	1.80	292198.39	8.49
(3)	三类	工日	0.84	157295.72	4.57
2	**材料费**				
(1)	螺纹钢	kg	44.55	225259.42	6.54
(2)	圆钢	kg	0.10	518.62	0.02
(3)	型钢	kg	1.86	9916.03	0.29
(4)	水泥	kg	17.45	9918.84	0.29
(5)	黄沙	t	0.04	7164.32	0.21
(6)	碎石	t	0.02	2002.87	0.06
(7)	页岩多孔砖 190×190×90	块	13.44	16196.98	0.47
(8)	陶粒混凝土小型砌块	m³	0.09	34199.02	0.99
(9)	商品混凝土	m³	0.31	183651.47	5.34
(10)	干混砂浆	kg	82.79	31171.28	0.91
(11)	铝合金门窗	m²	0.38	193421.11	5.62
(12)	波形沥青防水板	m²	0.32	31470.84	0.91
(13)	聚合物水泥基复合防水涂料	kg	3.82	36847.67	1.07
(14)	50厚有釉面发泡陶瓷保温板	m²	1.23	700617.75	20.35
(15)	ALC 条板墙	m³	0.07	114795.9	3.34
(16)	预制混凝土叠合板	m³	0.03	86333.38	2.51
(17)	电线	m	7.67	15749.01	0.46
(18)	电缆	m	0.58	21063.28	0.61
(19)	镀锌钢管	m	0.42	10834.06	0.31
(20)	塑料给排水管	m	0.99	10640.75	0.31
3	**机械费**	元	39.68	43221.54	1.26

Chapter 03

模块三

项目设计阶段造价咨询

导言

　　西江园·淮王八景项目位于江西省鄱阳县北侧，地理位置优越，距离鄱阳县淮王府遗址约 7km。项目总占地面积约 14.60 万 m^2，其中景观面积约 14.40 万 m^2，景观工程投资目标为 500 元/m^2。项目设计阶段的造价咨询，主要是对设计方案或图纸提出限额设计要求和优化设计意见，测算及复核各方案的指标，合理控制工程投资；分析主要工程量、分项（专项）工程造价指标的合理性、合规性，按时提交编制报告、调整意见及合理化建议。该景观工程多处于室外，综合性强、涉及面广，影响景观工程造价的因素多种多样，主要有土方工程和水景工程等。

　　该项目原方案中（图 3-1），对项目南侧的非核心区域进行大规模改造，即将现状山体大部分挖除改造为阶梯茶田，新增离地高度 2～3m 的木栈道将园路与阶梯茶田进行连接，并用毛石挡墙消化高差。原概算此处单方造价约为 450 元/m^2，但结合现状地貌及地勘报告的分析，如按原方案进行施工图深化设计，此范围景观造价将达到 580 元/m^2，导致总造价超出建设方投资目标，需采取措施进行纠偏。

　　设计师结合实测地形图，将园路落位在现状地形较平缓处，周边预留足够的绿化空间，用自然放坡代替原方案中的重力式挡土墙以消化场地高差（图 3-2）。并将现状山体予以保留，对存在安全隐患、易滑坡处进行修坡处理，山体侧壁采用挂网及喷播的方式以提高山体观赏性及稳固性。此方式可以保留场地自然风貌，土方挖填量、搬运量少，还可以减少挡土墙的建设费及挡土墙下方地基加固费用。

图 3-1　方案设计图

图 3-2　优化后现状图

原方案（图 3-3）的核心景观区，水面与邻近路面高差约为 1.5m，水深 0.8～1.5m。驳岸采用钢筋混凝土挡墙形式，外露侧壁铺贴花岗岩，并在顶部加设高度为 1.05m 的花岗岩栏杆或满铺太湖石。原方案中钢筋混凝土驳岸挡土量为 2.3～3.0m，钢筋混凝土用量大，且该区域多为回填土，地质条件不佳，需在钢筋混凝土挡墙下方做地基加固处理。如按原方案进行深化设计将造成造价大幅上涨。

设计师将路面与水面高差由原 1.5m 调整为 0.5m，水深由原方案 0.8～1.5m 调整为 0.6～1.2m；调整水系外轮廓，在铺装与水岸线之间预留足够的绿化空间，采用缓坡入水（图 3-4）的驳岸形式代替原方案中的钢筋混凝土驳岸。不仅减小了水景面积及土方开挖量、降低了结构造价，同时也减少了花岗岩饰面、花岗岩栏杆以及太湖石的用量。通过设计优化，将原方案水系面积减少了约 500m²，将钢筋混凝土挡墙及花岗岩栏杆总长度各减少了约 90m，同时减少了地基加固的费用。

图 3-3　原驳岸设计图　　　　　　　　　　图 3-4　缓坡入水意向图

通过西江园·淮王八景项目在设计阶段成功运用深化设计实现有效造价控制的案例分析可知，工程设计阶段是工程建设进入实施阶段的起始，是对早期工程项目质量和成本的具体化。项目一经决策确定，工程设计阶段就成了造价控制的关键阶段。沈歧平[①]教授曾表示，根据帕累托法则，在项目进展到规划设计阶段，虽然项目仅仅完成了全部工作的 20% 左右，但这时候决定项目成本的 80% 的影响因素已经确定，因而设计概算成为建设项目投资控制的最高限额。这就是设计阶段造价控制的意义所在。

本模块将带领大家分析设计阶段的造价咨询，了解设计阶段造价咨询的内容以及实务要点。同时结合设计阶段的相关任务的训练，帮助大家对项目设计阶段的造价咨询有更深层次的理解与认识。

训练目标

了解项目设计阶段造价咨询的意义，了解设计阶段投资控制措施，熟悉项目设计造价咨询的主要内容，能对编制和审核项目设计阶段工程造价的相关文件。

---

① 沈歧平（1963—），男，香港理工大学建筑及房地产学部副主任，主要研究方向为房地产、不动产及价值工程等方面。担任斯坦福大学、清华大学、哈尔滨工业大学、北京航空航天大学、重庆大学等大学兼职或讲座教授。

完成设计阶段方案测算与经济性比选，设计概算编制与审核，房地产项目目标成本编制，设计成本优化以及施工图限额设计与成本对标。

3.1　项目设计阶段造价咨询概述

工程项目建设过程是一个周期长且数量大的生产消费过程。建筑策划和设计是全过程工程咨询服务最前端也是最基础的阶段，建设项目的设计工作直接影响设计质量，影响整个建设工程项目的投资、进度和质量，拟建项目一经决策确定后，设计就成了工程建设和管理工程造价的关键，并对建设工程项目能否成功实施起到决定性的作用。项目设计对全过程工程造价的影响很深，控制住设计阶段工程造价，就等于抓住了全过程工程造价管理的关键环节。

建设项目各阶段对工程造价有不同的影响，总体趋势是随着阶段性设计工作的进展，建设项目的构成状态一步步明确，可优化空间逐渐缩小，优化的限制条件却越来越多，各阶段性工作对工程造价的影响逐步下降。国内外大量实践经验表明：初步设计阶段，影响工程造价的可能性为 75%～95%；技术设计阶段，影响工程造价的可能性为35%～75%；施工图设计阶段，影响工程造价的可能性为 10%～35%；施工开始后，通过技术措施及施工组织节约工程造价的可能性为 5%～10%，见图 3-5。因此，全过程工

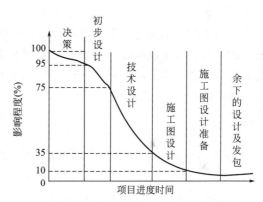

图 3-5　建设过程各阶段对工程造价的影响

程造价咨询的关键在于施工之前的决策及设计阶段，拟建项目经决策确定后，设计就成了工程建设和管理工程造价的关键。

设计阶段进行工程造价的计价与管理可以使造价构成更合理，提高资金利用效率，管理工程造价的效果最显著。设计阶段工程造价的计价形式是编制设计概预算，确定投资的最高限额。通过设计概预算可以了解工程造价的构成，了解工程各组成部分的投资比例，分析资金分配的合理性，并可以利用价值工程理论分析项目各个组成部分功能与成本的匹配程度，调整项目功能与成本使其更趋于合理，提高资金利用效率。

初步设计基本上决定了工程建设的规模、产品方案、结构形式和建筑标准及使用功能。施工图设计完成后，编制出施工图预算，准确地计算出工程造价。施工阶段的造价管理目标就转化为施工图预算下的造价控制。可见，设计阶段的工程造价管理是全过程工程造价管理的龙头。

目前国际通行的工程咨询是以设计为主导的全过程工程咨询[①]，即全过程咨询中设计

---

① 以设计为主导的全过程咨询并不是指以设计院为主导，而是强调和重视工程设计活动在建设项目全过程工程咨询中的重要作用和地位，通过设计及其延伸服务为业主实现项目价值增值。

应包括或引领造价、监理等专业咨询，通过设计文件及过程中的变化，充分实现业主的建设意图，为业主提供建筑经济、合同管理、施工监督与项目管理等服务。但国内工程咨询由于没有坚持国际通行的以设计为主导的模式，造成了工程咨询服务的制度性分割，即工程咨询服务的"碎片化"模式。在这种模式下，各参与单位或公司各自按自己的意图完成任务，缺乏沟通交流，使得工程项目从源头上就存在大量的"错、漏、碰、缺"，必然造成后期变更增多、工期延误、建筑品质降低等弊端。

因此，在设计阶段控制工程造价才能使全过程工程造价管理工作更主动。设计阶段控制工程造价，可以先按一定标准，列出拟建项目每一分部或分项的计划支出费用报表，即造价计划，制定了详细设计计划后，依照造价计划中所列的指标对工程的每一分部或分项的估算造价进行审核，预先发现差异，主动采取一些控制方法消除差异，使设计更经济。投资限额一旦确定，设计只能在确定的限额内进行，有利于建筑师发挥个人创造力，选择一种最经济的方式实现技术目标，从而确保设计方案能较好地体现技术与经济的结合。

目前我国的项目设计往往由建筑师等专业技术人员独立完成的，在设计过程中往往更关注工程的使用功能，力求采用比较先进的技术方法实现项目所需的功能，而忽视经济因素。若是在设计阶段即融入造价管理，使设计工作从一开始便实现技术与经济的有机结合，那么在做出设计的重要决定时，都经过充分的经济论证，控制造价，这无论是对优化设计还是限额设计都有好处。因此，技术与经济相结合的手段更能保证设计方案经济合理。

3.2 项目设计阶段造价咨询的内容

在设计阶段，设计单位应根据业主（建设单位）的设计任务委托书的要求和设计合同的规定，努力将概算控制在委托设计的投资内。设计阶段的工程造价管理包括了设计准备阶段、4 项设计以及设计交底和配合施工，4 项设计按控制建设工程造价方面分为方案设计阶段、初步设计阶段、技术设计阶段、施工图设计阶段，图 3-6 为设计阶段工程造价管理的主要工作内容和程序。

3.1

项目设计阶段造价咨询

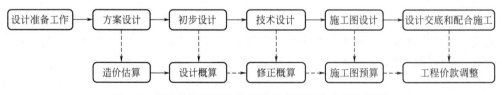

图 3-6 设计阶段工程造价管理的主要工作内容和程序

3.2.1 方案设计阶段

方案设计阶段一般是根据方案图样和说明书，做出各专业详尽的工程造价估算书。此时的估算书精确度不高，与可行性研究报告中的投资估算基本相同，一般允许 30%甚至更大的误差。在这一阶段，设计者可以同使用者和规划部门充分交换意见，最后使自己的

3.2

建筑工程概算费用计算

设计取得规划部门的同意，与周围环境有机融为一体。对于不太复杂的工程，这一阶段可以省略，把相关的工作并入初步设计阶段。许多建设工程，尤其是民用建筑工程一般没有方案设计，也就没有这一阶段的估价；工业建设如果需要，则有这一设计阶段和相应的估价工作。

3.3
技术措施
项目的概算编制

一、设计工作任务

1. 根据项目功能要求，协助业主完成设计任务书，确定设计方案总体构思，提出建筑方案初稿及建筑总平面图建议。

2. 提出主建筑方案及多个备选建议方案。

3. 参与最优方案的选择，根据确定的最优方案完成建筑总平面图、建筑设计图（含平面图、立面图和剖面图等），结构、设备、电气方案，进行市政条件综合调查。

二、投资控制任务

1. 根据项目功能、定位，选择类似工程，用类推法确定初始工程投资，同时考虑工程建设其他费、预备费等提出项目初始投资限额。

2. 收集场地地质勘查报告，项目方案深化设计、项目建设功能定位要求，编制详细的投资控制计划。

3. 运用价值工程进行方案选择，方案的功能指数计算时使用层次分析法对方案满足功能的程度进行定性和定量分析。根据价值工程分析提出最优方案建议。

3.2.2　初步设计阶段

初步设计阶段是设计过程中的一个关键性阶段，也是整个设计构思基本形成的阶段。通过初步设计，进一步明确拟建工程在指定地点和规定期限内进行建设的技术可行性和经济合理性并规定主要技术方案、工程总造价和主要技术经济指标，以利于在项目建设和使用过程中最有效地利用人力、物力和财力。在初步设计阶段，应根据初步设计图纸（含有作业图纸）和说明书及概算定额（扩大预算定额或综合预算定额）编制初步设计总概算；概算一经批准，即为控制拟建项目工程造价的最高限额。总概算是确定建设项目的投资额、编制固定资产投资计划的依据，是签订建设工程总包合同、贷款总合同、实行投资包干的依据，同时也可作为管理建设工程拨款、组织主要设备订货、进行施工准备及编制技术、设计文件或施工图设计文件等的依据。

一、设计工作任务

1. 设计负责人根据投资限额分配，向各专业下达限额设计任务，根据初步设计深度标准要求：完成设计说明、总平面布置、各专业初步设计工作。

2. 针对初步设计优化建议，对需优化的工程方案进行多方案对比分析和经济技术比较，确定最优方案。

二、投资控制任务

1. 编制项目详细投资计划，通过专家打分法，确定项目各组成部分的功能评价系数，得出项目理想状态下的各组成部分工程造价占总造价的比例，利用价值工程进行投资限额的分配。

2. 运用价值工程对建设项目的详细投资计划的功能成本进行分析，提出项目各组成部分的功能目标成本及可能降低的额度，对优化后的详细投资进行审查。

3.2.3 技术设计阶段

技术设计阶段也称扩大初步设计阶段。应根据技术设计的图纸和说明书及概算定额（扩大预算定额或综合预算定额）编制初步设计修正总概算。技术设计阶段是初步设计的具体化，也是各种技术问题的定案阶段。技术设计阶段研究和决定的问题，与初步设计大致相同，但需要根据更详细的勘察资料和技术经济计算加以补充修正。技术设计的详细程度应能满足确定设计方案中的重大技术问题和有关实验、设备选型等方面的要求，应能保证根据它编制施工图和提出设备订货明细表。技术设计的着眼点，除体现初步设计的整体意图外，还要考虑施工的方便易行，如果对初步设计中所确定的方案有所更改，应根据技术设计的印样和说明书及概算定额对更改部分编制初步设计修正概算书。对于不太复杂的工程，技术设计阶段可以省略，把这个阶段的一部分工作纳入初步设计阶段。

3.2.4 施工图设计阶段

施工图设计阶段应根据施工图纸和说明书及预算定额编制施工图预算，用以核实施工图阶段造价是否超过批准的初步设计概算。以施工图预算为基础进行招标、投标的工程，其以经济合同形式确定的承包合同价、结算工程价款的主要依据是中标的施工图预算。

一、设计工作任务

设计工作任务是按照设计深度要求完成施工图设计，并对超投资的部分进行改进调整。

二、投资控制任务

投资控制任务是对比施工图设计与初步设计各项投资，对变化情况进行分析，如有超投资的部分应进行详细分析并提出改进意见。

3.3 项目设计阶段造价管理与控制

3.3.1 项目设计阶段造价管理

一、工程设计的经济评价

为了提高工程建设投资效果，从选择场地和工程总平面布置开始，直到最后结构零件的设计，都应进行多方案比选，从中选取技术先进、经济合理的最佳设计。

1. 不同设计阶段设计方案的经济评价

在方案初选阶段，需要对总体设计方案进行技术经济分析，包括：采用适宜的分析方法，对不同的总体设计方案进行技术经济分析；提供分析结论，在技术可行的前提下，推荐经济合理的最优设计方案。

在初步设计阶段，需要对专项设计方案（如结构型式、基础型式、幕墙类型、钢结构类型、空调系统选型、电梯专项技术方案、大型/新型设备选型等）进行技术经济分析，包括：采用适宜的分析方法，对不同的专项设计方案进行技术经济分析；提供分析结论，在技术可行的前提下、推荐经济合理的最优设计方案。

在施工图设计阶段，需要对项目设计文件所采用的标准、技术方案、工程措施等的技术经济合理性进行全面分析，并提出优化建议；对优化前后的设计文件进行造价测算对比分析。

2. 设计方案经济评价的方法

设计方案的评价需要采用技术与经济比较的方法，按照工程项目经济效果，针对不同的设计方案，分析其技术经济指标，从中选出经济效果最优的方案。在设计方案评价比较中。一般采用多指标评价法、投资回收期法、计算费用法等方法。

（1）多指标评价法

多指标评价法是通过对反映建筑产品功能和耗费特点的若干技术经济指标的计算、分析、比较，评价设计方案的经济效果。

（2）投资回收期法

设计方案的比选往往是比选各方案的功能水平及成本。功能水平先进的设计方案一般所需的投资较多，方案实施过程中的效益一般也较好。

用方案实施过程中的效益回收投资，即投资回收期反映初始投资补偿速度，衡量设计方案的优劣。投资回收期越短的设计方案越好。

（3）计算费用法

计算费用法是用一种合乎逻辑的方法将一次性投资与经常性的经营成本统一为一种性质的费用，可直接用来评价设计方案的优劣。即将项目全生命周期费用中，初始投资和使用维护费这两类不同性质的费用，统一为一种费用后，再来评价方案的优劣。

二、推行限额设计

限额设计，是指按照限定的投资额进行工程设计，确定相应的建设规模和建设标准，确保施工图阶段工程投资不突破概算投资额，其设计流程见图 3-7。也就是说，既要按批准的设计任务书及投资估算控制初步设计及概算，又要按照批准的初步设计总概算控制施工图设计及预算，在保证工程功能的前提下，按各专业分配的造价限额进行设计，严格控制技术设计和施工图设计的不合理变更，保证概算、预算起到层层控制的作用，保证总投资限额不被突破，从而为业主筹措资金、控制投资提供较为准确的依据。在设计阶段推行限额设计，对于缩短工程建设工期、有效控制工程造价、提高经济效益起着重要作用。

三、运用价值工程进行方案评价及优化

价值工程是一种技术经济分析方法，是研究用最少的人力、物力、财力和时间等成本支出实现必要的功能，从而提高产品价值

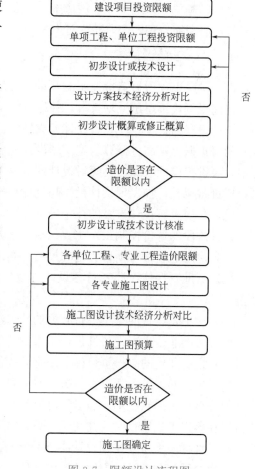

图 3-7　限额设计流程图

的一门学科。其目标是提高研究对象的价值。在设计阶段运用价值工程原理对设计方案进行比较，从中选取技术先进、经济合理的最佳设计方案，或者对现有的设计方案进行优化，使其能够更加经济合理，可以有效地管理全过程工程造价，从而达到节约社会资源，实现资源的合理配置。

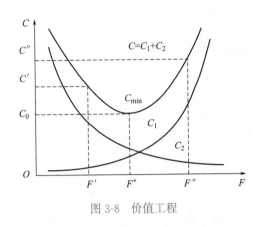

图 3-8　价值工程

价值工程中的"价值"是功能与成本的综合反映。价值分析并不是单纯追求降低成本，也不片面追求提高功能，而是力求正确处理功能与成本的对立统一关系（图 3-8），提高两者的比值（即价值），研究产品功能和成本的最佳配置。

价值工程着眼于全生命周期成本，即研究对象在其生命周期内所发生的全部费用。对于建设项目而言，生命周期成本包括工程造价和工程使用成本。价值工程的目的是用研究对象的最低生命周期成本可靠地实现使用者所需功能。实施价值工程，既可以避免一味地降低工程造价而导致研究对象功能水平偏低的现象，也可以避免一味地提高使用成本而导致功能水平偏高的现象，使工程造价、使用成本及建筑产品功能合理匹配，减少社会资源消耗。

3.3.2　项目设计阶段造价控制

设计阶段工程项目造价控制的基本思想是：以预控为主，促使设计在满足功能及质量要求的前提下，不超过计划投资，并尽可能节约投资。为此，就应以初步设计前所匡算的项目计划投资为目标，使初步设计完成后的概算不超过匡算的项目计划投资；技术设计完成后的修正概算不超过概算；施工图设计完成后的预算不超过修正概算。所以在设计的过程中，要进行设计跟踪，及时对设计图纸及工程内容进行估价，及时对设计项目投资与计划投资进行比较。如发现设计投资超过计划投资，则促使修正设计，以保证投资不超过限额。此外，应进行设计方案的技术经济比较，以寻求节约投资的可能性。

设计阶段的造价控制工作主要包括以下方面：

（1）协助业主编写项目实施的投资计划或投资规划，明确投资目标。

（2）帮助及促使设计者对各设计方案进行技术经济分析及节约挖潜研究，降低工程造价。

（3）对主要设备的选型进行必要的技术经济分析。

（4）协助业主进行设备询价，审查设备采购合同价和有关费用支付的合同条款。

（5）根据业主的总投资目标，审查并控制各项设计的概算金额。

由于选择的设计方案存在差异，导致的工程造价结果也会有所不同。通过调查显示，在其他环节一致的状况下，假设设计方案具备较强的技术性和经济性，将会有效减少工程造价。在落实工程项目时，往往结合设计方案来落实，因此，工程进度质量以及造价等内容，在某种程度上将会受到设计质量的影响。在工程结束之后，是否可以获取良好的经济效益，也会受到初期设计方案的影响。所以，在设计环节中，工程造价咨询企业应该给予高度关注。

在进行工程设计时，项目企业应该合理选择设计方案，并且由工程造价咨询企业提供相应的针对性建议，结合设计方案，对造价加以预测，之后对其进行比较探究，给工程企业选择设计方案提供依据。在明确设计方案之后，随着设计的逐渐深入，工程企业需要对项目造价有所认识，也就是根据设计方案，对工程完毕后资金投放情况进行确定，为成本管理工作的落实奠定基础。一般情况下，在落实完设计工作之后，需要选择承包企业。对于招标情况，工程造价咨询企业可以给客户提供合理的招标方案，制定招标报表。有需要的话，可以给工程企业提供招标最高投标限价以及招标报价对比等咨询服务。

3.4 项目设计阶段造价咨询要点

3.4.1 方案设计咨询要点

方案设计是投资决策之后，即下达设计任务书之后，由咨询单位对可行性研究提出意见和问题，经与业主协商认可后，提出具体开展建设的设计文件。有关方案设计的深度和具体要求，在住房和城乡建设部印发的《建筑工程设计文件编制深度规定（2016 年版）》中都有明确的规定。方案设计文件应满足编制初步设计文件的需要。

3.4
项目设计阶段
造价咨询实务

一、工程设计发包与承包管理

工程项目设计应当依照《中华人民共和国招标投标法》的规定实行招标发包或直接发包，工程设计的招标人应当在评标委员会推荐的候选方案中确定中标方案，但当推荐的候选方案不能最大限度地满足招标文件规定的要求时，应当依法重新招标。工程设计单位不得将所承揽的工程项目设计任务转包，承包方必须在工程项目设计资质证书规定的资质等级和业务范围内承接设计业务。对设计的发包人与承包方应当执行国家规定的设计程序，应当签订建设工程设计合同，应当执行国家有关建设工程设计费的管理规定。

二、方案设计文件的内容

1. 设计说明书，包括各专业设计说明及投资估算等内容。

2. 总平面图及建筑设计图纸。

3. 设计委托或设计合同中规定的透视图、鸟瞰图、模型等。

三、方案设计文件的编排顺序

1. 封面：写明项目名称、编制单位、编制年月等内容。

2. 扉页：写明编制单位法定代表人、技术总负责人、项目总负责人的姓名，并经上述人员签署或授权盖章等。

3. 设计文件目录。

4. 设计说明书：主要包括设计依据、设计要求，以及主要技术经济指标，总平面设计说明、建筑设计说明，结构设计说明，给水排水、暖通、电气等专业设计说明，投资估算编制说明，投资估算表等。

5. 设计图纸。

3.4.2 初步设计咨询要点

一、初步设计

初步设计的内容及具体要求在《建筑工程设计文件编制深度的规定（2016年版）》中都有明确的规定，一般初步设计包括方案设计调整后的平面、立面、剖面建筑图；结构、设备各专业的结构图、工艺技术图以及各专业较详细的设计说明；专篇论述，主要的技术经济指标及工程概算等。当初步设计审批后，应向城市规划部门申请领取《建设用地规划许可证》，及时向土地管理部门申请征用、划拨土地。

二、设计分析

设计分析是初步设计阶段主要的工作内容，一般情况下，当初步设计展开之后，每个专业都有各自的设计分析工作，设计分析主要包括结构分析、能耗分析、光照分析、安全疏散分析等。这些设计分析是体现设计在工程安全、节能、节约造价、可实施性方面重要作用的工作过程。

三、初步设计文件的内容

1. 设计说明书：包括设计总说明、各专业设计说明等内容。

2. 有关专业的设计图纸。

3. 工程概算书。

四、初步设计的工作程序

1. 准备。由项目经理会同计划、勘察设计的负责人，研究设计依据的文件，弄清项目目标、设计范围、工作条件特点，确定工作阶段，指定设计经理、勘察经理人选。确定项目的范围和内容。由设计经理与协商确定的各专业设计负责人和设计人员组成项目组，在认真研究设计依据的文件和分析基础资料的基础上，提出需要补充与核实的基础资料任务书，估算费用，报项目经理，安排进度计划。同时委托勘察部门进行工程勘察。

2. 工程勘察。一般情况下，设计经理要对勘察内容提出准确的范围与深度要求，由勘察经理组织完成。提交的勘察报告不仅应提供图纸，还要写出文字说明。勘察报告的内容包括：水文泥沙调查和洪水分析；地形测量，陆地摄影、航测成图；区域构造稳定和地震危险性调查分析；卫星照片和航测照片、遥感资料的地质解释；各种比例的区域和现场地质测绘；综合物探调查、测试；水文地质调查测试和地下水动态观测；钻探、坑探、槽探、井探；天然建筑材料调查、勘探和试验，以及岩石、土壤的实验室和现场试验；建筑物地基、边坡和地下洞室围岩等的现场测试。

3. 制定设计准则。由项目经理组织各专业设计负责人在详细了解业主意见的基础上，考虑项目所在地的法律法规标准，并参考类似项目的设计文件，编制设计准则，经项目经理批准执行。

4. 设计方案拟定。该阶段包括方案构思、方案评议、方案确定、费用估算、设计制图、初步设计审查、编写设计说明书、文件汇总编制、文件出版等。

3.4.3 施工图设计咨询要点

初步设计文件经有关部门批准后方可进行施工图设计。施工图设计是工程设计的最后阶段，即绘制工程详图和附件，是将初步设计确定的设计准则和设计方案进一步具体化、详细化。主要是通过图纸，把设计者的意图和全部设计结果表达出来，作为加工制作的依据，它是设计和施工工作的桥梁。施工图在交付施工之前，必须经由省、市建筑主管部门组织的由各专业专家组成的审图机构对施工图进行审查，提出审查意见。设计单位应作书面整改报告，然后在审图单位批准后，施工图设计才算完成。施工图设计的工作程序包含以下方面：

一、准备

1. 研究任务，组织人员。由项目经理组织设计经理、采购经理和施工经理等负责人仔细研究施工图设计的依据文件，弄清项目目标、项目特点、设计范围、施工现场等条件，确定项目结构划分与项目编码，并确定工作阶段进度。

2. 由设计经理负责组织各专业主任工程师、专业设计负责人在认真研究设计依据文件、分析资料的基础上，弄清各专业的设计范围和技术要求，提出需要补充与核实基础资料的任务书，估计费用，由项目经理安排计划执行。

3. 由项目经理组织各专业设计负责人编制施工图卷册目录，设计经理与项目经理协商按施工综合进度的需要确定施工图各卷册的提交进度。根据这个进度，设计经理组织各专业制定每个卷的设计审核、出版进度，各专业间交换资料的内容和日期，这就是详细设计的综合进度。

4. 开工会议，在上述工作就绪后由设计经理召集设计人员下达设计任务计划。

二、制定设计准则

除应遵守初步设计准则外，还应遵守以下几点：

1. 施工图设计对于初步设计不得任意修改，施工图设计的工程预算一般不得超出基本设计概算。

2. 建议修改初步设计方案时，必须由设计部门提出因变更引起的工程量和费用的变化，经原设计批准的主管部门审批后方可修改设计和工程概预算。

3. 制定设计大纲和总体框架设计。

制定设计大纲是提高设计效率、保证设计质量的重要方法和重要环节。大纲的内容根据不同性质的工程、不同类型的专业而定。一般要确定设计的配合进度、设计范围、设计深度、设计原则、设计标准、设计主要参数、技术条件、控制措施等。

总体框架设计包括平面总体布置和空间组合设想。平面总体布置要确定工程内部的相互关系、相互位置、平面控制尺寸、交通运输，管道布局、进出通道等宏观控制问题。空间组合设想要考虑工程建筑的总体空间组合，如根据功能划分、空间或离地管道的布局、建筑式样与立面的协调、建筑体量的组合与外部环境的融合等。

4. 施工图设计。总体框架设计对施工图设计起控制与指导作用，施工图设计是总体设计的深入与完善。在本阶段，设计人员在充分理解总体框架设计的基础上，按单项工程进行设计，包括设计绘图和工程计算。

5. 完善总图设计。首先汇总各单项设计的有关内容，然后将总图各个部位画出大样。各专业总图的完善要在综合性总图的指导下进行。综合性总图要体现各专业总图的内容，总图设计有平面设计和竖向设计，将两者结合起来，理顺内部与外部的复杂关系。

6. 施工图设计的审查。初步设计的审查，是保证设计质量的有效手段。必须建立严格的校核、审查、会签制度，审查时，应从整体出发，把宏观内容作为重点，如项目的规模、设计目标、宏观布局、系统方案、工艺流程、功能组合、关键尺寸、主要参数等。必要时，可采用价值工程（VE）的评估方法对初步设计进行审查。

7. 施工图设计预算。施工图设计预算的主要依据是各卷册图纸资料、工程量表（Bill of Quantities）和各种费用。

8. 文件汇总编制。由设计经理主持制定综合进度与各专业间交换资料的内容和日期，定出综合归口和会签日期、成品审查、出版计划。

9. 文件出版与施工图设计结束。

10. 施工图设计后的服务。施工图设计后的服务，指的是设计单位为项目建设施工单位或施工监理单位提供的服务。

3.4.4 设计概算

项目设计阶段是实现策划、建设和运营衔接的关键性环节，设计的严密性、合理性决定了工程建设的成功。设计管理工作的好坏在一定程度上决定了建设项目最终能否实现决策目标。设计是基本建设的重要环节。在建设项目的选址和设计任务书已定的情况下，建设项目是否技术上先进和经济上合理，设计将起决定作用。

设计概算文件是初步设计的必要组成部分，也是项目投资控制的目标（尤其是政府投资的项目）。因此，设计概算必须完整地反映工程项目初步设计的内容，严格执行国家有关的方针、政策和制度，实事求是地根据工程所在地的建设条件（包括自然条件、施工条件等影响造价的各种因素），按有关的依据性资料编制。概算设计文件应包括：编制说明（工程概况、编制依据、建设规模、建设范围、不包括的工程项目和费用、其他必须说明的问题等）、总概算表、单项工程综合概算书、单位工程概算书、其他工程和费用概算书以及钢材、木材和水泥等主要材料表。总概算书是确定一个建设项目从筹建到竣工验收交付使用所需全部建设费用的总文件，包括三部分：建筑安装工程费和设备购置费、工程建设其他费用（如土地征购费、房屋拆迁费、研究试验费、勘察设计费等）、预备费（不可预见的工程和费用）。

长期以来，由于受到体制、机制等因素的影响，我国忽视了对工程项目建设前期阶段的投资控制，且缺乏相应的制约手段和措施，目前大多数只进行可行性研究方案估算和扩大初步设计概算的审核，这就将建设工程投资控制的重点放在了工程项目建设的施工阶段，并在此阶段投入大量的人力、物力去计算和审核项目总投资，而忽略了设计阶段的投资监控，很少考虑如何投入适当的资金就能获得美观大方、功能齐全适用、经济合理的建筑产品。在一般情况下，设计图纸一旦完成，"按图施工"就是施工单位必须履行的义务，施工单位无权随意修改设计图纸，同时也没有时间、义务、精力及承担风险的能力去考虑优化设计。由此可见，工程在施工过程中，建设工程项目的投资的多少、是否经济合理，主要取决于项目设计阶段。因此，项目设计阶段的设计质量对整个建设工程项目的效益来说是至关重要的，特别是在工程项目建设的前期阶段起着决定性的作用。

任务 1　设计阶段方案测算与经济性比选

【任务目标】

1. 熟悉设计阶段方案测算。
2. 熟悉设计阶段经济性比选。

【项目背景】

3.5
设计方案优化案例

某地块拟建 23 层住宅，基底面积约 $560 m^2$，建筑面积暂按 $12000 m^2$ 计算，住宅结构形式采用剪力墙结构，抗震设防烈度为 7 度，设计地震分组为第一组，场地类别为 Ⅱ 类，现设计提供以下四种类型桩基选型：

a. 方案一 CFG 桩＋1000mm 厚筏形基础：桩径 400mm，C25 混合料，单根长 8m；

b. 方案二 PHC 管桩＋1000mm 厚筏形基础：PHC-500-AB-125 预应力管桩，单桩有效桩长 23m；

c. 方案三 PHC 管桩＋承台＋400mm 厚筏形基础：PHC-500-AB-125 预应力管桩，单桩有效桩长 27m；

d. 方案四 PHC 管桩＋承台梁＋300mm 厚筏形基础：PHC-500-AB-125 预应力管桩，单桩有效桩长 28m。

【完成任务】

1. 设计阶段方案测算

依据上述条件，对方案一至方案四进行设计方案测算，测算从全成本增加费用角度考虑，对于不变如基坑土方以最浅为基准，仅计算基础加深部分增加的费用，详见表 3-1～表 3-4。

方案一设计方案测算表　　　　　　　　　　　　表 3-1

方案一 CFG 桩＋1000 厚筏形基础						
一	本方案测算以单栋 23 层住宅考虑					
序号	工作内容	项目特征	单位	数量	综合单价	合价(元)
1	CFG 桩——桩身	桩径 400mm，C25 混合料，单根长 8m	m^3	289.38	700.00	202567.68
2	CFG 桩——桩间土挖运		m^3	448.00	90.00	40320.00
3	土方挖运（仅计算机厚增加）		m^3	392.00	55.00	21560.00
4	200mm 厚碎石垫层		m^3	112.00	320.00	35840.00
5	CFG 桩-凿桩头		根	288.00	30.00	8640.00
6	桩基检测		t	480.00	27.00	12960.00
7	筏形基础-C35 混凝土	1000mm 厚、C35 抗渗混凝土	m^3	560.00	750.00	420000.00
8	筏形基础-木模板		m^2	125.40	65.00	8151.00

续表

方案一 CFG 桩+1000 厚筏形基础

一	本方案测算以单栋 23 层住宅考虑					
序号	工作内容	项目特征	单位	数量	综合单价	合价(元)
9	筏形基础-钢筋暂定 18@150		t	31.35	5500.00	172401.65
10	小计(不含税)					922440.33
11	增值税(9%)					83019.63
12	小计(含税)					1005459.96
13	建筑面积单方					83.79

方案二设计方案测算表　　　　　　　　　　　　表 3-2

方案二 PHC 管桩+1000 厚筏形基础

二	本方案测算以单栋 23 层住宅考虑					
序号	工作内容	项目特征	单位	数量	综合单价	合价(元)
1	PHC-500-AB-125-23 管桩(单根长 23m)		m	2737.00	280.00	766360.00
2	PHC 管桩—试桩(3 根)—含试桩机械进出场		m	69.00	720.00	49680.00
3	土方挖运(仅计算机厚增加)		m³	280.00	55.00	15400.00
4	PHC 管桩—桩基检测		t	1080.00	27.00	29160.00
5	PHC 管桩—与基础连接		根	122.00	350.00	42700.00
6	筏形基础-C35 混凝土	1000mm 厚、C35 抗渗混凝土	m³	560.00	750.00	420000.00
7	筏形基础—木模板		m²	125.40	65.00	8151.00
8	筏形基础-钢筋暂定 18@150		t	31.35	5500.00	172401.65
9	小计(不含税)					1503852.65
10	增值税(9%)					135346.74
11	小计(含税)					1639199.39
12	建筑面积单方					136.60

方案三设计方案测算表　　　　　　　　　　　　表 3-3

方案三 PHC 管桩+承台+400 厚筏形基础(土方工程量与方案四一致)

三	本方案测算以单栋 23 层住宅考虑					
序号	工作内容	项目特征	单位	数量	综合单价	合价(元)
1	PHC-500-AB-125-27 管桩(单根长 27m)		m	3213.00	280.00	899640.00
2	PHC 管桩—试桩(3 根)—含试桩机械进出场		m	81.00	720.00	58320.00

续表

方案三 PHC管桩＋承台＋400厚筏形基础(土方工程量与方案四一致)						
三	本方案测算以单栋23层住宅考虑					
序号	工作内容	项目特征	单位	数量	综合单价	合价(元)
3	PHC管桩—桩基检测		t	1290.00	27.00	34830.00
4	PHC管桩—与基础连接		根	122.00	350.00	42700.00
5	基础—C40混凝土	400mm厚、C40抗渗混凝土	m³	426.26	780.00	332485.92
6	基础—木模板		m²	63.64	65.00	4136.60
7	基础—砖胎膜(120mm厚,含粉刷层)		m³	33.50	635.41	21289.26
8	基础—钢筋		t	65.14	5500.00	358270.00
9	3mm厚自粘防水卷材		m²	279.21	35.53	9920.20
10	1.5mm厚水泥基渗透结晶型防水层		m²	279.21	29.84	8331.52
11	无纺布隔离层		m²	279.21	3.20	893.46
12	50mm厚C20细石混凝土保护层		m²	279.21	42.85	11963.99
13	小计(不含税)					1782780.96
14	增值税(9%)					160450.29
15	小计(含税)					1943231.25
16	建筑面积单方					161.94

方案四设计方案测算表 表3-4

方案四 PHC管桩＋承台梁＋300厚筏形基础						
四	本方案测算以单栋23层住宅考虑					
序号	工作内容	项目特征	单位	数量	综合单价	合价(元)
1	PHC-500-AB-125-C80管桩(单根长28m)		m	2716.00	280.00	760480.00
2	PHC管桩—试桩(3根)—含试桩机械进出场		m	84.00	720.00	60480.00
3	PHC管桩—桩基检测		t	1500.00	27.00	40500.00
4	PHC管桩—与基础连接		根	100.00	350.00	35000.00
5	基础-C30混凝土	C30抗渗混凝土	m³	281.98	720.00	203022.72
6	木模板		m²	36.16	65.00	2350.14
7	基础—砖胎膜(120mm厚,含粉刷层)		m³	40.46	635.41	25707.42
8	钢筋		t	32.75	5500.00	180110.55
9	3mm厚自粘防水卷材		m²	337.15	35.53	11978.94
10	1.5mm厚水泥基渗透结晶型防水层		m²	337.15	29.84	10060.56

续表

四	方案四 PHC 管桩＋承台梁＋300 厚筏形基础					
	本方案测算以单栋 23 层住宅考虑					
序号	工作内容	项目特征	单位	数量	综合单价	合价(元)
11	无纺布隔离层		m²	337.15	3.20	1078.88
12	50mm 厚 C20 细石混凝土保护层		m²	337.15	42.85	14446.88
13	小计(不含税)					1345216.08
14	增值税(9%)					121069.45
15	小计(含税)					1466285.53
16	建筑面积单方					122.19

2. 设计阶段经济性比选

全过程工程咨询单位在项目初步设计阶段可采用合理有效的经济评价指标体系和价值工程、全生命周期成本等分析方法对单项工程或单位工程设计进行多方案经济比选，编制优化设计的方案经济比选报告。同时根据经济比选优化后的设计成果编制设计概算，并依次按照项目、单项工程、单位工程、分部分项工程或专业工程进行分解，作为深化设计限额。当超过限额时，应提出修改设计或相关建设标准的建议，同时修正相应的工程造价至限额以内。优化设计的方案经济比选应包括对范围及内容、依据、方法、相关技术经济指标、结论及建议的优化。

3.6
桩基选型方案对比表

对四种设计方案进行经济性对比，结果详见二维码 3.6，从经济性角度考虑，方案一为最优方案，建议建设单位综合考虑施工工期、施工难度等综合选择。

任务 2　设计概算编制与审核

 【任务目标】

熟悉设计概算编制与审核。

 【项目背景】

以初步设计由市建委审批的项目为例，设计单位应严格按照有关规范，根据浙江省政府令第 363 号、杭发改投资〔2013〕422 号文件要求，遵循估算控制概算的原则，进行限额设计。

 【完成任务】

1. 编制设计概算的依据

编制设计概算的依据包括但不限于下列内容：

(1) 概(预)算定额或概(预)算指标等计价依据及有关计价规定；

（2）批准的可行性研究报告（项目核准书）；

（3）建设项目设计文件（设计文件应达到《建筑工程设计文件编制深度规定》（2017.5）《市政公用工程设计文件编制深度规定》（2013 年版）编制深度要求）；

（4）与建设项目有关的标准、规范等技术资料；

（5）常规的施工组织设计；

（6）项目的建设条件，包括自然条件、施工条件、市场变化等各种因素；

（7）工程造价管理机构发布的工程造价信息；

（8）建设项目的合同、协议等有关资料。

2. 建设项目设计概算总投资构成

建设项目设计概算总投资构成详见表 3-5。

建设项目设计概算总投资构成表　　　　　　　　　　　　表 3-5

建设项目设计概算总投资	建设投资	工程费用		建筑工程费
				安装工程费
				设备及工器具购置费
		建设用地费		绿化迁移费
				管线等设施迁改费
				征(借)地拆迁安置补偿费
		工程建设其他费用	固定资产其他费用	建设管理费(建设单位管理费或代建管理费、建设管理其他费、工程监理费)
				可行性研究费
				研究试验费
				勘察设计费
				环境影响评价费
				节能评估费、审查费
				劳动安全卫生评价费
				场地准备及临时设施费
				引进技术和引进设备其他费
				工程保险费
				联合试运转费
				特种设备安全监督检验费
				市政公用设施费
				专利及专有技术使用费
				生产准备及开办费
				……
		预备费		基本预备费
	工程建设专项费用			铺底流动资金

（1）工程费用

依据当地概（预）算定额或概（预）算指标等计价依据及有关计价规定进行计算，如浙江省为 2018 版各专业概算定额及建设工程费用定额（2018 版），其中：

设备及工器具购置费包括：

a. 设备及工器具购置费。是由设备购置费和工具、器具及生产家具购置费组成。建设工程计价活动中的设备与材料合理划分可参考《建设工程计价设备材料划分标准》GB/T 50531—2009。

b. 设备购置费。指为建设项目购置或自制的达到固定资产标准的各种国产或进口设备、工具、器具的购置费用。它由设备原价和运杂费两部分组成。

$$设备购置费＝设备原价或进口设备抵岸价＋设备运杂费$$

c. 工具、器具及生产家具购置费。是指新建或扩建项目初步设计规定的，保证初期正常生产必须购置的没有达到固定资产标准的设备、仪器、工卡模具、器具、生产家具和备品备件等的购置费用。一般以设备购置费计算基数，按照部门或行业规定的工具、器具及生产家具费率计算。

（2）建设用地费用

建设用地费用是指建设项目征（借）用土地应支付的费用及绿化迁移、管线等其他设施迁改补偿等费用。为方便项目投资测算、指标对比等工作，结合杭州市政府投资项目实际，特将建设用地费用从工程建设其他费用项中单列出来，主要包括：

a. 前期征（借）地拆迁补偿费用；

b. 绿化迁移费用；

c. 管线迁改费用；

d. 其他迁改费用。

（3）工程建设其他费用

工程建设其他费用是指建设项目自建设意向成立、筹建到竣工验收办理财务决算止的整个建设期间，为保证顺利完成和交付使用后能够正常发挥效用而发生的各项费用的总和。

对于不同的建设项目，工程建设其他费用的组成内容不同。在编制项目设计概算时，应根据工程具体情况、文件适用条件、计算标准确定，不发生时不计取。

工程建设其他费用一般包括：

a. 建设管理费；

b. 可行性研究费；

c. 研究试验费；

d. 勘察设计费；

e. 环境影响评价费；

f. 节能评估费、审查费；

g. 劳动安全卫生评价费；

h. 场地准备及临时设施费；

i. 引进技术和进口设备项目的其他费用；

j. 工程保险费；

k. 联合试运转费；

l. 特殊设备安全监督检验费；

m. 专利及专有技术使用费；

n. 生产准备费及开办费；

o. 市政公用设施费；

p. 其他与工程建设相关的费用。

一般建设项目很少发生或一些具有较明显行业或地区特征的工程建设其他费用项目，如工程咨询费、移民安置费、水资源费、水土保持评价费、地震安全性评价费、地质灾害危险性评价费、河道占用补偿费等，具体项目发生时依据有关文件规定计取。

（4）基本预备费

基本预备费指在初步设计及概算内不可预见的工程和费用。其中包括实行按施工图预算加系数包干的预算包干费用，其用途如下：

a. 在进行技术设计施工图设计和施工过程中，在批准的初步设计和概、预算范围内所增加的工程和费用。

b. 由于一般自然灾害所造成的损失和预防自然灾害所采取的措施费用。

c. 在上级主管部门组织竣工验收时，验收委员会（或小组）为鉴定工程质量，必须开挖和修复隐蔽工程的费用。

d. 计算方法："以工程费用""建设用地费用""工程建设其他费用"三项之和，乘以预备费率进行计算，计算标准如下：

初步设计概算阶段，按 $3\% \sim 5\%$ 计算。

注：预备费费率，按工程繁简程度及遇特殊情况下计取。

（5）铺底流动资金

铺底流动资金指新建项目建成投产初期需要的流动资金，有"老企业"作依托进行改建或扩建的项目所需的流动资金，由"老企业"自筹解决，原则上不得计列此项费用，铺底流动资金按流动资金计划需要量的 30% 计列，新建项目计列此项费用。

3. 设计概算项目参考计算依据

详见工作表：市政基础设施工程（表 3-6）、房屋建筑工程（表 3-7）。

4. 概算文件编制要求

（1）编制基本要求

a. 建设项目设计概算是初步设计文件的重要组成部分，是确定和控制建设项目全部投资的文件。设计概算文件必须严格执行国家和本省有关的法律法规和规章，完整反映工程项目初步设计内容，实事求是地根据工程所在地的建设条件（包括自然条件、施工条件、市场变化等影响投资的各种因素）进行编制。

b. 设计概算应根据已批准的可行性研究报告，在优化初步设计的基础上进行编制。设计概算投资一般应控制在批准的投资估算内，设计概算批准后不得任意修改和调整。

（2）概算文件组成

设计概算文件一般由封面、扉页、目录、编制说明、总（综合）概算表、工程建设其他费用计算表、工程建设专项费用计算表、单位工程概算费用计算表、建筑工程概算表及相关附表组成。

表3-6

市政基础设施工程

序号	费用名称	计算方法	计算依据	文号	备注
一	**工程费用**				
(一)	**主体工程**				
1	道路工程		现行概(预)算定额及计价规则:如《浙江省市政工程概算定额》(2018版)及浙江省建设工程计价规则(2018版)		
2	桥梁工程				
3	排水工程				
4	河道整治				
5	隧道工程				
5.1	土建工程				
5.2	机电工程				
5.3	装饰工程				
5.4	其他				
6	城市综合管廊				
7	人行过街工程				
……					
(二)	**配套、辅助工程**				
1	绿化工程		《浙江省园林绿化及仿古建筑工程概算定额》(2018版)及浙江省建设工程计价规则(2018版)		
2	交通设施(含智能、智慧交通)		《浙江省市政工程概算定额》(2018版)及浙江省建设工程计价规则(2018版)		
3	路灯工程(含景观照明)				
4	桥梁涂装				

续表

序号	费用名称	计算方法	计算依据	文号	备注
5	声屏障（含隔声窗）				
6	果壳箱	依据工程实际,按市场价或信息价暂估			
7	临时交通组织工程	依据交通组织方案暂估			
8	其他				
(三)	涉铁工程				
1	涉铁工程		现行概(预)算定额及计价规则		
(四)	电力沟体工程				
1	与市政共用电力沟体工程		《浙江省市政工程概算定额》(2018版)及浙江省建设工程计价规则(2018版)		
(五)	现有建(构)筑物保护工程				含电力保护工程等
1	现有建(构)筑物保护工程		现行概(预)算定额及计价规则		
二	建设用地费				
1	前期征(借)地拆迁补偿费用				
1.1	征(借)地费用	根据相关征(借)地费用文件计算			
1.2	拆迁安置补偿费用	根据相关拆迁安置补偿费用文件计算			
2	绿化迁移费用		杭州市财政局杭州市园林文物局杭州市建设委员会杭州市财政投资项目有关绿化迁移等相关问题的会议纪要	杭财[2009]890号、杭财基[2012]305号	含设计与监理费用
3	管线迁改费用				含设计与监理费用

续表

序号	费用名称	计算方法	计算依据	文号	备注
3.1	电力管线迁改	以暂估协商确定的费用为准			含设计与监理费用
3.2	通信管线迁改	以暂估协商确定的费用为准			含设计与监理费用
3.3	军用光缆迁改	根据光缆的重要性以与军方谈判协商为准估算			含设计与监理费用
3.4	燃气管线迁改	以暂估协商确定的费用为准			含设计与监理费用
3.5	自来水管线迁改	以暂估协商确定的费用为准			含设计与监理费用
4	其他迁移				
4.1	治安监控迁移费	以暂估协商确定的费用为准			
4.2	公交站台站牌及公交电子屏迁移费				
4.3	广告牌迁移				
4.4	公共自行车租赁点迁移				
5	其他				
三	工程建设其他费用				
1	建设管理费				
1.1	建设单位管理费		关于印发《基本建设项目建设成本管理规定》的通知	财建〔2016〕504号	
1.2	建设管理其他费	依据工程规模不同,采取分档累进取费(详见其他费用定额第4页)	浙江省工程建设其他费用定额(2018版)	暂参照发改价格〔2011〕534号	2016年1月1日,中华人民共和国国家发展和改革委员会令(第31号)废止上述文件

续表

序号	费用名称	计算方法	计算依据	文号	备注
1.3	代建管理费		关于印发《杭州市政府投资基本建设项目代建管理费标准》的通知	杭财建〔2013〕1044号	实行代建制管理的项目，一般不得同时列支代建管理费和项目建设管理费，确需同时发生的，两项费用之和不得高于本规定的项目建设管理费限额
1.4	工程监理费		关于印发《杭州市贯彻落实〈建设工程监理与相关服务收费管理规定〉实施细则》的通知	暂参照杭建发〔2007〕299号	杭建发〔2015〕398号于2015年8月19日废止
			关于印发《建设工程监理与相关服务收费管理规定》的通知	暂参照发改价格〔2007〕670号发改价格〔2011〕534号	2016年1月1日,中华人民共和国国家发展和改革委员会令(第31号)废止上述文件
2	可行性研究费	按建设项目估算投资分档收费	浙江省物价局关于公布降价后编制和评估可行性研究报告等前期建设项目咨询收费的通知	浙价服〔2013〕252号	目前基本采用本文件进行计入
3	研究试验费	按研究试验的内容和要求,报财政审批同意,由建设单位科研单位在合同中约定	浙江省工程建设其他费用定额(2018版)		
4	勘察设计费(BIM设计费)	勘察设计费	国家发展改革委关于进一步放开建设项目专业服务价格的通知	发改价格〔2015〕299号	
			工程勘察设计收费标准	参照计价格〔2002〕10号	
			关于印发《浙江省建筑信息模型(BIM)技术推广应用费用计价参考依据》的通知	浙建函〔2017〕91号	
5	环境影响评价费	依据项目估算投资额不同分别直接计取编制环境影响报告书和环境影响报告表费用(详见浙价服〔2016〕185号)	关于引导降低行政审批中介服务收费的意见	浙价服〔2016〕181号	取消环境影响评价费,仅计编制费
			《建设项目环境保护管理条例》2017年10月1日起实施	中华人民共和国国务院令第682号	

续表

序号	费用名称	计算方法	计算依据	文号	备注
5	环境影响评价费		浙江省物价局关于公布降低后的环境影响评价服务收费标准的通知	浙价服〔2013〕85号	
			国家发改委关于降低部分建设项目收费标准规范收费行为等有关问题的通知	暂参照发改价格〔2011〕534号	2016年1月1日，《中华人民共和国国家发展和改革委员会令（第31号）废止上述文件
6	节能评估费、审查费	收费标准参照项目可行性研究报告的编制和评估收费标准	关于规范环境影响咨询收费有关问题的通知	计价格〔2002〕125号	
			浙江省工程建设其他费用定额（2018版）	工业项目按浙价服〔2013〕250号	民用建筑按浙价服〔2013〕84号
7	劳动安全卫生评价费	厂房可按工程项目总投资的0.02%～0.05%收取			
8	场地准备及临时设施费	按建安工程费和项目所在地区别费率计取，市区0.7%～0.8%，县城镇0.8%～0.9%，非市区、县城镇0.9%～1.1%			
9	引进技术和引进设备其他费	按照合同协议及国家有关规定计算			
10	工程保险费	1. 建筑施工人员人身意外伤害保险按照投保金额计算 2. 建筑工程一切险：物质损失部分（见《浙江省工程建设其他费用定额（2018版）》，第三者责任险为赔偿限额的0.2%～0.5%			

续表

序号	费用名称	计算方法	计算依据	文号	备注
10	工程保险费	3. 安装工程一切险：物质损失部分按《浙江省工程建设其他费用定额(2018版)》,第三者责任险为赔偿限额的0.2%～0.5%			
11	联合试运转费	厂房项目可暂按工程费用0.3%～1%计列	浙江省工程建设其他费用定额(2018版)		
12	特种设备安全监督检验费	详见文件	浙江省物价局浙江省财政厅关于降低特种设备检验收费等部分行政事业性收费标准有关事项的通知	浙价费[2013]183号	
			浙江省物价局浙江省财政厅关于降低部分质量技术监督收费标准的通知	浙价费[2016]177号	
			关于调整电梯等升降设备检验收费标准的通知	浙价费[2011]249号	
			浙江省物价局,浙江省财政厅关于调整特种设备检验收费有关收费标准的通知	浙价费[2004]165号	
13	市政公用设施费				
13.1	供(配)电工程高可靠性供电费	依据用户受电电压等级不同分别计取(详见文件)	浙江省物价局关于降低高可靠性供电费用收费标准的通知	浙价资[2017]46号	
14	专利及专有技术使用费	按单位产品价格×年设计产量×(3%～5%)	浙江省工程建设其他费用定额(2018版)		
15	生产准备及开办费	生产类项目可暂按工程费用1%～1.2%计列			
16	其他				
16.1	占用水域补偿费	按照文件收费标准执行	浙江省物价局,浙江省财政厅关于重新核定建设项目占用水域补偿费标准的复函	浙价费[2011]331号	

续表

序号	费用名称	计算方法	计算依据	文号	备注
16.2	地质灾害评估费	依据比例尺及地质复杂程度计价	中国地质调查局《地质调查项目预算标准(2010年试用)》		
16.3	水土保持评估费	依据建设项目主体土建投资不同分别计取(详见文件)	关于开发建设项目水土保持咨询服务费用计列的指导意见	暂参照保监[2005]22号	敬水保监督[2014]2号文于2014年3月4日废止
16.4	安全评估费	安全评估费=基本收费×行业调整系数×报价修正系数×资质等级系数	关于执行《浙江省安全评价收费指导价格》的通知	浙安协评[2011]1号	
			浙江省物价局关于公布规范后的安全评价收费的通知	浙价服[2013]254号	
16.5	地震安全性评价费	有合同的依据合同			
16.6	第三方监测、检测费		参照浙江省物价局关于调整交通建设工程质量检测和工程材料试验收费标准的复函	浙价服[2013]264号	包括桩基检测、基坑检测、静载动载试验等
16.7	水文分析报告费		《财政部、国土资源部关于印发〈国土资源调查预算标准〉(地址调查部分)》	财建[2007]52号	
16.8	文物普查费	有合同的依据合同			
16.9	防洪评价费				
17	其他				

房屋建筑工程

表3-7

序号	费用名称	计算方法	计算依据	文号	备注
一	工程费用				
(一)	建筑安装工程费				
1	主体工程				

续表

序号	费用名称	计算方法	计算依据	文号	备注
1.1	基坑围护	有确定方案图纸的按图计算,无方案的根据实际施工情况暂估计取			
1.2	土石方工程		现行概(预)算定额及计价规则:如《浙江省建筑工程概算定额》(2018版)及浙江省建设工程计价规则(2018版)		
1.3	地下室				
1.4	地上土建				
1.4.1	1号楼				
1.4.2	2号楼				
1.5	装修工程				
	……				
2	室外附属工程				
2.1	室外道路、绿化、小品等		现行概(预)算定额及计价规则		
2.2	围墙、大门				
2.3	标志标牌标线				
2.4	垃圾房				
2.5	室外照明				
2.6	泛光照明系统				
3	电力配套工程		现行概(预)算定额及计价规则		
3.1	配电房				
3.2	开闭所				
3.3	电力供配电系统				
4	排水配套工程		现行概(预)算定额及计价规则		

续表

序号	费用名称	计算方法	计算依据	文号	备注
4.1	室外综合管线（给排水、室外消防）		现行概（预）算定额及计价规则		
4.2	海绵城市建设				
4.3	中水回用系统				
5	市政公用配套工程		根据相关文件		
5.1	公共自行车位建设费		根据相关文件		
5.2	二次供水工程（户内表前系统、远程抄表系统（含水表））				
5.3	华数（含有线电视配套费、机顶盒）		现行概（预）算定额及计价规则		
5.4	燃气工程（含燃气配套费）		现行概（预）算定额及计价规则		
5.5	综合通信（三网合一费用）				
6	现有建（构）筑物保护工程		现行概（预）算定额及计价规则		
6.1	现有建（构）筑物保护工程				
（二）	设备费				
1	电梯工程		按规定要求次市场询价		
2	充电桩		按规定要求次市场询价		分快充、慢充
3	机械车库		按规定要求次市场询价		
4	太阳能或空气源热泵		根据绿色建筑节能标准要求、设备市场询价		
三	建设用地费				
1	前期征（借）地、拆迁补偿费用				

续表

序号	费用名称	计算方法	计算依据	文号	备注
1.1	征（借）地费用	根据相关征（借）地费用文件计算			
1.2	拆迁安置补偿费用	根据相关拆迁安置补偿费用文件计算			
2	绿化迁移费用		杭州市财政局杭州市园林文物局杭州市建设委员会杭州市财政投资项目有关绿化迁移等相关问题的会议纪要	杭财〔2009〕890号、杭财基〔2012〕305号	含设计与监理费用
3	管线迁改费用				含设计与监理费用
3.1	电力管线迁改	以暂估协商确定的费用为准			含设计与监理费用
3.2	通信管线迁改	以暂估协商确定的费用为准			含设计与监理费用
3.3	军用光缆迁改	根据光缆的重要性以与军方谈判协商为准估算			含设计与监理费用
3.4	燃气管线迁改				含设计与监理费用
3.5	自来水管线迁改				含设计与监理费用
4	其他迁移				
4.1	治安监控迁移费				
4.2	公交站台站牌及公交电子屏迁移费	以暂估协商确定的费用为准			
4.3	广告牌迁移				
4.4	公共自行车租赁点迁移				
5	其他				
三	工程建设其他费用				
1	建设管理费				
1.1	建设单位管理费		关于印发《基本建设项目建设成本管理规定》的通知	财建〔2016〕504号	

序号	费用名称	计算方法	计算依据	文号	备注
1.2	建设管理其他费	依据工程规模不同，采取分档累进取费（详见其他费用定额第4页）	浙江省工程建设其他费用定额（2018版）	暂参照发改价格〔2011〕534号	2016年1月1日，中华人民共和国国家发展和改革委员会令（第31号）废止该文件
1.3	代建管理费		关于印发《杭州市政府投资基本建设项目代建管理费标准》的通知	杭财建〔2013〕1044号	实行代建制管理的项目，一般不得同时列支代建管理费和项目建设管理费，确需同时发生的，两项费用之和不得高于本规定的项目建设管理费限额
			拆迁安置房项目代建管理费费率最高不得超过3%	杭建村改发〔2010〕54号	
1.4	工程监理费		关于印发《杭州市贯彻落实〈建设工程监理与相关服务管理规定〉实施细则》的通知	暂参照杭建市发〔2007〕299号	被杭建法发〔2015〕398号于2015年8月19日废止
			关于印发《建设工程监理与相关服务收费管理规定》的通知	暂参照发改价格〔2007〕670号发改价格〔2011〕534号	2016年1月1日，中华人民共和国国家发展和改革委员会令（第31号）废止该文件
2	可行性研究费	按建设项目估算投资分档收费	浙江省物价局关于公布价后咨询制和评估可行性研究报告等建设项目前期咨询收费的通知	浙价服〔2013〕252号	目前基本采用实计入或按实计入
3	研究试验费	按研究试验的内容和要求，报财政审批同意，由建设单位和科研单位在合同中约定	浙江省工程建设其他费用定额（2018版）		
4	勘察设计费（BIM设计费）		国家发展改革委关于进一步放开建设项目专业服务价格的通知	发改价格〔2015〕299号	
			工程勘察设计收费标准	计价格〔2002〕10号	
			关于印发《浙江省建筑信息模型（BIM）技术推广应用费用计价参考依据》的通知	浙建〔2017〕91号	

续表

序号	费用名称	计算方法	计算依据	文号	备注
5	环境影响评价费	依据项目估算投资额不同分别直接计取取编制环境影响报告书和环境影响报告表费用（详见浙价服〔2013〕85号）	关于引导降低行政审批中介服务收费的意见	浙价服〔2016〕181号	取消环境影响评价费，仅计计编制费
			《建设项目环境保护管理条例》2017年10月1日起实施	中华人民共和国国务院令第682号	
			浙江省物价局关于公布降低后的环境影响评价服务收费标准的通知	浙价服〔2013〕85号	
			国家发改委关于降低部分建设项目收费标准规范收费行为等有关问题的通知	暂参照发改价格〔2011〕534号	2016年1月1日，中华人民共和国国家发展和改革委员会令（第31号）废止该文件
6	节能评估费、审查费	收费标准参照项目可行性研究报告的编制和评估费用标准	关于规范环境影响咨询收费有关问题的通知	计价格〔2002〕125号	
			浙江省工程建设其他费用定额（2018版）	工业项目按浙价服〔2013〕250号	
				民用建筑按浙价服〔2013〕84号	
7	劳动安全卫生评价费	发生项目一般可按工程项目总投资的0.02%～0.05%收取	浙江省工程建设其他费用定额（2018版）		
8	场地准备及临时设施费	按建安工程费计取，市区0.7%～0.8%，县区城镇0.8%～0.9%，非市区、县城镇0.9%～1.1%	浙江省工程建设其他费用定额（2018版）		
9	引进技术和引进设备其他费	按照合同协议及国家有关规定计算	浙江省工程建设其他费用定额（2018版）		

97

序号	费用名称	计算方法	计算依据	文号	备注
10	工程保险费	1. 建筑施工人员人身意外伤害保险按照保金金额计算 2. 建筑工程一切险：物质损失部分（见《浙江省工程建设其他费用定额(2018版)》，第三者责任险为赔偿限额的0.2%~0.5% 3. 安装工程一切险：物质损失部分《《浙江省工程建设其他费用定额(2010版)》，第三者责任险为赔偿限额的0.2%~0.5%	浙江省工程建设其他费用定额（2018版）		
11	联合试运转费	发生项目可暂按工程费用0.3%~1%计列	浙江省工程建设其他费用定额（2018版）		
12	特种设备安全监督检验费	详见文件	浙江省物价局 浙江省财政厅关于降低特种设备检验收费等部分行政事业性收费标准有关事项的通知	浙价费〔2013〕183号	
			浙江省物价局 浙江省财政厅关于降低部分质量技术监督设备检验收费标准的通知	浙价费〔2016〕177号	
			关于调整电梯等升降设备检验收费标准的通知	浙价费〔2011〕249号	
			浙江省物价局 浙江省财政厅关于调整特种设备检验等有关收费标准的通知	浙价费〔2004〕165号	
13	市政公用设施配套费				
13.1	市政基础设施配套费	住宅：150元/m²（2014年3月前出让的，90元/m²）非住宅：220元/m²（2014年3月前出让的，140元/m²）能够享受相关减免政策的不计	杭州市人民政府办公厅关于深化企业减负降成本改革的实施意见	杭政办函〔2017〕81号	按现行收费标准的70%征收。概算编制时需与职能部门对接是否有减免情况

续表

序号	费用名称	计算方法	计算依据	文号	备注
13.1	市政基础设施配套费	住宅:150 元/m²(2014 年 3 月前出让的,90 元/m²)非住宅:220 元/m²(2014 年 3 月前出让的,140 元/m²)能够享受相关减免政策的不计	杭州市物价局、杭州市财政局关于阶段性降低杭州市城市市政基础设施配套费收费标准的通知	杭价费[2017]69 号	概算编制时需与相关职能部门对接是否有减免情况
			杭州市物价局、杭州市财政局关于调整杭州市城市市政基础设施配套费收费标准的通知	杭价费[2014]32 号	概算编制时需与相关职能部门对接是否有减免情况
			关于城市市政基础设施配套费有关征收问题的通知	浙财综[2012]4 号	概算编制时需与相关职能部门对接是否有减免情况
			关于规范农民建房基础设施配套费收费标准的通知	浙价费[2008]159 号	概算编制时需与相关职能部门对接是否有减免情况
			关于规范城市市政基础设施配套收费标准的通知	浙价房[1997]209 号	概算编制时需与相关职能部门对接是否有减免情况
13.2	供(配)电工程高可靠性供电费	依据用户受电电压等级不同分别计取(详见文件)	浙江省物价局关于降低高可靠性供电和临时接电费用收费标准的通知	浙价资[2017]46 号	
			浙江省人民政府办公室浙江省住房和城乡建设厅关于浙江省防空地下室结建标准适用的通知	浙人防办[2018]46 号	
13.3	人防工程异地建设费	按建筑面积计 2500 元/m²	浙江省人民政府关于第三批取消暂停征收部分行政事业性收费项目和降低收费标准的通知	浙政发[2009]48 号	1.6B 级人防工程按1000 元/m² 计;2. 企业生产范围内的,免收;3. 农民房免免收
			关于规范和调整人防工程易地建设费的通知	浙价费[2016]211 号	
			浙江省人民政府办公厅关于进一步减轻企业负担降低企业成本的若干意见	浙政办发[2016]152 号	

续表

序号	费用名称	计算方法	计算依据	文号	备注
14	专利及专有技术使用费	按单位产品价格×年设计产量×(3%~5%)	浙江省工程建设其他费用定额(2018版)		
15	生产准备及开办费	生产类项目可暂按工程费用1%~1.2%计列	浙江省工程建设其他费用定额(2018版)		
16	检测监测费				
16.1	桩基检测费		浙江省物价局关于取消和降低部分涉企经营服务性收费的通知	浙价〔2017〕102号	
			工程勘察设计计收费标准	计价格〔2002〕10号	
16.2	基坑监测费	按照检测规模暂估	工程勘察设计计收费标准	计价格〔2002〕10号	
16.3	防雷检测费		浙江省物价局关于公布降低后的雷击风险评估防雷检测等服务收费的通知	浙价服〔2013〕83号	
			浙江省物价局关于规范专业气象服务收费的通知	浙价服〔2008〕267号	
16.4	房屋安全性检测				
16.5	其他				
17	配套费				
17.1	自来水配套费		水务文件及市场行情		
17.2	测绘费				
17.2.1	宗地测绘				
17.2.2	土地复核				
17.2.3	综合管线、人防、绿化等其他				

续表

序号	费用名称	计算方法	计算依据	文号	备注
17.3	门牌费				
18	其他				
18.1	交通影响评价费	有合同的依据合同			
18.2	地质灾害评价费	依据比例尺及地质复杂程度计价	中国地质调查局《地质调查项目预算标准(2010年试用)》		
18.3	水土保持评估费	依据建设项目主体土建投资不同分别计取(详见文件)	关于开发建设项目水土保持咨询服务费用计列的指导意见	暂参照保监〔2005〕22号	被水保监督〔2014〕2号文于2014年3月4日废止
18.4	安全评估费	安全评估费＝基本收费×行业调整系数×报价修正系数×资质等级系数	关于执行《浙江省安全评价收费导价格》的通知	浙安协评〔2011〕1号	
			浙江省物价局关于公布规范后的安全评价收费的通知	浙价服〔2013〕254号	
18.5	地震安全性评价费	有合同的依据合同			
18.6	水文分析报告费		《财政部、国土资源部关于印发〈国土资源调查预算标准(地址调查部分)》	财建〔2007〕52号	
18.7	文物普查费	有合同的依据合同			
18.8	环保投资估算				
18.9	其他				

（3）技术经济指标设置

a. 编制项目设计概算时应做好技术经济指标分析，按格式填写；

b. 编制单位、审核单位日常应做好技术经济指标的收集、整理，以便进行方案比选、方案优化、合理确定投资；

c. 技术经济指标部分参考《建筑工程设计文件编制深度规定》（2017.5）及《市政公用工程设计文件要求执行，部分格式详见工作表。

（4）概算文件格式

概算文件格式可参照下表，费用计算明细表依据各地相关规定及计价文件编制深度规定及《建筑工程设计文件编制深度规定》（2013年版）。

101

【概算封面格式】

（建设项目名称）

工程建设项目概算书

档案号：

共　册　第　册

（编制单位名称）
（编制单位盖章）

编制日期：　年　月　日

【概算扉页格式】

工程建设项目概算书

建设项目名称：_____

概算费用总额（万元）：_____

编制单位资质证书号（资质证章）：_____

编制人（资格证章）：_____

校对人（资格证章）：_____

审核人（资格证章）：_____

审定人（资格证章）：_____

编制单位（公章）：_____

编制日期： 年 月 日

【概算目录格式】

目　录

序号	名称	页次
1	编制说明	
2	总(综合)概算表	
3	工程建设其他费用计算表	
4	工程建设专项费用计算表	
5	单位工程概算费用计算表	
6	⋯⋯	
7	主要材料数量及价格表	
8	技术经济指标表	
9	概算相关资料	
10	⋯⋯	

【概算编制说明格式】

编制说明

一、项目概况

1. 工程基本情况：简述建设项目的建设地点、设计规模、建设性质（新建、扩建或改建）、工程类别、建设期（年限）、主要工程内容等。

2. 编制范围：明确建设项目的构成，工程总概算中包括和不包括的工程项目费用。

3. 其他特殊问题的说明。

二、资金来源

按照资金来源不同，根据可研或项目核准书进行说明。

三、编制依据及取费标准

1. 编制依据：具体说明概算编制的有关依据，采用的定额、人工、主要材料和机械价格的依据或来源，各项费用取定的依据等。

2. 编制方法：说明概算编制时采用的计价形式或其他方法。

3. 其他说明：与概算有关但未能在表格中反映的事项的必要说明。

四、引进设备材料有关费率取定及依据

国外运输费、国外运输保险费、海关税费、增值税、国内运杂费、其他税费。

五、主要技术经济指标

项目概算总投资及主要分项投资、主要技术经济指标、主要单位投资指标等，详见附表。

六、概算成果说明

概算的总金额、工程费用、建设用地费用、其他费用、预备费及列入项目概算总投资中的相关费用。

【 概算表格格式 】

概编-01

概编-01.1（表 3-8）

总（综合）概算表

表 3-8

（市政基础设施工程）

项目名称：　　　　　　　　　　单位：万元　　　　　　　　第　页　共　页

序号	工程项目或费用名称	概算费用					技术经济指标		占总投资额（％）	备注
		建筑工程费	安装工程费	设备购置费	工程建设其他费用	合计	面积(m²)/长度(m)	(元/m²)/(元/m)		
一	**工程费用**									
1	主体工程									
1.1	道路工程									
1.2	桥梁工程									
1.3	排水工程									
1.4	河道护岸									
1.5	隧道工程									
1.5.1	土建工程									
1.5.2	机电工程									
1.5.3	装饰工程									
1.5.4	其他									
1.6	城市综合管廊									
1.7	人行过街工程									
	……									
2	配套、辅助工程									
2.1	绿化工程									
2.2	交通设施（含智能、智慧交通）									
2.3	路灯工程(含景观照明)									
2.4	桥梁涂装									
2.5	声屏障(含隔声窗)									
2.6	果壳箱									
2.7	临时交通组织工程									
2.8	其他									
3	涉铁工程									
3.1	涉铁工程									
4	电力沟体工程									
4.1	与市政公用电力沟体工程									

续表

序号	工程项目或费用名称	概算费用					技术经济指标		占总投资额（%）	备注
		建筑工程费	安装工程费	设备购置费	工程建设其他费用	合计	面积(m²)/长度(m)	(元/m²)/(元/m)		
5	建(构)筑物保护工程									
5.1	建(构)筑物保护工程									
二	**建设用地费**									
1	前期征(借)地拆迁补偿费用									
2	绿化迁移费用									
3	管线迁改费用									
4	其他迁改									
5	其他									
三	**工程建设其他费用**									
1	建设管理费									
2	可行性研究费									
3	研究试验费									
4	勘察设计费									
5	环境影响评价费									
6	节能评估费、审查费									
7	劳动安全卫生评价费									
8	场地准备及临时设施费									
9	引进技术和引进设备其他费									
10	工程保险费									
11	联合试运转费									
12	特种设备安全监督检验费									
13	市政公用设施费									
14	专利及专有技术使用费									
15	生产准备及开办费									
	……									
四	**预备费用**									
1	基本预备费									
五	**工程建设专项费用**									
1	铺底流动资金									
六	**项目概算总投资**									

编制人：　　审核人：　　审定人：　　　　　　　　　　　　编制日期：　年　月　日

概编-01.2（表 3-9）

总（综合）概算表   表 3-9

（房屋建筑工程）

项目名称：   单位：万元   第　页共　页

序号	工程项目或费用名称	概算费用					技术经济指标		占总投资额（%）	备注
		建筑工程费	安装工程费	设备购置费	工程建设其他费用	合计	面积(m²)/长度(m)	(元/m²)/(元/m)		
一	**工程费用**									
（一）	建筑安装工程									
1	主体工程									
1.1	基坑围护									
1.2	土石方工程									
1.3	地下室									
1.4	地上土建									
1.4.1	1号楼									
1.4.2	2号楼									
1.5	装修工程									
	……									
2	设备安装工程									
2.1	给排水									
2.1.1	1号楼									
2.1.2	2号楼									
	……									
2.2	消防									
2.3	暖通									
2.4	电气									
2.5	抗震支架									
2.6	智能化工程（含能耗）									
	……									
3	室外附属工程									
3.1	室外道路、铺装、绿化、小品等									
3.2	围墙、大门									
3.3	标志标牌标线									
3.4	垃圾房									
3.5	室外照明									
3.6	泛光照明系统									
4	电力配套工程									

续表

序号	工程项目或费用名称	概算费用					技术经济指标		占总投资额(%)	备注
		建筑工程费	安装工程费	设备购置费	工程建设其他费用	合计	面积(m²)/长度(m)	(元/m²)/(元/m)		
4.1	配电房									
4.2	开闭所									
4.3	电力供配电系统									
5	排水配套工程									
5.1	室外综合管线(给排水、室外消防)									
5.2	海绵城市建设									
5.3	中水回用系统									
6	市政公用配套工程									
6.1	公共自行车位建设费									
6.2	二次供水工程[户内表前系统、远程抄表系统(含水表)]									
6.3	华数(含有线电视配套费、机顶盒)									
6.4	燃气工程(含燃气配套费)									
6.5	综合通信(三网合一费用)									
7	现有建(构)筑物保护									
7.1	现有建(构)筑物保护									
(二)	设备及工器具购置费									
1	电梯工程									
2	充电桩									
3	机械车库									
4	太阳能或空气源热泵									
	……									
二	建设用地费									
1	前期征(借)地拆迁补偿费用									
2	绿化迁移费用									
3	管线迁改费用									
4	其他迁改									
5	其他									
三	工程建设其他费用									
1	建设管理费									
2	可行性研究费									

序号	工程项目或费用名称	概算费用					技术经济指标		占总投资额（%）	备注
		建筑工程费	安装工程费	设备购置费	工程建设其他费用	合计	面积(m²)/长度(m)	(元/m²)/(元/m)		
3	研究试验费									
4	勘察设计费									
5	环境影响评价费									
6	节能评估费、审查费									
7	劳动安全卫生评价费									
8	场地准备及临时设施费									
9	引进技术和引进设备其他费									
10	工程保险费									
11	联合试运转费									
12	特种设备安全监督检验费									
13	市政公用设施费									
14	专利及专有技术使用费									
15	生产准备及开办费									
16	检测监测费									
17	配套费									
18	其他									
	……									
四	预备费用									
1	基本预备费									
五	工程建设专项费用									
1	铺底流动资金									
六	项目概算总投资									

编制人：　　　　　审核人：　　　　审定人：　　　　　　　　　　　　编制日期：　　年　月　日

概编-02（表3-10）

工程建设其他费用计算表　　　　　　　　　　　　　　　　　表3-10

项目名称：　　　　　　　　　　　　　　　　　　　　　　　　　　　第　页共　页

序号	费用项目名称	计算基数	费率(%)	金额(元)	计算公式	备注
	合计					

编制人：　　　　　审核人：　　　　审定人：　　　　　　　　　　　　编制日期：　　年　月　日

概编-03（表 3-11）

工程建设专项费用计算表

表 3-11

项目名称：

序号	费用项目名称	计算基数	费率(%)	金额(元)	计算公式	备注
	合计					

编制人：　　　　审核人：　　　　审定人：　　　　　　　　　　编制日期：　　年　　月　　日

5. 概算审核要点（以造价咨询协审单位为例）

工程造价咨询服务供应商（以下简称协审单位）收到通知书后需先确定该项目是否为其需回避的项目，书面确定无需回避后应立即到市造价投资办办理项目资料交接手续。

协审单位收到完整的送审资料后应制定设计概算审核方案，落实审核项目组各专业审核人员，方案及人员确定后，协审单位应按照一般项目 5 个工作日，重大项目 7 个工作日的要求开展审核工作，熟悉图纸及概算情况后尽快开展现场踏勘工作、及时提出涉及设计图纸、概算方面的疑问给市造价投资办。

协审单位主要负责对项目建筑安装工程费用进行审核，审核过程中重点对以下几方面进行审核：

（1）工程量复核，工程量计算是否存在漏算、多算、缺项、漏项、不符合计量规则等情况，对部分如钢筋工程量只提供含筋率指标的工程量要对照类似工程指标进行横向对比复核其经济合理性。

（2）单价复核，定额套用是否正确，信息价套用是否准确，市场价的取定是否合理。

（3）取费计税的复核，取费计税是否有误。

（4）建筑安装工程费用概算指标与同类项目比较是否在合理区间内。

（5）项目负责人对项目概算审核进行全程管理，并负责对前期征地拆迁费用、绿化和管线迁改保护费用、工程建设其他费用进行具体审核，在审核过程中，必要时可协调建设单位、设计单位和协审单位组织召开专题会议。

（6）协审单位在规定时间内按照三级复核流程完成概算审核初稿后交由项目负责人复核，复核完成后，建安工程费用在 1 亿元以下的工程可直接制作工程概算审核表，1 亿元以上的工程需向分管领导作专题汇报。

6. 概算审核报告参照格式

详见审核报告及概算审核表（市政基础设施和房屋工程）。

关于××工程的概算审核报告

××（委托单位名称）：

本公司接受贵方委托，对××工程进行了工程概算审核。我们的审核工作是按照国家基本建设有关法规、概预算定额及后列审计依据的规定进行的。有关该工程概算资料的真实性、合法性、完整性由送审方负责，我们的责任是依据送审方提供的资料对该工程概算书进行审核并发表审核意见。现将该工程概算审核结果报告如下：

一、项目概况

1. 工程基本情况：简述建设项目的建设地点、设计规模、建设性质（新建、扩建或改建）、工程类别、建设期（年限）、主要工程内容等。

2.审核范围：明确建设项目的构成，工程总概算中包括和不包括的工程项目费用。

3.资金来源：按照资金来源不同，根据可研或项目核准书进行说明。

4.建设单位、初步设计单位、概算编制单位等基本信息。

5.其他特殊问题的说明。

二、审核依据

1.概（预）算定额或概算指标等计价依据及有关计价规定；

2.批准的可行性研究报告；

3.建设项目设计文件（设计图纸依据等）；

4.报送的概算书；

5.采用人工、主要材料和机械价格的依据或来源；

6.编制形式：说明概算编制时采用的计价形式或其他方法；

7.其他依据及说明。

三、审核口径

1.概算费用的取定；

2.工程扩大系数的取定、税金的取定；

3.其他需特别明确的费用情况。

四、其他审核说明

五、概算审核情况

1.概算审核结果

送审概算编制金额、审定概算金额、核增核减金额。

2.主要核增减说明：

针对核增减内容进行相关说明。举例如下：

建筑工程：

1.定额中 C25 非泵送独立基础混凝土碎石应改成 C25 独立基础混凝土（现场搅拌）（碎石），约核减××元。

2.石材地面：单色花岗岩楼地面（周长 3200mm 以内水泥砂浆结合层）定额需调整，核增××元。

3.大型机械设备进出场及安拆定额漏算，核增造价××元。

……

安装工程：

1.根据市场综合单价询价，截止阀单价偏低，约核增××元。

2.低压水箱坐便器陶瓷根据市场综合询价，原单价偏高，约核减××元。

3.配电箱根据市场综合询价，原单价偏高，约核减××元。

4.吸顶灯根据市场综合询价，原单价偏高，约核减××元。

……

附件：1.总概算审核表及附表（表 3-12、表 3-13）

……

××公司

报告日期：　　年　　月　　日

表 3-12

总（综合）概算表审核表
（市政基础设施工程）

项目名称：　　　　　　　　　　　　　　　　单位：万元　　　　　　　　　　　　第　页　共　页

序号	工程项目或费用名称	送审概算费用					审核概算费用					技术经济指标			差额	备注
		建筑工程费	安装工程费	设备购置费	其他费用	合计	建筑工程费	安装工程费	设备购置费	其他费用	合计	面积(m²)/长度(m)	单方造价(元/m²)/(元/m)	占总投资额(%)		
一	工程费用															
1	主体工程															
1.1	道路工程															
1.2	桥梁工程															
1.3	排水工程															
1.4	河道护岸															
1.5	隧道工程															
1.5.1	土建工程															
1.5.2	机电工程															
1.5.3	装修工程															
1.5.4	其他															
1.6	城市综合管廊															
1.7	人行过街工程															
……	……															
2	配套、辅助工程															
2.1	绿化工程															
2.2	交通设施(含智能、智慧交通)															
2.3	路灯工程(含景观照明)															

113

续表

序号	工程项目或费用名称	送审						审核									差额	备注
		概算费用				合计		概算费用				合计	技术经济指标					
		建筑工程费	安装工程费	设备购置费	其他费用			建筑工程费	安装工程费	设备购置费	其他费用			面积(m²)/长度(m)	单方造价(元/m²)/(元/m)	占总投资额(%)			
2.4	桥梁涂装																	
2.5	声屏障（含隔声窗）																	
2.6	果壳箱																	
2.7	临时交通组织工程																	
2.8	其他																	
3	涉铁工程																	
3.1	涉铁工程																	
4	电力沟体工程																	
4.1	与市政共用电力沟体工程																	
5	建（构）筑物保护工程																	
5.1	建（构）筑物保护工程																	
二	建设用地费																	
1	前期征（借）地拆迁补偿费用																	
2	绿化迁移费用																	
3	管线迁改费用																	
4	其他迁改																	
5	其他																	
三	工程建设其他费用																	
1	建设管理费																	
2	可行性研究费																	

续表

序号	工程项目或费用名称	送审 概算费用					审核 概算费用					技术经济指标			差额	备注
		建筑工程费	安装工程费	设备购置费	其他费用	合计	建筑工程费	安装工程费	设备购置费	其他费用	合计	面积(m²)/长度(m)	单方造价(元/m²)/(元/m)	占总投资额(%)		
3	研究试验费															
4	勘察设计费															
5	环境影响评价费															
6	节能评估费、审查费															
7	劳动安全卫生评价费															
8	场地准备及临时设施费															
9	引进技术和引进设备其他费															
10	工程保险费															
11	联合试运转费															
12	特种设备安全监督检验费															
13	市政公用设施费															
14	专利及专有技术使用费															
15	生产准备及开办费															
	……															
四	预备费用															
1	基本预备费															
五	工程建设专项费用															
1	铺底流动资金															
六	项目概算总投资															

编制人: 审核人: 审定人: 编制日期: 年 月 日

表 3-13

第　页　共　页

总（综合）概算表审核表
（房屋建筑工程）

单位：万元

项目名称：

序号	工程项目或费用名称	送审					审核					技术经济指标			差额	备注
		概算费用					概算费用					面积(m²)/长度(m)	单方造价(元/m²)/(元/m)	占总投资额(%)		
		建筑工程费	安装工程费	设备购置费	工程建设其他费用	合计	建筑工程费	安装工程费	设备购置费	工程建设其他费用	合计					
一	工程费用															
（一）	建筑安装工程															
1	主体工程															
1.1	基坑围护															
1.2	土石方工程															
1.3	地下室															
1.4	地上土建															
1.4.1	1号楼															
1.4.2	2号楼															
1.5	装修工程															
……	……															
2	设备安装工程															
2.1	给排水															
……	……															
2.2	消防															
2.3	暖通															

续表

序号	工程项目或费用名称	送审					审核								差额	备注
		概算费用					概算费用					技术经济指标				
		建筑工程费	安装工程费	设备购置费	工程建设其他费用	合计	建筑工程费	安装工程费	设备购置费	工程建设其他费用	合计	面积(m²)/长度(m)	单方造价(元/m²)/(元/m)	占总投资额(%)		
2.4	电气															
2.5	抗震支架															
2.6	智能化工程(含能耗)															
……																
3	室外附属工程															
3.1	室外道路、铺装、绿化、小品等															
3.2	围墙、大门															
3.3	标志标牌标线															
3.4	垃圾房															
3.5	室外照明															
3.6	泛光照明系统															
4	电力配套工程															
4.1	配电房															
4.2	开闭所															
4.3	电力供配电系统															
5	排水配套工程															

续表

序号	工程项目或费用名称	送审					审核								差额	备注
		概算费用					概算费用					技术经济指标				
		建筑工程费	安装工程费	设备购置费	工程建设其他费用	合计	建筑工程费	安装工程费	设备购置费	工程建设其他费用	合计	面积(m²)/长度(m)	单方造价(元/m²)/(元/m)	占总投资额(%)		
5.1	室外综合管线(给排水、室外消防)															
5.2	海绵城市建设															
5.3	中水回用系统															
6	市政公用配套工程															
6.1	公共自行车位建设费															
6.2	二次供水工程[户内表前系统、远程抄表系统(含水表)]															
6.3	华数(含有线电视配套费、机顶盒)															
6.4	燃气工程(含燃气配套费)															
6.5	综合通信(三网合一费用)															
7	建(构)筑物保护															
7.1	建(构)筑物保护															
(二)	设备及工器具购置费															
1	电梯工程															
2	充电桩															
3	机械车库															

续表

序号	工程项目或费用名称	送审					审核								差额	备注
		概算费用					概算费用					技术经济指标				
		建筑工程费	安装工程费	设备购置费	工程建设其他费用	合计	建筑工程费	安装工程费	设备购置费	工程建设其他费用	合计	面积(m²)/长度(m)	单方造价(元/m²)/(元/m)	占总投资额(%)		
4	太阳能或空气源热泵															
	……															
二	**建设用地费**															
1	前期征(借)地拆迁补偿费用															
2	绿化迁移费用															
3	管线迁改费用															
4	其他迁改															
5	其他															
三	**工程建设其他费用**															
1	建设管理费															
2	可行性研究费															
3	研究试验费															
4	勘察设计费															
5	环境影响评价费															
6	节能评估费、审查费															
7	劳动安全卫生评价费															
8	场地准备及临时设施费															

续表

序号	工程项目或费用名称	送审 概算费用					审核 概算费用					技术经济指标			差额	备注
		建筑工程费	安装工程费	设备购置费	工程建设其他费用	合计	建筑工程费	安装工程费	设备购置费	工程建设其他费用	合计	面积(m²)/长度(m)	单方造价(元/m²)/(元/m)	占总投资额(%)		
9	引进技术和引进设备其他费															
10	工程保险费															
11	联合试运转费															
12	特种设备安全监督检验费															
13	市政公用设施费															
14	专利及专有技术使用费															
15	生产准备及开办费															
16	检测监测费															
17	配套费															
18	其他															
	……															
四	预备费用															
1	基本预备费															
五	工程建设专项费用															
1	铺底流动资金															
六	项目概算总投资															

编制人：　　　审核人：　　　审定人：　　　编制日期：　　　年　月　日

任务3　房地产项目目标成本编制

 【任务目标】

1. 熟悉房地产项目目标成本定义。
2. 熟悉房地产项目目标成本编制前资料收集。
3. 熟悉房地产项目目标成本编制。

 【完成任务】

1. 房地产项目目标成本

房地产项目目标成本是公司基于市场状况、项目定位及规划，结合公司经营计划，根据预期售价和目标利润进行预先确定的，经过努力所要实现的成本目标，是项目成本的控制线，是成本分析、考核、控制及预测的重要基础依据；包括土地成本、房地产开发成本、房地产开发费用和税金全科目成本费用。

2. 房地产项目目标成本编制前资料收集

在目标成本编制过程中需准备的资料及测算成果见表3-14。

目标成本编制过程中需准备的资料及测算成果　　　　　　　　　　表3-14

分工/责任部门	准备资料	成果
设计管理相关部门	项目规划指标、项目产品标准、项目方案图纸、建筑做法、历史项目及类似项目设计费对标情况	设计费目标成本及编制依据—附表1：设计管理相关部门责任成本
开发报建相关部门	当地报批报建收费标准、基础设施费收费标准、历史项目及类似项目前后期手续费对标情况	前后期手续费目标成本及编制依据—附表2：开发报建相关部门责任成本
财务相关部门	地价分摊表、税务筹划方案	土地成本—附表6：土地成本分摊表、财务费—附件四：成本测算表模板附表：全资金利息计算表
人事行政相关部门	总部的标杆管理费比例	管理费目标成本及编制依据—附表3：人事行政相关部门
营销相关部门	项目定位、样板间、售楼处、会所需求、销售费用、推广费、产品规划建议书(住宅项目)以及总部的标杆销售费比例	销售费目标成本及编制依据—附表4：营销相关部门责任成本
投资管理相关部门	投资批复书	—
酒店管理相关部门	—	酒店开业采购及筹备费-格式由酒店事业部自行提供(一般只提供总数)
工程部/项目部	项目工期计划、特殊工艺需求等	—
物业公司	总部的前介费单价	物业开办费、开荒保洁费、物业用房精装修费用—附表5：物业公司责任成本

3. 房地产项目目标成本编制

目标成本编制须以各房产公司物业类型及成本归集口径为单元进行编制，科目设置须严格按照成本归集口径不能增加或者减少，只能细化，例如：钢筋工程为5级科目，可以将钢筋工程进行细化，增加6级科目钢筋供应工程和钢筋安装工程，而不可以增加与钢筋工程同级别的5级科目。

合约分判同样是必须按各房产公司的标准分判，原则上只能合并，不能拆分；例如：软景工程和硬景工程可以合并为一个分判，但是不能将总承包工程中某一项单独拿出来分判。

一个科目只对应一个合约分判，一个合约分判可以对应多个科目；例如：成本科目中电梯工程对应电梯供应和电梯安装两个合约分判，就要把电梯工程的成本科目进行细化，细化为电梯供应和电梯安装。

成本科目的最末级科目必须保证对应一个责任部门且对应一种税率；例如：其他前期及后期其他费如果包含物业用房装修费用和业主大会筹备组的必要经费，税率不同则需要将其他前期及后期其他费进行细化。

合约分判的设置不宜过细，如果不确定后期分判是否拆开或者合并，则在系统录入的时候按合约分判合并考虑。

（1）目标成本中工程量计算口径

a. 可以依据方案图纸计算的按图纸计算工程量，如：土方工程量依据原始地貌图及开挖图计算，如果无开挖图纸，则依据红线及地下室层数进行预估；公区精装修工程量依据标准层户型图计算；电梯数、户数等根据方案图计算；

b. 前序产规会和方案评审会已有的设计指标按已有指标计算工程量，例如：窗地比等；

c. 目前尚无法确定方案，结合内部限额及历史类似项目含量对标确定工程量，例如：钢筋、混凝土、模板、外墙涂料、软硬景等；

d. 既没有限额也没有方案，按项目或设计提供的预测方案进行工程量计算，例如：基坑支护、桩基、外线工程量等；

e. 相关部门责任成本按责任部门提供数据并经过与类似项目对标后确定，例如：设计费、物业用房装修费、资本化管理费等。

（2）目标成本中单价计算口径

a. 有战采或集采的项目按战集采合同价计入，例如：电梯、防水等；

b. 有限额要求的，对照限额做法，按限额单方并结合市场价或最近签订合同价格计入，例如：精装修、景观；

c. 无限额要求的，按最近签订合同价格并考虑市场价波动，确定单价；

d. 确定价格时还需要考虑非现金支付方式产生的增加成本；

e. 单价须考虑合同内约定的涨价幅度考虑一定金额预留等，目标成本编制时不可预见费（及变更签证、人工及材料上涨等因素）统一按住宅5%、商业8%作为预留上限，预留系数的基数为房地产开发成本。

任务4 设计成本优化

 【任务目标】

1. 熟悉设计成本控制要点。
2. 熟悉项目施工图设计优化。

 【完成任务】

1. 设计成本控制要点

开始设计前会同设计相关部门、开发报建相关部门、营销相关部门整理出政府规划要点、土地属性（用地分析）、市场定位三方面信息。

（1）政府规划要点：根据政府规划要点批复，得出如下信息，见表3-15。

政府规划要点批复信息　　　　　　　　　　　　　　表3-15

总占地面积		容积率	
建筑用地面积		建筑密度	
总建筑面积		绿地率	
计容积率面积		户数	
住宅建筑面积		限高	
商业		会所	
学校		幼儿园	
物业用房		设备用房	
活动中心		服务中心	
卫生院		邮电所	
公共卫生间		……	
游泳池		球场	
车位类型	数量	面积	备注
自行车车位			
车位			
人防面积			

（2）土地属性：通过勘查现场，询问开发报建相关部门、设计相关部门等相关部门，对土地属性信息分析，见表3-16。

123

土地属性信息　　　　　　表 3-16

项目	详细描述	备注
市政解决方案		
市政污水		清楚了解距离红线的距离，是否组建污水处理站
市政给水		清楚了解距离红线的距离
临水		清楚了解距离红线的距离
永久电		清楚了解距离红线的距离
临时电		清楚了解距离红线的距离
市政煤气		清楚了解距离红线的距离，是否组建煤气瓶组处理站
出入道路		清楚了解是否需要维修、建造道路及高架桥等
公交站场		清楚了解小区建造公交站的数量
红线内土地情况		
场地高差情况		1. 清楚了解地高差情况，以便估算场地平整费用，挡土墙费用；2. 山地建筑分析场地坡度面积比率
植被情况		清楚了解场地内植被情况，与设计一道决定是否有可以保留的树木，以便估算景观成本
河流、箱涵情况		清楚了解场地内是否有河流、箱涵，河流、箱涵的长度、深度及宽度，以便估算改造费用
鱼塘、湖泊情况		清楚了解场地内是否有鱼塘、湖泊，鱼塘、湖泊的面积，以便估算改造费用
高压线情况		清楚了解场地内是否有高压线通过（高压伏输），如果有，确定需要埋地或改变走向的长度
输油管等市政情况		清楚了解场地内是否有输油管、市政设施等，如果有，确定需要搬迁或改变走向的距离
市政道路情况		清楚了解场地内是否有市政道路或以后是否有规划市政道路，如果有，确定具体长度及宽度、建造标准
拆迁情况		
地质情况		清楚了解场地内地质情况，以便决定采用何种基础形式
建筑退让红线情况		清楚了解场地内建筑退让红线情况，以便准确计算建筑物占地面积
红线外土地情况		
噪声情况		考虑是否需要考虑防噪玻璃
可视景观		清楚了解场地周边的可视景观情况，决定是否需要改造可视景观

（3）**市场定位**：通过询问营销相关部门、销售代理公司，清楚了解项目市场定位，见表 3-17。

项目市场定位信息表　　　　表 3-17

产品类型	面积比率	户型面积	层高	一梯几户	附加值				立面风格	开窗	园林	装修			售价
					花园	阳台	凸窗	地下室				大堂	电梯厅	室内	
产品 1															
产品 2															
……															
产品 N															
车位配比要求															
车位售价、可售比率															
商业配套要求															
会所配套要求															

完成上述信息统计后，设计阶段成本关注点如下：

a. 场地内的特殊地形，如果出现河流、箱涵，高压线等问题需要仔细分析，了解清楚处理办法以及影响并估算改造成本，注意需要预留部分不可预见费用。

b. 车位要重点关注建造方式（地下、半地下、露天），是否计算容积率，会所是否可售。

c. 外电需要重点关注距离、是否已经有电缆沟、是否需要破路等费用，注意考察周边楼盘是否可以合作以便降低部分成本。

d. 估算配电设备（高压柜、变压器、低压柜、柴油发电机组）分期或分项目集中布置或分散布置不同方案的经济合理性。因为涉及供电等垄断行业，有可能成本拿到图纸时方案已经定案，因此成本人员一定要提前关注到此事，避免优化工作不到位。需根据场地等实际情况分别按不同方案计算测定。

e. 所有供配电设备（除发电机组外的高压柜、变压器、低压柜）尽可能设在同一房间内，确保在符合规范要求下距离最短，以减少之间的连接线路。

f. 估算供电方案采用环网式或是开闭所式的综合经济性，提出优选方案：

Ⅰ. 一般情况环网式比开闭式经济；

Ⅱ. 合理布置开闭所位置，使走线长度之和最短；

Ⅲ. 设置开闭所时，应尽量考虑多期共用；

Ⅳ. 条件允许时，可考虑借用项目附近原有开闭所，避免新建。

g. 供水方案中重点考虑建造水泵房的必要性：

Ⅰ. 现阶段采用建设水泵房方式供水方式较省；

Ⅱ. 必须建造水泵房时应考虑建造位置及占用空间；

Ⅲ. 当选用负压供水方案时要与水泵房水池供水方案估算对比，确认实施的经济合理性。

h. 合理设置消防分区：

Ⅰ. 在符合消防规范的前提下，最大限度布置消防分区；

Ⅱ. 布置防火分区应注意住宅、商用、地下车库（单体、复式）的区别；

Ⅲ. 尽量利用建筑墙体设置防火墙,减少防火卷帘、防火门作为防火隔离等方法合理设置消防分区,减少消防喷淋系统的设置。

i. 中水处理站与中水提升泵站:

Ⅰ. 中水处理站应根据项目特征,选用设计规定的最小规模;

Ⅱ. 中水处理站与中水提升泵站应选择在地块中心,使管线布置长度最短。

j. 污水提升泵站:

对大量填土地块,由于自然坡度无法达到排水要求,需考虑建设污水提升泵站。

k. 地块内高压线路改线:

Ⅰ. 入地方式:造价高;

Ⅱ. 电缆沟方式:相对较高;

Ⅲ. 费用管道埋设方式:相对较低;

Ⅳ. 建设高压走廊:造价较低。

l. 园林环境方面:

Ⅰ. 按目标成本控制指标,实行限额设计;

Ⅱ. 提供材料规格型号单价;

Ⅲ. 提供常用软硬材料规格型号及单价;

Ⅳ. 铺地材料尽量本地化,避免大面积使用花岗岩等贵重材料;植物选择本地常用,易成活,养管低的种类;

Ⅴ. 根据不同位置合理确定石材厚度,主要部位石材选择:压顶 50mm 厚,非行车道地面 20mm 厚(荔枝面采用 30mm 厚),行车道地面 40~50mm 厚,立面 20mm 厚,踏面 30mm 厚;

Ⅵ. 提供基层标准做法,供设计管理部及设计院使用;

Ⅶ. 软景观中,苗木比例适当:重点效果部分使用大规格苗木,一般区域和庭院使用小规格苗木;

Ⅷ. 选择合适的材料尺寸,控制各类材料损耗;

Ⅸ. 材料档次的选择主要以满足功能性需求为主,并综合考虑后期维护成本;

Ⅹ. 控制木作的使用面积,尽量少用水景(主要是后期维护管理成本太高);

Ⅺ. 绿化灌木种类尽量少一些,灌木造价比草皮贵很多,优化时注意尽量减少灌木面积,灌木主要利用在住宅或者水景周边起到一些防护作用,其余的地方尽量种草皮,并配以不同乔木搭配以达到节约成本保证效果的目的。

m. 根据设计院提供的设计电子稿或者白图计算钢筋含量及混凝土含量,保证钢筋含量及混凝土含量控制在目标成本范围内,并及时反馈设计管理部、设计院,以便进一步优化。

n. 复核窗地比、外墙面砖、涂料、石材比例等,控制在目标成本内。

o. 在立面方案已经确定的情况下,节能方案经济性优先顺序为:减小窗墙比>加厚外墙砌体材料>外墙聚苯颗粒砂浆>外墙保温板>采用 LOW-E 玻璃。

p. 精装修方面:

Ⅰ. 室内精装修:根据确定的装修标准,实行限额设计,控制在目标成本内;减少精装房的差异,对应不同建筑产品的装修方案统一材料选用,便于提高经济采购批量;

Ⅱ. 公共装修：装修方案确定后，估算销售大厅、会所、大堂、电梯厅成本是否在估算成本内；

Ⅲ. 根据装修建筑尺寸，选择合适模数的材料尺寸，将各类材料损耗降到最低；

Ⅳ. 材料档次的选择主要以满足功能性需求为主，并综合考虑后期维护成本；

Ⅴ. 减少精装房的差异，对应不同建筑产品的装修方案统一材料选用，便于提高经济采购批量。

q. 市政及小区管网设计优选：

Ⅰ. 着重考虑管材优选：综合施工、使用等因素，给水管经济合理性排序为：PE管→焊接钢管→无缝钢管→镀锌钢管→UPVC塑料管→球墨铸铁管→钢塑管。排水管排序为：规格500以内，UPVC波纹管→钢筋混凝土管→PE波纹管；规格500以上，钢筋混凝土管→UPVC波纹管→PE波纹管。一般情况下，机动车道下选用重型（Ⅱ级管或S2管材），对非机动车道下选用重型要严控；

Ⅱ. 优选检查井规格及井盖：避免设计盲目的统一，选用大规格井；控制重型井盖使用部位；除机动车道外的非机动车道或绿化带等部位严控采用重型，并尽量减少检查井数量；

Ⅲ. 尽量减小排水管坡度，降低管网埋深，减少动土量；

Ⅳ. 优化管网走向、长度。

r. 智能化设计优化：

Ⅰ. 室外智能化、景观灯具设计优化应结合项目定位、市场接受程度、销售价格，周边楼盘使用状况、小区场地布置（含绿化组团和道路布置）综合考虑，在提升产品品质前提下还应兼顾实用性、经济性；

Ⅱ. 以项目的市场定位、规划设计思想和物业管理思路确定智能化系统规划设计方案（如：封闭管理社区选用红外对射周界防翻越系统、开放的大社区管理结合封闭的单元管理选用电视监控加电子巡更系统）；

Ⅲ. 家居安防与可视对讲系统分别设置和二合一的技术经济比较及产品档次选择；

Ⅳ. 红外对射探头的设置与小区围墙的走向优化（避免不规则围墙增加探头数量）；

Ⅴ. 景观灯具的布置应根据项目定位，分期设定灯具总价来控制灯型、位置和数量（向设计提供常用灯型种类和单价）。

2. 项目施工图设计优化

某住宅项目室外景观项目方案阶段设计车行道做法如下：

a. 4cm细粒式SBS（I-D）改性沥青混凝土AC-13（C）＋8cm粗粒式沥青混凝土AC-25（C）；

b. 粘层＋封层＋玻纤格栅；

c. 17cm水泥稳定料粒水泥含量5％＋18cm水泥稳定料粒水泥含量4.5％；

d. 20cm天然级配砂砾＋20cm天然级配砂砾。

结合历史项目，从节约成本角度进行如下优化：

a. 4cm细粒式SBS（I-D）改性沥青混凝土AC-13（C）＋8cm粗粒式沥青混凝土AC-25（C）；

b. 15cmC20混凝土基层；

c. 20cm 级配碎石垫层。

针对上述优化，须拟函件与设计沟通，函件及附表如下。

档案编号：HF-XYF-WLHJ-2023-032
二〇二三年××月××日
××××开发有限公司
合肥市××××
邮编：2300884
电话：0551-533××××
传真：0551-533××××
致：××××先生/女士

关于×××．×××项目
景观设计方案优化　建议函

我司根据贵司 11 月 17 日提供景观施工图纸，为节约成本，对其中车行道做法建议如下：

一、原设计做法（自上而下）

1. 4cm 细粒式 SBS（I-D）改性沥青混凝土 AC-13（C）＋8cm 粗粒式沥青混凝土 AC-25（C）

2. 粘层＋封层＋玻纤格栅

3. 17cm 水泥稳定料粒水泥含量 5％＋18cm 水泥稳定料粒水泥含量 4.5％

4. 20cm 天然级配砂砾＋20cm 天然级配砂砾

二、建议设计做法（自上而下）

1. 4cm 细粒式 SBS（I-D）改性沥青混凝土 AC-13（C）＋8cm 粗粒式沥青混凝土 AC-25（C）

2. 15cmC20 混凝土基层

3. 20cm 级配碎石垫层

三、结论

根据优化后的设计方案测算，将节约投资成本约 303866.75 元（具体详见表 3-18），是否可行恳请贵司设计部明确。

顺颂
商祺！

_____

×××××××××××××有限公司
抄送：××××开发有限公司　　　　　×××先生/×××女士（by E-mail）

景观设计方案优化费用测算表

表3-18

序号	原设计做法					建议设计做法					费用增减（元）
	项目名称	工程量		单价（元）	合价（元）	项目名称	工程量		单价（元）	合价（元）	
		单位	估算数量				单位	估算数量			
1	4cm细粒式SBS(I-D)改性沥青混凝土AC-13(C)+粘层	m²	5308	105.53	560170.93	4cm细粒式SBS(I-D)改性沥青混凝土AC-13(C)+粘层	m²	5308	105.53	560170.93	0.00
2	8cm粗粒式沥青混凝土AC-25(C)+封层	m²	5308	155.46	825160.45	8cm粗粒式沥青混凝土AC-25(C)+封层	m²	5308	155.46	825160.45	0.00
3	玻纤格栅	m²	5308	12.00	63696.00	15cmC20混凝土基层	m²	5762.8	71.6	412616.48	348920.48
4	17cm水泥稳定料粒水泥含量5%	m²	6217.6	37.40	232538.24	混凝土模板	m²	454.8	45.49	20688.85	-211849.39
5	18cm水泥稳定料粒水泥含量4.5%	m²	6217.6	39.60	246216.96	20cm级配碎石垫层	m²	6244	32.43	202472.11	-43744.85
6	水稳层模板	m²	530.6	45.49	24136.99						-24136.99
7	20cm天然级配砂砾	m²	6217.6	30.00	186528.00						-186528.00
8	20cm天然级配砂砾	m²	6217.6	30.00	186528.00						-186528.00
小计					2324975.57					2021108.82	-303866.75

备注：价格参照××××及××××价格。

任务 5　施工图限额设计与成本对标

【任务目标】

1. 熟悉施工图限额设计原则。

2. 熟悉施工图限额设计与成本对标控制要项。

【完成任务】

1. 施工图限额设计原则

（1）成本适配原则

按"客户敏感、成本敏感、规模效益"三原则引导各项指标合理、适度配置，通过限额指标使项目成本适配性更精准。

（2）全过程控制原则

本限额设计主要是确定产品配置标准的经济指标，最终落地要到招标定标阶段，但仅到招标定标阶段出现超配时再做优化收效甚微，所以要以"全过程控制、事前控制"为原则，把指标前移到项目初步设计阶段做好指标预控，关注产品定义阶段限额指标的动态变化，随项目开发进度逐步将指标落地，并注意过程总结，积累成本指标控制经验及数据。

（3）指标分为关注和控制两类

"关注"是指标存在个性差异，成本浮动较大，重点核查；"控制"是指标相对稳定，重点管控。关注及控制指标均需按照各房产公司限额指标权重比例进行打分考核。所有指标均应对标分析，当因项目个性特殊，实际指标突破高限值时，需在指标对标中说明超限原因。

（4）因各房产公司限额设计指标存在部分差异，各考核权重亦存在部分差异，可采用经济指标（建安单方）进行考核，也可以采用技术指标（含量）进行考核，亦可以经济与技术指标。

2. 施工图限额设计与成本对标控制要项

以某标杆房地产企业某住宅项目为例，项目×××阶段限额设计对标见表3-19。

表 3-19

项目×××阶段限额设计指标对标表

项目概况

项目名称分期：×××	项目档次：×××	容积率：2.20
建筑风格：新亚洲	有无复制原型：无	复制原型名称：无
抗震烈度：7度	基本风压：0.35kN/m²	场地类别：Ⅱ类
地下室层数：1层	地面粗糙度：B类	覆土厚度：1.2m
地下室人防比例：14.14%	地下室顶顶板结构形式：无梁楼盖	地下车库柱网：4.9m×5.4m
户均面积：96m²	户内精装修标准(元/m²)：无	当地平均房价(元/m²)：11000
住宅平均售价(元/m²)：12981	剔除户内精装影响后住宅平均售价(元/m²)：—	

序号	限额代码及名称	限额指标		高层 项目值	小高层 项目值	指标权重	指标得分	
		标杆值	高限值	项目值	项目值		高层	小高层
1	可售比			69%		—	—	—
2	塔楼建安工程单方	1850	2120	2106	2105	5%	125	125
3	非人防地下室建安工程单方	2300	2600	2592	2592	5%	125	125
3.1	人防地下室建安工程单方	2350	2650	2621	2621		150	150
4	售楼处面积及精装修单方	600/4500+2500	600/4500+2500	600/4000+2500	600/4000+2500		150	150
5	强电工程单方　塔楼	125	160	115	109		125	125
	强电工程单方　地下室	140	175	167	167		125	125
6	给排水工程单方　塔楼	45	65	61	60		125	125
	给排水工程单方　地下室	20	30	26	26		125	125
7	消防工程单方　塔楼	35	45	42	42		125	125
	消防工程单方　地下室	175	210	175	175		125	125
8	弱电智能化工程单方　塔楼	30	50	43	43		125	125
	弱电智能化工程单方　地下室	5	10	6	6		125	125
9	住宅绿建成本增量	12	12	0	0	6%	150	150
10	住宅装配式成本增量	—	—	0	0		0	0
11	标准层层高	2.85	2.9	2.9	2.9		100	100

续表

序号	限额代码及名称	限额指标		高层	小高层	指标权重	指标得分	
		标杆值	高限值	项目值	项目值		高层	小高层
12	窗地比	0.18	0.23	0.23	0.23	5%	100	100
13	墙地比（方案阶段）	1	1.15	1.14	1.15	5%	125	100
14	大堂登高/大堂面积	3.1/25	3.1/25	3.1/25	3.1/25	5%	150	150
15	地下车位平均面积	30	32.5	31.5		11%	125	125
16	非人防地下车库层高 B1	3.35	3.55	3.4		8%	125	125
	人防地下车库层高 B1	3.5	3.7	3.55				
17	地下室钢筋含量（非人防）	95	115	120		8%	125	125
	地下室钢筋含量（人防）	130	150	135				
18	地上单体钢筋含量	小高层 42 高层 45	小高层 48 高层 50	40	40	8%	150	150
19	塔楼机电工程单方	235	320	261	254	5%	125	125
20	地下室机电工程单方	340	425	374/368	374/368	5%	125	125
21	外窗单方	480	530	530	530	5%	125	125
22	外墙饰面单方	75	90	209	165	5%	50	50
23	入户门单价	1500		1303	1303	3%	150	150
24	园林景观工程单方	350	400	400		6%	125	125
25	大堂及首层电梯厅精装单方	3000	3000	2981	2981	2.50%	150	150
26	标准层首层电梯厅及走道、地下电梯厅精装修单方	850	850	845	842	1.50%	150	150
27	地下大堂精装单方	0	0	0	0	0.50%	150	150
28	地下通道精装单方	350	350	0	0	0.50%	150	150
	合计得分						123.75	122.5
超标项数		小高层 1 项，高层 1 项						
指标超限说明	外墙饰面单方：合肥当地规划局要求，门头及首层必须全部使用石材，其余为真石漆，导致超限							

综合训练

一、简答题

1. 简述如何进行总体方案比选。

2. 项目设计阶段按控制建设工程造价方面可分为哪四个阶段？

3.7
综合训练
参考答案

二、案例题

某项目根据地勘报告，场区存在不确定孤石，综合判断为不均匀地基，经各方讨论拟提以下桩基方案供比选：

（1）人工挖孔桩方案：该区域项目有丰富的项目经验，桩位遇孤石采用易清除措施，不影响承载力，施工工期长（50天）、施工效率低、开挖时易发生坍塌、坠落等问题，施工安全难控制，预估单方造价425元/m²。

（2）预应力管桩方案：该区域项目暂无类似项目经验，桩位遇孤石不采取措施施工将影响承载力，施工工期短（15天）、施工质量易控制，预估单方造价130元/m²。

假如方案（2）前期进行预应力管桩试桩，保证承载力满足设计要求需花费30元/天，如遇孤石采用周边补打管桩及配合加大桩承台方式以满足承载力要求需花费48元/天。

请问如何比选桩基方案？

Chapter 04

模块四
项目招标投标阶段造价咨询

 导言

——春风苑 14-B 地块装配式工程招标投标

春风苑 14-B 地块装配式 EPC 工程位于天津路东侧、清安路南侧，总建筑面积 163958m²，容积率 2.76，建筑密度 17.75%，绿地率 35%，共计 10 幢楼。针对工程项目招标与投标阶段时的造价咨询，不能仅仅依托招标设计结果，应分析项目概算批复，并将招标设计成果当中的建设内容与建设标准相比较，针对各类与审批要求、内容不相匹配的设计成果，提醒招标人进行修改。

在招标投标及合同管理阶段，咨询公司应根据项目概算、招标图纸及技术规范等要求出具最高投标限价文件、工程量清单及清标报告等成果文件，协助建设单位完成招标投标工作及合同签订工作，成果提供的及时性和准确性在这一阶段尤为关键。

在招标投标文件的编制阶段，咨询公司务必要确保成果文件符合现行法规编制规定、对工程范围考虑全面、避免工程量错算、漏算、重复算等问题的出现，同时合理制定最高投标限价，以免投标单位发生"围标抬标"或者恶性竞争等违规行为。

在招标过程中，咨询公司人员要做到"三及时"：及时完成因图纸修正、范围调整或者现场条件变更等导致的对清单内容的调整及修改；及时完成标前工程量清单双向计量工作；及时回复投标单位提出的清单答疑。若在此阶段发现工程量清单计价原则中存在不完善之处或者不利于合同履行管理操作的内容应及时反馈建设单位，必要时做出修改。

在清标阶段，咨询公司应及时完成回标分析，指出其中的不合理价格和算术性错误，对差异大的子目进行分析说明，尤其要注意不平衡报价的存在，提报建设单位清标成果文件，包括但不限于符合性审核、与参考价对比、与数据库对比、与市场价对比、不平衡报价分析、差异性分析等内容的分析。

清标完成后要根据清标结果发出投标质疑函，配合建设单位完成造价澄清、报价谈判等工作，直至最终合同签订。

春风苑 14-B 地块装配式 EPC 工程，通过对项目精准定义与做好投资价格控制，使此项工程顺利进行。在该工程招标过程中，仅有最初的规划设计方案，并没有详细施工设计图，在此情况下，业主提出对项目背景概况、内容范围、预期目标、功能需求、主要技术经济指标、设计标准、材料品牌、规格、档次等准确与完整的定义与描述。因此，×××房地产开发有限公司在工程特点、工程所处地理位置、类似完工工程资料、工程建设阶段材料与人工费用增长原因等方面着手，对投资价格做出合理控制。×××房地产开发有限公司这一方式对业主要求加以充分理解，同时也在投标过程当中所报价格具备极强合理性，从而使在工程建设过程当中出现的不必要变更合同情况有效减少，同时也彻底避免投资额失控这一情况。

除此之外，要想最大程度维护业主权益，需对合同管理予以重视，使业主所承担风险能够合理规避与转移，而合同条款自身严密性与准确性是保障业主各项利益的首要前提，在招标文件当中，应对合同条款完整性、严密性、准确性、合理性、合法性予以充分重视。

由此可见，招标投标阶段的造价咨询是一项系统化工作，因参与方主体利益不同，导致造价管理工作逐渐趋于复杂，而在招标文件当中，合同变更、价格调整等相关条款则是项目投资的有力依据与基础。因此，只有对造价咨询管理措施不断完善，才能将其控制在计划与合理范围之内，从而使企业能够充分发挥投资效益。本模块将聚焦于项目招标投标阶段造价咨询。

训练目标

了解项目招标投标阶段造价咨询的意义，熟悉项目招标投标阶段造价咨询的主要内容和程序，能编制和审核项目招标投标阶段工程造价的相关文件。

训练要求

掌握在项目招标投标阶段造价咨询的相关工作，包括编制招标文件及最高投标限价，并参与建设工程招标投标相关活动。

4.1 项目招标投标阶段造价咨询概述

4.1.1 建设项目招标和招标方式

一、建设项目招标

建设项目招标是指招标人在发包工程项目前，按照公布的招标条件，公开或者邀请投标人在接受招标要求的前提下前来投标，以便招标人从中择优选定投标人的一种交易行为。招标单位又叫作发包单位，而中标单位则叫作承包单位。

1. 强制招标范围

根据《中华人民共和国招标投标法》的规定，下列一些项目必须实行招标行为：①大型基础设施、公用事业等关系社会公共利益、公众安全的建设项目；②全部或部分使用国有资金或国家融资的建设项目；③使用国际组织或者外国政府贷款、援助资金的项目。

前款所列项目的具体范围和规模标准，由国务院发展计划部门会同国务院有关部门制订，报国务院批准。

《工程建设项目招标范围和规模标准规定》，上述规定范围内的各种工程建设项目包括项目的勘察、设计、施工、监理以及与工程建设有关的重要设备、材料等的采购，达到下列标准之一者，必须进行招标：

① 单项合同估算价在 200 万元人民币以上的；

② 重要设备、材料等货物的采购，单项合同估算价在 100 万元人民币以上的；

③ 勘察、设计、监理等服务的采购，单项合同估算价在 50 万元人民币以上的；

④ 单项合同估算价低于前三项规定的标准，但项目总投资在 3000 万元人民币以上的。

2. 强制招标范围内可以不招标的情形

（1）《中华人民共和国招标投标法》第六十六条　涉及国家安全、国家秘密、抢险救灾或者属于利用扶贫资金实行以工代赈、需要使用农民工等特殊情况，不适宜进行招标的项目，按照国家有关规定可以不进行招标。

（2）《中华人民共和国招标投标法实施条例》第九条　除招标投标法第六十六条规定的可以不进行招标的特殊情况外，有下列情形之一的，可以不进行招标：

① 需要采用不可替代的专利或者专有技术；

② 采购人依法能够自行建设、生产或者提供；

③ 已通过招标方式选定的特许经营项目投资人依法能够自行建设、生产或者提供；

④ 需要向原中标人采购工程、货物或者服务，否则将影响施工或者功能配套要求；

⑤ 国家规定的其他特殊情形。

招标人为适用前款规定弄虚作假的，属于招标投标法第四条规定的规避招标。

二、建设项目招标方式选择

发包人通过选择合理的招标方式，择优选定承包人，不仅有利于确保工程质量和缩短工期，更有利于降低工程造价，是工程造价管理的重要手段。建设项目招标方式一般采取公开招标和邀请招标两种方式进行。

1. 公开招标

公开招标又称竞争性招标，是指招标人以招标公告的方式，吸引不特定的法人或者其他组织参加施工招标的投标竞争，招标人从中择优选择中标单位的招标方式。按照竞争程度，公开招标一般分为国际竞争性招标和国内竞争性招标。

采用公开招标的方式，发包人可以在较广的范围内选择承包人，投标竞争激烈，择优率更高，易于获得有竞争的商业报价，而且也可以较大限度地避免招标过程中的贿标行为。但公开招标对投标申请者进行资格预审和评标的工作量较大，耗时长、费用高；若发包人对承包人的资格条件设置不当，常导致承包人之间的差异大，因而评标困难，甚至出现恶意报价行为；发包人和承包人之间可能缺乏信任，增大合同履约风险。

根据《中华人民共和国招标投标法》和《中华人民共和国招标投标法实施条例》等法律条款规定，对于必须招标的项目，必须采用公开招标的情形如下：

（1）国务院发展计划部门确定的国家重点项目和省、自治区、直辖市人民政府确定的地方重点项目。

（2）国有资金占控股或者主导地位的依法必须进行招标的项目。

2. 邀请招标

邀请招标又称为有限竞争性招标或选择性招标，是指招标人选择一定数目的企业，以投标邀请书的方式邀请特定的法人或者其他组织投标。一般选择 3～10 个投标人参加较为适宜，数目视具体招标项目的规模大小而定。

与公开招标方式相比，邀请招标不用发布招标公告，不进行资格预审，简化了招标流程，因而节约了招标费用，缩短了招标时长。此外，发包人事先已经对承包人情况有所了解，减小了合同履约过程中承包人违约的风险。但邀请招标的投标竞争激烈程度较差，有可能会排除许多在技术上或报价上更有竞争力的企业，同时中标价格也可能高于公开招标的价格。

根据《中华人民共和国招标投标法》和《中华人民共和国招标投标法实施条例》等法律条款规定，对于必须招标的项目，可以采用邀请招标的情形如下：

（1）《中华人民共和国招标投标法》第十一条　国务院发展计划部门确定的国家重点项目和省、自治区、直辖市人民政府确定的地方重点项目不适宜公开招标的，经国务院发展计划部门或者省、自治区、直辖市人民政府批准，可以进行邀请招标。此外还有非必须公开招标的其他项目。

（2）《中华人民共和国招标投标法实施条例》第八条　国有资金占控股或者主导地位的依法必须进行招标的项目，应当公开招标；但有下列情形之一的，可以邀请招标：

① 技术复杂、有特殊要求或者受自然环境限制，只有少量潜在投标人可供选择；

② 采用公开招标方式的费用占项目合同金额的比例过大。

有前款第二项所列情形，属于本条例第七条规定的项目，由项目审批、核准部门在审批、核准项目时作出认定；其他项目由招标人申请有关行政监督部门作出认定。

4.1.2　建设项目的招标内容

建设项目的招标内容见图 4-1。

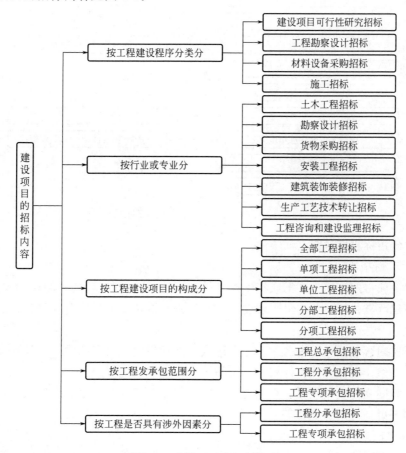

图 4-1　建设项目的招标内容

4.1.3 建设项目施工招标程序

施工招标投标划分为业主的招标行为和承包人的投标行为。这两个方面是相辅相成、紧密联系的。在工程施工招标工作中，造价工程师应向业主提供针对招标文件、评标办法和最高投标限价编制的咨询意见，尽可能参与到评标工作中，协助业主签订一份合理的有利投资控制的施工承包合同。

一、招标单位进行施工招标程序的阶段

招标单位进行施工招标程序的阶段划分见图 4-2。

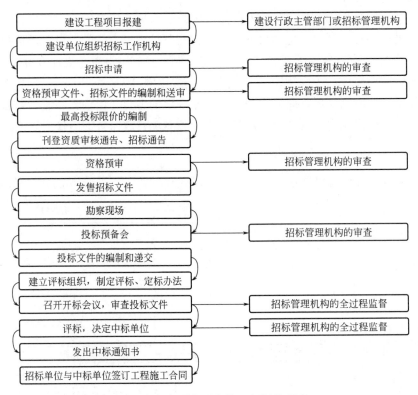

图 4-2　招标单位进行施工招标的程序

二、部分招标程序说明

1. 建设项目报建阶段

（1）建设项目的立项批准书或年度投资计划下达后，需向建设主管部门报建备案。

（2）报建范围包括：各类房屋建设、土木工程、设备安装、管道线路敷设、装饰装修等建设工程。

（3）报建内容包括：工程名称、建设地点、投资规模、资金来源、当年投资额、工程规模、结构类型、发包方式、计划竣工时间、工程筹建情况等。

（4）交验的文件资料包括：立项批准文件或年度投资计划，固定资产投资许可证，建设工程规划许可证，资金证明等。

2. 招标申请阶段

招标单位填写"建设工程招标申请书"，凡招标单位有上级主管部门的，需经该主管部门批准同意后，连同"工程建设项目报建登记表"报招标管理机构审批。

3. 资格预审文件、招标文件的编制和送审阶段

公开招标采用资格预审时，只有资格预审合格的施工单位才可以参加招标；不采用资格预审的公开招标，应在开标后进行资格审查。

4. 刊登资质审核通告、招标通告阶段

招标通告应当载明招标人的名称和地址，招标项目的性质、数量、实施地点和时间以及获取招标文件的办法等事项。进行资格预审的，刊登资格预审通告。

5. 资格预审阶段

招标人依据有关规定，要求潜在招标人提供有关资质证明文件和业绩情况说明，并对潜在投标人进行资格审查。

6. 发售招标文件阶段

招标文件、图纸和有关技术资料发售给通过资格预审获得投标资格的投标单位，投标单位收到招标文件、图纸和有关技术资料后，应认真核对，并以书面形式予以确认。

投标单位收到招标文件后，若有疑问或不清楚的问题，应在收到招标文件后7日内以书面形式向招标单位提出，而招标单位应以书面形式或投标预备会形式予以解答。

7. 勘察现场阶段

勘察现场一般安排在投标预备会前的1～2天。投标单位在勘察现场如有疑问，应在投标预备会前以书面形式向招标单位提出，但应给招标单位留有解答时间。投标单位通过现场掌握现场施工条件，分析施工现场是否达到招标文件规定的要求。

8. 投标预备会阶段

投标预备会在招标管理机构监督下，由招标单位组织并主持召开，在预备会上对招标文件和现场情况作介绍或解释，并解答投标单位提出的疑问，包括书面提出或口头提出的询问。在投标预备会上，招标单位还应该对图纸进行交底和解释。

投标预备会结束以后，由招标单位整理会议记录和解答内容，报招标管理机构核准同意后，以书面形式将问题和解答同时发送到所有获得招标文件的投标单位。

工程招标过程对于确立建设工程造价及风险的分担极为重要。工程招标需要专业技巧和经验，招标文件中关于变更、价格调整、索赔、支付等经济条款，是日后项目投资控制的依据与基础。通常情况下，造价工程师应根据工程的特点，提供合理的意见和建议，同时在合同签订之前向业主告知不同"条款内容"的优缺点及严密性，以便更好地保护业主的利益。同时，如果投标人根据某项工作的不确定性而采取不平衡报价时，造价工程师应提醒业主注意。同时，由于我国实行招标代理制度，业主可以将整个招标工作委托给招标代理机构，但是参与全过程造价咨询的工程造价咨询机构，有责任协助业主及招标代理机构做好招标工作。

4.1.4　建设项目投标

投标是指承包人根据业主的要求，以招标文件为依据，在规定的时间内向招标单位递交投标文件，争取工程承包权的活动。投标文件应对招标文件提出的实质性要求和条件作出响应，若招标项目属于建设施工的，投标文件的内容应当包括拟派出的项目负责人与主要技术人员的简历、业绩和拟用于完成招标项目的机械设备等。

投标人是响应招标、参加投标竞争的法人或其他组织。《中华人民共和国招标投标法》第二十六条规定："投标人应当具备承担招标项目的能力；国家有关规定对投标人资格条件或者招标文件对投标人资格条件有规定的，投标人应当具备规定的资格条件。"建设工程投标人主要包括勘察设计单位、施工企业、建筑装饰装修企业、工程材料设备供应商、工程总承包单位以及咨询、监理单位等。

4.1.5 建设项目投标的程序

建设工程投标的工作程序应与招标程序相适应。具体工作程序包括：①获取投标信息；②在交易中心网站投标报名；③投标前期决策；④申报资格预审；⑤参加招标会议，获取招标文件和施工图纸；⑥组建投标班子；⑦进行市场调查；⑧计算与复核工程量清单，确定分部分项工程量清单、措施项目清单与其他项目清单的综合单价，确定费率与税金，汇总报价（采用工程量清单报价）；⑨编制投标文件，办理投标担保；⑩报送投标文件。

建设工程投标程序见图 4-3。

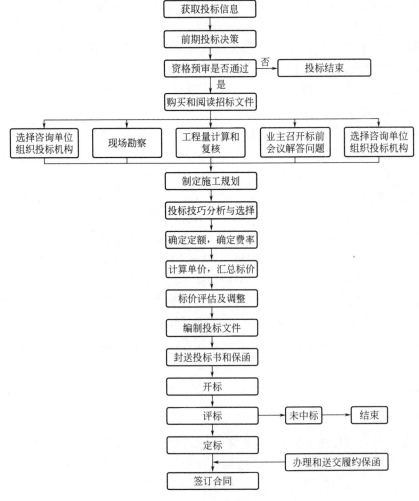

图 4-3 建设工程投标程序

4.2　项目招标投标阶段造价咨询的内容

4.2.1　最高投标限价

《中华人民共和国招标投标法实施条例》规定，招标人可以自行决定是否编制标底，一个招标项目只能有一个标底，标底必须保密。同时规定，招标人设有最高投标限价的，应当在招标文件中明确最高投标限价（或者最高投标限价的计算方法），招标人不得规定最低投标限价，投标价高于该价格的投标文件将被否决。

4.1
项目招投标
阶段造价咨询

一、编制最高投标限价的规定及原则

最高投标限价是指招标人自行或委托具有编制资格和能力的中介机构，根据国家或省级建设行政主管部门颁发的有关计价依据和办法，依据拟订的招标文件和招标工程量清单，结合工程具体情况发布的招标工程的最高投标限价。根据住房和城乡建设部颁布的《建筑工程施工发包与承包计价管理办法》（住房和城乡建设部令第 16 号）的规定，国有资金投资的建筑工程招标的，应当设有最高投标限价；非国有资金投资的建筑工程招标的，可以设有最高投标限价或者招标标底。

4.2
最高投标限价
与标底

1. 编制最高投标限价的规定

最高投标限价的编制是评标、定标的重要依据，其合理性直接影响工程造价，是比较繁重的工作。最高投标限价应客观、公正地反映建设工程预期价格。全过程咨询管理单位依据建设单位的目标、工程项目所处的地理位置、项目所在地的环境，合理确定项目的定位，合理确定项目的最高投标限价。

（1）国有资金投资的工程建设项目应实行工程量清单招标，招标人应编制最高投标限价，并应当拒绝高于最高投标限价的投标报价，即投标人的投标报价若超过公布的最高投标限价，则其投标应被否决。

（2）最高投标限价应由具有编制能力的招标人或受其委托的工程造价咨询人编制。工程造价咨询人不得同时接受招标人和投标人对同一工程的最高投标限价和投标报价的编制。

（3）最高投标限价应当依据工程量清单、工程计价有关规定和市场价格信息等编制，并不得进行上浮或下调。招标人应当在招标文件中公布最高投标限价的总价，以及各单位工程的分部分项工程费、措施项目费、其他项目费、规费和税金。

（4）国有资金投资的工程原则上最高投标限价不能超过批准的设计概算，最高投标限价超过批准的概算时，招标人应将其报原概算审批部门审核，同时，招标人应将最高投标限价报工程所在地的工程造价管理机构备查。

（5）投标人经复核认为招标人公布的最高投标限价未按照《建设工程工程量清单计价规范》GB 50500—2013 的规定进行编制的，应在最高投标限价公布后 5 天内向招标投标监督机构和工程造价管理机构投诉。工程造价管理机构受理投诉后，应立即对最高投标限价进行复查，组织投诉人、被投诉人或其委托的最高投标限价编制人等单位人员对投诉问题逐一核对。工程造价管理机构应当在受理投诉的 10 天内完成复查，特殊情况下可适当延长，并作出书面结论通知投诉人、被投诉人及负责该工程招标投标监督的招标投标管理机构。当最高投标限价复查结论与原公布的最高投标限价误差大于±3％时，应责成招标人改正。当重新公布最高投标限价时，若重新公布之日起至原投标截止期不足 15 天的应延长投标截止期。

（6）招标人应将最高投标限价及有关资料报送工程所在地或有该工程管辖权的行业管理部门工程造价管理机构备查。

2. 最高投标限价编制原则

（1）物有所值原则

不偏离标的物价值是确定限价的关键，只有确保最高投标限价与标的实际价值相吻合，才能守住投标人可接受的底线。物有所值原则是招标投标活动公平原则的体现，也是顺利实现招标投标活动最终效果的关键。实践证明，大幅偏离标的价值的限价是导致招标投标活动显失公平的根源之一。

（2）有据可依原则

最高投标限价的确定应充分考虑前置条件，尽可能消除主观因素影响，并且必须经过较为科学周密的准备或者以必要论证为前提和基础。根据国家统一工程项目划分、计量单位、工程量计算规则及设计图纸、招标文件，按照国家、行业或地方批准发布的定额和技术标准规范及要素市场价格确定工程量，最高投标限价反映社会平均水平。

（3）维护竞争原则

最高投标限价应力求与市场的实际变化相吻合，要有利于竞争和保证工程质量。竞争特性是招标投标活动最重要的本质特性之一，也是确保招标投标活动缔约优选的质量保证。科学的限价应对投标人的积极性起到保护作用，这也是维系投标竞争局面的根本。

（4）管理作用原则

工程建设项目的最高投标限价应考虑人工、材料、设备、机械台班等价格变化因素以及不可预见费、预算包干费、措施费、现场因素费用、保险以及采用固定价格的工程风险金等，一般应控制在批准的建设工程投资估算或总概算价格以内。最高投标限价要充分展现出招标人实施造价管理、谋求项目管理利益诉求的一面，同时要进一步发挥限价机制对项目造价管控的积极作用，为良好履约奠定基础。

二、最高投标限价的编制依据

最高投标限价的编制依据是指在编制最高投标限价时需要进行工程量计量、价格确认、工程计价的有关参数、率值的确定等工作时所需的基础性资料。虽然《住房和城乡建设部办公厅关于印发工程造价改革工作方案的通知》（建办标〔2020〕38 号）提出了"取消最高投标限价按定额计价的规定，逐步停止发布预算定额"的要求，但在一定时期内，由于市场化的造价信息以及对应一定计量单位的工程量清单或工程量清单子项具有地区、行业特征的工程造价指标尚不能完全满足工程计价的需要，因此最高投标限价的编制依据应是各级建设行政主管部门发布的计价依据、标准、办法与市场化的工程造价信息的混合使用。最高投标限价的编制依据如下：

1. 国家的有关法律法规以及国务院和省、自治区、直辖市相关主管部门制定的有关工程造价的文件和规定。

2. 现行国家标准《建设工程工程量清单计价规范》GB 50500—2013 与专业工程量计算规范。

3. 国家或省级、行业建设主管部门颁发的计价定额和计价办法。

4. 建设工程设计文件及相关资料。

5. 工程招标文件中确定的计价依据和计价办法，招标的商务条款等。

6. 工程设计文件、图纸、技术说明及招标时的设计交底，设计图纸确定或招标人提供的工程量清单等相关基础数据。

7. 国家、行业、地方的工程建设标准，包括建设工程施工必须执行的建设技术标准、规范和规程。

8. 采用的施工组织设计、施工方案、施工技术措施等。

9. 工程施工现场地质、水文勘探资料和现场环境、条件及反映相关情况的有关资料。

10. 招标时的人工、材料、设备及施工机械台班等要素市场价格信息以及国家或地区有关政策性调价的规定。

11. 其他的相关资料。

三、最高投标限价的编制内容

最高投标限价的编制内容主要包括：

1. 最高投标限价的综合编制说明。

2. 最高投标限价价格审定书、最高投标限价价格计算书、带有价格的工程量清单、现场因素分析、各种施工措施费的测算明细以及采用固定价格工程的风险系数测算明细等。

3. 主要人工、材料、机械设备用量表。

4. 最高投标限价附件，包括各项交底纪要，各种材料及设备的价格来源，现场的地质、水文、地上情况的有关资料，编制最高投标限价价格所依据的施工方案或施工组织设计等。

5. 最高投标限价价格编制的有关表格。

四、最高投标限价的编制程序

招标文件中的商务条款一经确定，即可进行最高投标限价的编制。建设工程的最高投标限价反映的是单位工程费用，各单位工程费用由分部分项工程费、措施项目费、其他项目费、规费和税金组成。单位工程最高投标限价计价程序见表 4-1。

4.3
最高投标限价的编制与审核

招标人最高投标限价（投标人投标报价）计价程序表① 表 4-1

工程名称：　　　　　　　　　　　　　　　　标段：　　　　　　　　　　　第　　页共　　页

序号	汇总内容	计算方法	金额/元
1	**分部分项工程**	按计价规定计算/（自主报价）	
1.1			
1.2			

---

① 由于投标人投标报价计价程序与招标人最高投标限价计价程序的表格相同，为便于对比分析，将两种表格合并列出，其中表格栏目中斜线后带括号的内容用于投标报价，其余为招标投标通用栏目。本表适用于单位工程最高投标限价或报价计算，如无单位工程划分，单项工程也使用本表。

续表

序号	汇总内容	计算方法	金额/元
2	**措施项目**	按计价规定计算/(自主报价)	
2.1	其中:安全文明施工费	按规定标准估算/(按规定标准计算)	
3	**其他项目**		
3.1	其中:暂列金额	按计价规定估算/(按招标文件提供金额计列)	
3.2	其中:专业工程暂估价	按计价规定估算/(按招标文件提供金额计列)	
3.3	其中:计日工	按计价规定估算/(自主报价)	
3.4	其中:总承包服务费	按计价规定估算/(自主报价)	
4	**规费**	按规定标准计算	
5	**税金**	(分部分项工程费+措施项目费+其他项目费+规费+税金) ×增值税税率	
	最高投标限价(投标报价)	合计=1+2+3+4+5	

最高投标限价编制过程中按照以下步骤完成:

1. 确定最高投标限价的编制单位。

2. 搜集编制资料:

(1) 全套施工图纸及现场地质、水文、地上情况的有关资料;

(2) 招标文件;

(3) 其他数据,如人工、材料、设备及施工机械台班等要素市场价格信息;

(4) 领取最高投标限价价格计算书,报审的有关表格;

(5) 其他相关资料。

3. 参加交底会及现场勘察。

4. 编制最高投标限价。

5. 审核最高投标限价价格。

五、编制最高投标限价需要考虑的因素

招标工程的最高投标限价大多是在施工图预算基础上作出的,但它不完全等同于施工图预算。编制最高投标限价需要考虑以下因素:

1. 最高投标限价必须适应目标工期的要求,对提前工期有所反映,并将其计算依据、过程、结果列入最高投标限价的编制说明中。

2. 最高投标限价必须适应招标方的质量要求,对高于国家施工及验收规范质量的因素有所反映,并应将其计算依据、过程、结果列入最高投标限价的编制说明中。最高投标限价的计算应体现优质优价的原则。

3. 最高投标限价必须适应建筑材料采购渠道和市场价格变化,考虑材料差价因素,并将差价列入最高投标限价。

4. 最高投标限价必须合理考虑招标工程的自然条件和招标工程范围等因素。由于自然条件导致的施工不利因素也应考虑计入最高投标限价。

5. 最高投标限价价格必须根据招标文件或合同条件的规定,按规定的工程承发包模式,确定相应的计价方式,考虑相应的风险费用。

六、编制最高投标限价的注意事项

1. 做好最高投标限价编制前的各项准备工作

编制最高投标限价前要注重踏勘现场，了解现场供水、供电、通路和场地状况，及时清点和熟悉施工图。

2. 准确计算工程量

工程量是最高投标限价编制中最基本和最重要的数据，漏项和错算都会直接影响最高投标限价造价的准确程度。工程量的工程分项名称以及工程量的计算方法，应与所使用的规范、定额的规定相一致。同时分项工程名称的描述要全面妥当。

3. 正确使用定额和补充单价

应该正确、全面地使用行业和地方的计价定额与相关文件。最高投标限价中的单价以当地现行的预算定额为依据，对定额中的缺项或有特殊要求的项目应编制补充单价合同。

采用的材料价格应是工程造价管理机构通过工程造价信息发布的材料价格，工程造价信息未发布材料单价的材料，其材料价格应通过市场调查确定。另外，未采用工程造价管理机构发布的工程造价信息时，需在招标文件或答疑补充文件中对最高投标限价采用的与造价信息不一致的市场价格予以说明，采用的市场价格则应通过调查、分析确定，有可靠的信息来源。

4. 正确计算综合单价和材料价差

施工机械设备的选型直接关系到综合单价水平，应根据工程项目特点和施工条件，本着经济实用、先进高效的原则确定。

计算材料价差一般都遵循当地工程造价管理部门颁发的材料价差调整文件的要求。材料价差调整文件的颁发有一定的时点，该时点过后才相继出现编制时点、工程竣工时点。

5. 正确计算施工措施性费用

不同工程项目、不同投标人会有不同的施工组织方法，所发生的措施费也会有所不同，因此，对于竞争性的措施费用的确定，招标人应首先搜集、整理有关方面的资料，特别是对一些深基础工程、超重和超大构件的吊装和运输、大规模的混凝土结构工程等，编制常规的施工组织设计或施工方案，然后依据经专家论证确认后再合理确定措施项目与费用。

6. 正确计算各级费用及总造价

首先在准确核对各项目工程量及相应预算价的基础上，计算分部分项工程费、技术措施项目费并汇总，然后按地区规定的取费率计算出组织措施费、其他项目费、规费、税金等，其中不可竞争的措施项目和规费、税金等费用的计算均属于强制性的条款，编制最高投标限价时应按国家有关规定计算，最后汇总得出的工程总造价即为最高投标限价。

七、最高投标限价的审核

1. 审核最高投标限价时应考虑的因素

（1）工程的规模和类型、结构复杂程度；

（2）工期的长短以及必要的技术措施；

（3）工程质量的要求；

（4）工程所在地区的技术、经济条件等；

（5）根据不同的承包方式，考虑不同的包干系数及风险因素；

（6）现场的具体情况等。

2. 审核最高投标限价的内容

（1）最高投标限价的计价依据，包括承包范围、招标文件规定的计价方法及招标文件的其他有关条款；

（2）最高投标限价组成的内容，包括工程量清单及其单价组成、直接费、其他直接费、有关文件规定的调价、间接费、现场经费以及利润、税金、主要材料、设备需用数量等；

（3）最高投标限价相关费用，包括人工、材料、机械台班的市场价格，如措施费、现场费用、不可预见费，对于采用固定价格的工程所测算的在施工周期内价格波动的风险系数等。

3. 最高投标限价的审核办法

类似于施工图预算的审核办法，包括全面审核法、重点审核法、分解对比审核法、标准预算审核法、筛选法等。

4.2.2 建设项目投标文件的编制

工程建设项目施工招标投标办法（七部委 30 号令）第三十六条规定："投标人应当按照招标文件的要求编制投标文件。投标文件应当对招标文件提出的实质性要求和条件作出响应。"建设工程投标人应完全按照招标文件的要求编写投标文件，一般不带任何附加条件，否则会导致废标。

4.4
招标投标阶段
建筑工程施工
费用计算

投标文件一般包括：投标函、投标报价、施工组织设计及商务和技术偏差表。投标人根据招标文件载明的项目实际情况，拟在中标后将中标项目的部分非主体、非关键性工作进行分包的，应当在投标文件中载明。

从合同订立过程分析招标文件属于要约邀请，投标文件属于要约，目的在于向招标人发出订立合同的意愿。

投标文件是投标活动的书面成果，是承包人参与投标竞争的重要凭证，是评标、决标和订立合同的依据，也是投标人素质的综合反映，关系到投标人能否取得理想的经济效益。投标人应高度重视投标文件的编制工作。

一、投标文件的组成

投标文件一般由商务标、技术标、附件构成。商务标是结合企业实际状况编制的投标报价书；技术标主要是结合项目施工现场条件编制的施工组织设计；附件是投标人相关证明资料。

1. 商务标

商务标部分主要包括：①投标函及投标函附录；②法定代表人资格证明书；③法定代表人授权委托书；④联合体协议书；⑤投标保证金；⑥已标价工程量清单与报价表等。

2. 技术标

技术标部分主要包括：①施工组织设计；②项目管理机构；③拟分包项目情况表等。

3. 附件

附件部分主要包括：①资格审查资料；②投标人须知前附表规定的其他材料等。投标人必须使用招标文件统一提供的投标文件格式，但表格可以按同样格式扩张。

二、投标文件的编制

投标报价是投标人响应招标文件要求所报出的，在已标价工程量清单中标明的总价，它是依据招标工程量清单所提供的工程数量，计算综合单价与合价后所形成的，投标报价的编制程序如图4-4所示。

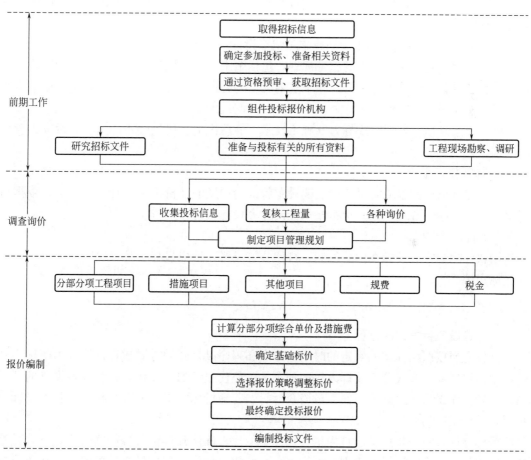

图 4-4　投标报价编制程序

1. 编制投标文件的前期准备工作

编制投标文件前，应仔细阅读招标文件中的投标须知、投标书及附录、工程量清单、技术规范等部分，用书面形式将需要得到业主解释澄清的问题提交业主并得到答案；收集现行定额、综合单价、取费标准、市场价格信息和各类有关的标准图集，并熟悉政策性调价文件。

2. 复核、计算工程量

计算或复核工程量的方法有两种情形：一种是招标人在招标文件中给出了具体的工程量清单供投标人报价时使用，这种情况下，投标人只需根据图纸等资料对给定工程量的准确性进行复核，为投标报价提供依据。如果发现某些工程量有较大的出入或遗漏，投标人应向招标人提出，要求招标人更正或补充，如果招标人不作更正或补充，投标人投标时应注意调整单价以减少实施过程中由于工程量调整带来的风险。另一种情况是，招标文件中未给出具体的工程量清单，只给相应工程的施工图纸。投标人应根据给定的施工图纸，结合工程量计算规则自行计算工程量。自行计算工程量时，应严格按照工程量计算规则的规定进行，不能漏项，不能少算或多算。

3. 响应招标文件实质性条款的编制

实质性响应条款包括对合同主要条款的响应，对提供资质证明的响应，对采用的技术规范的响应等。

4. 根据工程类型编制施工规划或施工组织设计

投标过程中必须编制全面的施工规划，包括施工方案、施工方法、施工计划、施工机械、材料、设备、劳动力计划等。施工规划的主要制定依据是施工图纸，编制的原则应在保证工程质量和工期的前提下，使成本最低、利润最大。

施工方案是招标人了解投标人的施工技术、管理水平、机械装备的途径，投标人应认真对待。

5. 计算投标报价

投标报价依据国家或省级、行业建设主管部门颁发的计价定额和计价办法等，根据投标报价计价程序，合理运用投标策略，准确计算投标报价。

6. 编制投标文件

用软件配合完成投标文件的编制，打印装订成册，形成投标文件，同时提供电子评标的投标文件资料。

4.2.3 建设项目施工开标、评标和定标

一、建设项目施工的开标

开标应当按照招标文件规定的时间、地点和程序以公开的方式进行。开标由招标人主持，邀请评标委员会成员、投标人代表和有关单位代表参加。投标人检查投标文件的密封情况，确认无误后，由有关工作人员当众拆封、验证投标资格并宣读投标人名称、投标价格以及其他主要内容等。

开标会议宣布开始后，应首先请各投标单位代表确认其投标文件的密封完整性，并签字予以确认。当众宣读评标原则、评标办法，由招标单位依据招标文件的要求，核查投标单位提交的证件和资料，并审查投标文件的完整性、文件的签署、投标担保等，但提交合格"撤回通知"和逾期送达的投标文件不予启封。

唱标顺序应按各投标单位报送投标文件时间先后的逆顺序进行。当众宣读有效标函的投标单位名称、投标报价、工期、质量、主要材料用量、修改或撤回通知、投标保证金、优惠条件以及招标单位认为有必要的内容。投标人可以对唱标做必要的解释，但所做的解释不得超过投标文件记载的范围或改变投标文件的实质性内容。同时开标应该做好记录，存档备查。

二、建设项目施工的评标

评标应由招标人依法组建的评标委员会负责，评标的目的是根据招标文件确定的标准和方法，对每一个投标人的标书进行评审和比较，以选出最优评标价的投标人。

招标人组建评标委员会，评标委员会由招标人的代表及在专家库中随机抽取的技术、经济、法律等方面的专家组成，总人数一般为 5 人以上且总人数为单数，其中受聘的专家不得少于总人数的 2/3。与投标人有利害关系的人员不得进入评标委员会。评标委员会负责评标，对所有投标文件进行审查，对与招标文件规定有实质性不符的投标文件，应当决定其无效。

评标委员会应当按照招标文件的规定对投标文件进行评审和比较，对于大型工程项目的评标因评审内容复杂、涉及面广，通常分为初步评审和详细评审两个阶段。

1. 初步评审阶段

（1）投标人的资格要求

公开招标时要核对投标人是否为资格预审的投标人。邀请招标在此阶段应对投标人提交的资格材料进行审核。

（2）投标保证的有效性

对于招标文件要求提供投标保证的，应审核投标时是否已经提交，并检查保证金额、担保期限及出具保证书的单位是否符合投标须知的规定。

（3）报送资料的完整性

要核对投标书是否符合投标须知的规定，是否有遗漏。

（4）投标书与招标文件的要求有无实质性的背离

投标文件应实质上响应招标文件的要求，投标文件应该与招标文件的所有条款、条件和规定符合，无明显差异。

（5）报价计算的正确性

如果投标书存在计算或统计错误，应由评标委员会予以改正后请投标人签字确定。投标人拒绝确认，按投标人违约对待；当错误值超过允许范围时，按废标对待。

（6）扣除暂定金额

如果工程报价单中存在暂定金额，则应该将其从投标书的总价内扣除，剩余金额作为详细评审阶段商务标评比的依据。

2. 详细评审阶段

此阶段一般分为两个步骤。首先对各投标书进行技术和商务方面的审查，评定其合理性及如合同授予该投标人则在履行过程中可能给招标人带来的风险；在此基础上再由评标委员会对各投标书分项进行量化比较，从而评定出优劣次序。大型复杂工程的评标过程经常分为商务评审和技术评审。

（1）对投标书的审查

1）技术评审

技术评审主要是对投标书的施工总体布置、施工进度计划、施工方法和技术措施、材料和设备、技术建议等实施方案进行评定。

2）价格分析

价格分析的目的在于鉴定投标报价的合理性，并找出报价高低的原因。

① 报价构成分析：用最高投标限价与投标书中各单项的计价、各分项工作内容的单价及总价进行对比分析，找出差异，确定原因，评定报价。

② 计日工报价：分析没有名义工程量、只填单价的机械台班费和人工费报价的合

理性。

③分析前期工程价格提高的幅度：过大地提高前期工程的支付要求，会影响到项目的资金筹措计划。

④分析标书中所附资金流量表的合理性：包括审查各阶段的资金需求计划是否与施工进度计划相一致，对预付款的要求是否合理，采用公式法调价时取用的基价和调价系数的合理性及估算可能的调价幅度等内容。

⑤分析投标书中所提出的财务或付款方面的建议和优惠条件，估计接受该建议的利弊。

3）管理和技术能力评价

即对施工管理的组织机构模式、管理人员和技术人员的能力、施工机械设备、质量保证体系等方面进行评价。

4）商务法律评审

商务法律评审主要包括投标书与招标文件中的规定是否有重大偏差，修改合同条件某些条款建议采用的价值，替代方案的可行性，评价优惠条件等。

（2）对投标文件的澄清

为了有助于投标文件的审查、评价和比较，对于大型复杂工程，在必要时评标委员会可以分别召集投标人对投标文件中的某些内容进行澄清，通过招标答疑对投标人进行质询。澄清和确认的问题需经投标单位的法定代表人或授权代理人签字，作为投标文件的有效组成部分，但澄清问题后不允许更改投标价格或投标书中的实质内容。

（3）对投标书进行量化比较

在审标的基础上，评标委员会可以接受的投标书应按照预先制定的规则进行量化评定，从而比较出各投标综合能力的高低。采用的方法有"经评审的最低投标价法""综合评分法"以及"评标价法"等。

三、建设项目施工的评标方法

评标委员会应当按照投标文件的规定对投标文件进行评审和比较，并向招标人推荐1~3个中标候选人。招标人应当在投标有效期结束日的30个工作日前确定中标人。依法必须进行施工招标的工程，招标人应当自确定中标人之日起15天内，向工程所在地的县级以上地方人民政府建设主管部门提交施工招标投标情况的书面报告。建设行政主管部门自收到书面报告之日起5天内未通知招标人在招标投标活动中有违法行为的，招标人可以向中标人发出中标通知书，并将中标结果通知所有未中标的投标人。施工评标方法主要如下：

1. 专家评议法

专家评议法由评标委员会预先确定拟评定的内容，经过对共同分项的认真分析、横向比较和调查后进行综合评议。

2. 最低投标价法

最低投标价法即一般选取最低评标价者作为推荐中标人。评标价需要建立在严格预审的基础上，将一些因素折算成价格，然后再计算其评标价。只要投标人通过了资格预审，就被认为是具备了可靠承包人条件，投标竞争只是一个价格的比较。评标价的其他构成要素还包括工期的提前量、标书中的优惠、技术建议导致的经济效益等，这些条件都折算成价格作为评标价的折减因素。对其他可以折算成价格的要素，按照对招标人不利或有利的原则，按规定折算后，在投标报价中减少或者增加。评标委员会根据招标文件中规定的评标价格调整方法，对所有投标人的投标报价及投标文件的商务部分进行必要的价格调整。采用经评审的最低投标价法的，中标人的投标应当符合招标文件规定的技术要求和标准，但评标委员会无须对投标文件的技术部分进行价格折算。

3. 综合评分法

综合评分法是指将评审的内容进行分类后分别赋予不同权重，评标委员会依据评分标准对各类内容细分的小项进行相应的打分，最后计算的累计分值反映投标人的综合水平，以得分最高的投标书为最优。这种方法由于需要评分的涉及面较宽，每一项都要经过评委打分，所以可以全面地衡量投标人实施招标工程的综合能力。

大型复杂工程的评分标准最好将评分目标设置几个等级，以利于评委控制打分标准，减少随意性。评分的指标体系及权重应根据招标工程项目的特点而定。

对于较简单的工程项目，由于评比要素相对较少，通常采用百分制法进行评标，但应预先设定技术标和商务标的满分值；对于大型复杂工程，其评审要素较多，需将评审要素划分为几大类并分别给出不同的权重，每一类再进行百分制计分。评审因素一般设置如下：

（1）投标报价

投标报价主要包括评审投标报价的准确性和报价的合理性等。

（2）施工组织设计

施工组织设计即评审施工方案或施工组织设计是否齐全完整、科学合理，具体包括：

1）施工方法是否先进合理；

2）施工进度计划及措施是否合理，能否满足招标人关于工期或竣工计划的要求；

3）质量保证措施是否可行，安全措施是否可靠；

4）现场平面布置及文明施工措施是否可靠；

5）主要施工机具及劳动力配备是否合理；

6）提供的材料设备是否满足招标文件及设计要求；

7）项目主要管理人员及工程技术人员的数量和资历等是否符合招标文件规定。

（3）质量

质量即评审工程质量是否达到国家施工验收规范合格标准，是否符合招标文件要求，质量措施是否全面和可行。

（4）工期

工期即评审工期是否满足招标文件的要求。

（5）信誉和业绩

信誉和业绩包括：经济技术实力，近期合同履行情况，服务态度以及是否承担过类似工程，是否获得过上级的表彰和奖励等。

另外，通过对投标书中报价部分的比较，按照评分基准的不同，可以划分为用最高投标限价作为衡量基准、用修正最高投标限价值作为衡量基准和不用最高投标限价而考虑投标人报价水平计算衡量基准三大类。

（1）以最高投标限价作为衡量基准计算报价得分的综合评分法

评标委员会首先用最高投标限价作为衡量基准，以预先确定的允许报价浮动范围筛选入围的有效投标，然后按照评标规则计算各项得分，最后以累计得分比较投标书的优劣。

（2）以修正最高投标限价值作为报价评分衡量基准的综合评分法

以最高投标限价作为报价评定基准时，编制的最高投标限价有可能没有反映出较为先进的施工技术水平和管理水平，导致报价分的评定不合理。可以将修正最高投标限值作为衡量标准，以达到正确评分的目的。

（3）不用最高投标限价而考虑投标人报价水平计算衡量基准的综合评分法

为了鼓励投标人的报价竞争，可以不预先制定最高投标限价，用反映投标人报价水平的某一值作为衡量基准来评定各投标书报价部分的得分。可以采用最低报价或者平均报价作为标准值，视报价与其偏离度的大小确定分值高低。

工程量清单基价的招标中经常采用合理低价评分法评标。评审投标报价不仅注重总价，更注重价格构成，各投标报价工程量相同，价格构成清晰可比，便于进行投标的响应性和报价是否合理的评价。同时在一定程度上消除了骗标、串标、抬标等不良现象，避免了工程造价被恶意扭曲的情况。所以，工程量清单招标中的最高投标限价可以作为投标价的参考价或业主的拦标价。

4.3 项目招标投标阶段造价咨询要点

4.3.1 合同类型和合同类型的选择

建设项目合同体系由多个相互关联的单个合同集构成一个统一的整体，围绕建设项目的一致性总目标进行签订，相互配合、协调和制约。建设项目的合同体系在全过程造价管理中是一个非常重要的概念，它不仅反映了建设项目的工作任务范围和划分方式，也反映了项目的建设模式和管理模式，同时在很大程度上决定了项目的组织形式。建设项目合同体系是项目管理过程和建设思路的体现，它能够反映项目的整体实施计划，对整个项目管理的运作有很大的影响。

4.5
项目招标阶段
造价咨询实务

按照工程承包方式和范围的不同，发包人可能订立几十份合同。例如，将工程分专业、分阶段委托，将材料和设备供应分别委托，也可能将上述委托以各种形式合并，如把土建和安装委托给一个承包人、把整个设备供应委托给一个成套设备供应商。当然，发包人还可以与一个承包人订立全包合同（一揽子承包合同），由该承包人（总承包人）负责整个工程的施工和材料设备的采购。因此，不同合同的工作范围和内容会有很大区别。

建设项目需要依据投资主体的要求、工程特点及规模以及项目的进度目标进行合同体系整体框架的设计：总包、分包的细分、工程和货物合同包的细分；需要将工程总造价分解到具体合同；结合项目实际情况及各合同的特点，确定每个合同的招标采购方式、合同计价模式；根据项目建设进度计划，编制年度招标采购计划。

合同体系的建立应符合《中华人民共和国建筑法》《中华人民共和国招标投标法》《中华人民共和国招标投标法实施条例》《中华人民共和国民法典》等相关法律法规的规定。

一、合同类型

依据《建设工程施工合同（示范文本）》GF—2017—0201（以下简称《示范文本》）

的规定，发承包双方在确定合同价款时，可以采用总价合同、单价合同和其他价格形式三种合同类型，如图 4-5 所示。在签订施工合同时，应根据工程实际情况选择合适的合同类型。

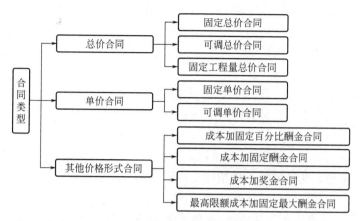

图 4-5　建设项目合同类型

1. 总价合同

总价合同是指合同双方当事人约定以施工图、已标价工程量清单或预算书中的总报价作为建设项目施工合同的合同价，承包人据此完成项目全部内容的合同。在这类合同中，工程任务、内容和要求应事先明确，承包人在投标报价时需考虑一定的风险费。当承包人实施的工程施工范围、内容和要求以及有关条件不发生变化时，发包人支付给承包人的工程总价款即为合同价。

这种合同类型能够使建设单位在评标时易于确定报价最低的承包人，易于进行支付计算。但这类合同仅适用于工程量不太大且能精确计算、工期较短、技术不太复杂、风险不大的项目。因而采用这种合同类型要求建设单位必须准备详细而全面的设计图纸（一般要求施工详图）和各项说明，使承包单位能准确计算工程量。该种合同一般分为固定总价合同、可调总价合同和固定工程量总价合同三种形式。

（1）固定总价合同

固定总价合同是指承包人按照合同约定完成全部工程承包内容后，发包人支付一个事先确定的总价，没有特定情况发生总价不作调整，也称总价包死合同。在此种合同形式下承包人的报价以准确的设计图纸及计算为基础，并考虑到一些费用的上升因素。合同履行过程中，如果发包人没有要求变更原定的工程内容，承包人完成承包的建设项目后，不论实际成本如何，发包人均按原合同总价支付工程价款。这种合同下承包人要承担合同履行过程中全部的工程量、价格、政策等变化的风险。因此，承包人在投标报价时，就要充分估计人工、材料（工程设备）和机械台班价格上涨，以及工程量变化等不可预见的因素的影响，并将其包含在投标报价中。所以，一般这种合同的投标价格较高。

固定总价合同中承包人承担风险偏重，相对而言发包人承担风险较少，故常被发包人采用。固定总价合同一般适用于招标时设计深度已达到施工图设计要求、技术资料详细齐全、工程规模较小、工期较短（一般不超过 1 年）、工序相对成熟、合同工期较短，工程内容、范围、施工要求明确的中小型建设项目。

（2）可调总价合同

该合同在报价及订合同时以招标文件的要求及当时的物价计算总价的合同。但在合同价款中双方商定，当合同约定的工程施工内容和有关条件不发生变化时，发包人支付给承包人的工程价款总额是不会发生变化的；但在合同执行过程中，因承包人无法合理预见的市场价格波动、法律法规等变化引起成本增加达到某一限度时，合同总价应相应调整。这种合同发包人和承包人分别承担一定风险。适用于工期较长（一般1年以上）的项目。

（3）固定工程量总价合同

在此种合同形式下发包人要求投标者在投标时按单价合同办法分别填报分项工程单价，从而计算出工程总价。这种合同对业主有利，而对承包人则存在一定风险。适用于工程量变化不大的项目。

2. 单价合同

单价合同是承包人在投标时，按招标文件就分部分项工程能够列出的工程量表确定工程量单价，从而确定各分部分项工程量费用的合同类型。该类合同中，工程量按实际完成的数量结算，即量变价不变，发包人承担工程量方面的风险，承包人承担单价方面的风险。

采用单价合同方式，承包人根据工程特征和估算工程量，自主确定并报出完成每项工程内容的单价（综合单价），并据此计算出建设项目的合同总价。通常发包人委托工程造价咨询人编制工程量清单，承包人按工程量清单填报价格，进行报价。承包人报价时，依据发包文件和合同条款，根据计价规范、计价定额、设计文件及相关资料、拟定的施工组织设计或施工方案，以及市场价格信息等进行成本计算与分析，同时考虑应承担的风险范围及费用，按清单工程量表逐项报价，以工程量清单和单价为基础和依据计算出总报价。最终的结算价按照承包人实际完成应予计量的工程量与已标价工程量清单的单价计算，发生调整时，以审核确认调整的单价计算。

单价合同的适用范围比较宽，其风险得到合理分摊，对合同双方当事人都比较公平，并且能鼓励承包人通过提高工效或节约成本等手段提高利润是目前国内外工程承包中采用较多的一种合同类型。这类合同能够成立的关键在于双方对单价和工程量计算方法的确认。在合同履行过程中，需要注意的问题是双方对实际工程量计量的确认。该种合同一般分为固定单价合同和可调单价合同两种形式。

（1）固定单价合同

固定单价合同是指发承包双方在合同中签订的单价，双方应在合同中约定综合单价包含的风险范围和风险费用的计算方法，在约定的风险范围内，综合单价不再调整。风险范围以外综合单价的调整方法，应当在合同中约定。该类合同中，一般要求发包人根据估计的工程量列出工程量表，承包人在工程量表中填入各项单价，据此计算出合同总价。工程结算时，根据承包人实际完成的工程量乘以综合单价进行计算。一般工程可以采用这种合同形式。

（2）可调单价合同

可调单价合同是指发承包双方在合同中签订的单价，可根据合同约定的调价方法作调整，可调价格包括可调综合单价、措施项目费等，双方应在合同中约定调整方式和方法。实践中，绝大多数的单价合同为可调单价合同。

3. 其他价格形式合同

成本加酬金及定额计价的价格形式合同均可视作其他价格形式合同，由合同当事人在专用合同条款中进行约定。

成本加酬金合同是指合同当事人约定以施工工程实际成本再加合同约定酬金进行合同价款计算、调整和确认的建设项目施工合同。即发包人向承包人支付建设项目的实际成本，并按事先约定的计算方法支付酬金。该类合同中，发包人需要承担项目实际发生的一切费用，因此也就承担了项目的全部风险，而承包人不承担价格变化和工程量变化的风险，风险很小，其报酬也较低。

采用此类合同，业主对工程总造价不易控制，承包人也不注意降低项目成本。该类合同主要适用于时间特别紧迫、需要立即开展工作的项目，或对项目工程内容及技术经济指标尚未完全确定的工程，或新型的工程项目，或工程特别复杂、技术方案不能预先确定、风险很大的项目。

成本加酬金合同按酬金计算方式的不同，一般包括成本加固定百分比酬金合同、成本加固定酬金合同、成本加奖金合同和最高限额成本加固定最大酬金合同四种形式。

（1）成本加固定百分比酬金合同

由发包人向承包人支付建设项目的实际成本（人工、材料和施工机械使用费、其他直接费、施工管理费等），并按事先约定的实际成本的一定百分比计算酬金，作为承包方的利润。在合同签订时不能确定一个具体的合同价格，只能确定酬金的比例。这种方式的酬金总额随成本增加而增加，不能有效地鼓励承包人关心缩短工期和降低成本，对发包人不利。一般在工程初期很难描述工作范围和性质，或工期紧迫，无法按常规编制发包文件发包时采用。

（2）成本加固定酬金合同

成本加固定酬金合同形式与成本加固定百分比酬金合同相似，但是发包人付给承包人的酬金是一笔固定金额的酬金。即根据双方讨论确定的工程规模、估计工期、技术要求、工作性质及复杂性、所涉及的风险等，确定一笔固定数目的报酬金额作为管理费及利润，对人工、材料、机械台班等直接成本则实报实销。如果设计变更或增加新项目，当直接费超过原估算成本的一定比例时，固定报酬也要增加。此合同形式适用于一开始估计不准工程总成本，但可能变化不大的情况，有时可分阶段谈判支付固定报酬。虽然这种方式不能鼓励承包人降低成本，但承包人为了尽快得到酬金，会尽力缩短工期。有时也可在固定费用之外，根据工程质量、工期和节约成本等因素，给承包人另加奖金，以鼓励承包人积极工作。

（3）成本加奖金合同

成本加奖金合同是指根据粗略估算的工程量和单价表确定一个目标成本，而后根据目标成本确定酬金数额，或是百分数的形式，或是一笔固定酬金，然后根据工程实际成本支出情况另外确定一笔奖金。奖金根据报价书中的成本估算指标制定，在合同中对估算指标规定一个低点和高点，分别为工程成本估算的 $60\%\sim75\%$ 和 $110\%\sim135\%$。当实际成本低于目标成本时，承包方除了从发包方获得实际成本、酬金补偿外，还可以根据成本降低额得到一笔奖金，如果成本在低点以下，则可加大酬金值或酬金百分比；当实际成本高于目标成本时，承包方仅能够从发包方得到成本和酬金的补偿，如果超过合同价的限额和工期的要求，还要被处以一笔罚金。通常规定当实际成本超过高点对承包人进行罚款时，最大罚款限额不超过原先商定的最高酬金值。在发包时，当图样、规范等准备不充分，不能据此确定合同价格，而仅能制定一个估算指标时，可采用这种合同形式。

（4）最高限额成本加固定最大酬金合同

最高限额成本加固定最大酬金合同，首先需要约定或确定最高限额成本、报价成本和最低成本。

1）当实际成本没有超过最低成本时，承包人花费的成本费用及应得酬金等都可得到发包人的支付，并与发包人分享节约额；

2）如果实际成本在最低成本和报价成本之间，承包人只能得到成本和酬金；

3）如果实际成本在报价成本和最高限额成本之间，则只能得到全部成本；

4）如果实际成本超过最高限额成本，则超过部分发包人不予支付。

二、建设项目施工合同类型的选择

发包人选择合同类型应综合考虑以下因素：

1. 项目规模和工期长短

若项目的规模较小、工期较短，则合同类型的选择余地较大，上述三类合同都可以选择；若规模较大、工期较长，则项目的风险也较大，合同履行中的不可预测因素也多，不宜采用总价合同。

2. 项目竞争情况

如果供发包人可选择的承包人较多，则可按照总价合同、单价合同、成本加酬金合同的顺序进行选择；如果愿意承包项目的承包人较少，则承包人拥有较多的主动权，可以尽量选择承包人愿意采用的合同方式。

3. 项目复杂程度

项目的复杂程度越高，意味着对承包人的技术水平要求越高，项目的风险越大，各项费用不易准确估算，因此承包人对合同的选择有较大的主动权，总价合同被选用的可能性较小，可以对有把握的部分采用总价合同，估算不准的部分采用单价合同或成本加酬金合同；如果项目的复杂程度较低，则业主对合同类型的选择权较大，总价合同被选用的可能性较大。在同一建设项目中采用不同的合同类型，是发包人和承包人合理分担施工风险因素的有效手段。

4. 单项工程的明确程度

发包时所依据的建设项目设计深度是选择合同类型的重要因素，发包图样和工程量清单的详细程度能否使承包人合理报价，取决于已完成的设计深度。如果单项工程的类别和工程量都十分明确，则可选用的合同类型较多；如果单项工程的分类已详细而明确，但实际工程量和预计工程量有较大的出入时，则优先选择单价合同。

5. 建设项目施工技术的先进程度

如果项目施工中有较大部分采用新技术和新工艺，当发包人和承包人在这方面过去都没有经验，且在国家颁布的标准、规范、定额中又没有可作为依据的标准时，为了避免承包人盲目地提高承包价款或由于对施工难度估计不足而导致承包亏损，不宜采用固定价合同，应选用成本加酬金合同。

6. 项目准备时间的长短

项目的准备时间包括发包人的准备工作时间和承包人的准备工作时间。对于不同的合同类型分别需要不同的准备时间和准备费用。总价合同的准备时间和准备工作最少，而成本加酬金合同最多。

有些紧急工程（如灾后恢复工程等）要求尽快开工且工期较紧，可能仅有实施方案，还没有施工图，因此，承包人不可能报出合理的价格，宜采用成本加酬金合同。

7. 项目的外部环境因素

项目的外部环境因素包括：项目所在地区的政治局势是否稳定、经济局势因素（如通货膨胀、经济发展速度等）、劳动力素质（当地）以及交通、生活条件等。如果项目的外部环境恶劣则意味着项目的成本高、风险大、不可预测的因素多，承包人很难接受总价合同方式，而较适合采用成本加酬金合同。

总之，对于一个建设项目而言，采用何种合同形式不是固定的，即使在同一个建设项目中，不同的工程部分或不同阶段也可采用不同类型的合同。采用何种合同形式，取决于合同内容和项目特征等各种因素，一般情况下发包人占有主动权。但发包人不能单纯考虑己方利益，应当综合考虑项目的各种因素，考虑利益相关者的利益，包括考虑承包人的承包能力等，确定双方都认可的合同类型，最终完成工程施工，见表4-2。

建设项目合同类型的选择 表 4-2

合同类型	总价合同		单价合同		成本加酬金合同			
概念	合同中确定项目总价，承包人完成项目的全部内容		由合同确定工程量的单价，工程量则按实际完成的数量结算		发包人除支付实际成本外，再按某一方式支付酬金			
合同类型细分	固定总价合同	可调总价合同	固定单价合同	可调单价合同	成本加固定百分比酬金合同	成本加固定酬金合同	成本加奖金合同	最高限额成本加固定最大酬金合同
主要风险源	物价波动、气候条件恶劣、地质地基条件及其他意外困难等		物价波动、气候条件恶劣、地质地基条件、工程量变化及其他意外困难等		物价波动、气候条件恶劣、地质地基条件、设计、技术、社会、政治及其他意外困难等			
风险承担	风险主要由承包人承担		风险由发承包双方分担		风险主要由发包人承担			
选择标准 — 项目规模和工期长短	规模小，工期短		规模和工期适中		规模大，工期长			
选择标准 — 项目竞争情况	正常		激烈		不激烈			
选择标准 — 项目复杂程度	低		中		高			
选择标准 — 单项工程的明确程度	类别和工程量都很清楚		类别清楚，工程量可能会有出入		类别与工程量都不甚清楚			
选择标准 — 建设项目施工技术的先进程度	低		中		高			
选择标准 — 项目报价准备时间的长短	长		中		短			
选择标准 — 项目的外部环境因素	良好		一般		恶劣			

4.3.2 合同的签订与审核

一、合同签订

1. 合同价的约定

工程量清单计价是目前大多数单价合同所采用的计价模式。工程量清单应采用综合单价计价。按照《建设工程工程量清单计价规范》GB 50500—2013 相关规定，综合单价的组成及合同价的构成见图4-6。

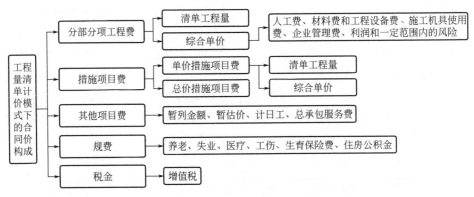

图4-6 工程量清单计价模式下的合同价构成

（1）分部分项工程费

分部分项工程费是构成工程实体的主要费用，由各分部分项工程的工程量乘以其综合单价计算而来。

1）清单工程量

在招标投标过程中，招标人根据工程量清单编制最高投标限价，投标人根据工程量清单所描述的项目特征和企业定额编制投标报价，这使得所有潜在投标人得到的信息相同，受到的待遇是客观、公平、公正的。

分部分项工程的工程量由发包人提供的工程量清单确定，是投标单位投标报价的基本依据，其准确性和完整性由发包人负责。作为发承包阶段的造价控制，工程量的计算，要做到不重不漏，更不能发生计算错误，否则会给业主带来损失并引发其他施工索赔。因此，其数据准确性与完整性有利于保障合同价（签约前是报价）的合理性，是发承包阶段全过程造价控制的关键工作。

第一，可以减少投标人不平衡报价的机会。工程价款依据项目的实际完成工程量支付，在不影响总报价的前提下，投标人会对工程量预计减少的清单项目报价低一些，对工程量预计增加的清单项目报价报高一些。这是投标人利用合理范围内的不平衡报价获取更多利润的报价技巧。此外，由于承包人采用了不平衡报价，当合同发生设计变更而引起工程量清单中工程量增减时，工程师不得不和

4.6
不平衡报价示例

发包人及承包人协商确定新的单价，对变更工程进行计价，增加了变更工程的处理难度。如果设计图的深度足够、工程量的准确性够高，则会减少不平衡报价的可操作点。

第二，减少措施项目费的报价偏差。有些分部分项工程量的增减会影响措施项目费，

如模板措施费随着混凝土工程量的增减而增减。

第三，减少施工方案的选取对报价的影响。有些分部分项工程量的增减会影响相应施工方案的选取，尤其是施工机械种类、型号的选择，从而影响工程费用。

第四，减少投资控制和预算控制的困难。由于合同的预算通常是根据投标报价加上适当的预留费后确定的，工程量的错误会造成项目管理中预算控制的困难和预算追加的难度。

2）综合单价

综合单价分为不完全综合单价和完全综合单价。使用国有资金投资的建设项目发承包，必须采用工程量清单计价，必须遵循《建设工程工程量清单计价规范》GB 50500—2013 的规定。在《建设工程工程量清单计价规范》GB 50500—2013 中，综合单价是指人工费、材料费和工程设备费、施工机具使用费、企业管理费、利润和一定范围内的风险费用的总和。依据此综合单价计算的分部分项工程费，加上措施项目费、其他项目费、规费和税金，构成合同价。

4.7
不完全综合单价
和完全综合单价

（2）措施项目费

措施项目费是指为保证工程顺利进行，发生于该工程施工准备和施工过程中的技术、生活、安全、环境保护等方面的项目费用。

措施项目费包括单价措施项目费和总价措施项目费，见图 4-7。其中，安全文明施工费必须按国家或省级、行业建设主管部门的规定计算，不得作为竞争性费用。其他措施项目费可根据承包人拟定的施工组织设计和现场实际情况确定其费用，并且可以对清单中所列的措施项目进行增补。

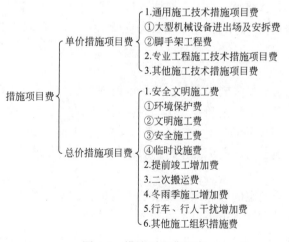

图 4-7　措施项目费组成

措施项目费的约定会影响实际合同价款结算。在实际项目中，发包人可采用风险转移等方法转移措施项目费风险，承包人则应该在报价时识别出措施项目费的风险，通过报价予以应对。

（3）其他项目费

其他项目费主要包括暂列金额、暂估价（材料暂估价、工程设备暂估价、专业工程暂估价)、计日工、总承包服务费，见表 4-3。

其他项目清单与计价汇总表① 表 4-3

序号	项目名称	金额/元	结算金额/元	备注
1	暂列金额			
2	暂估价			
2.1	材料(工程设备)暂估价/结算价			
2.2	专业工程暂估价/结算价			
3	计日工			
4	总承包服务费			

暂列金额是发包人在工程量清单中暂定并包含在合同中的一笔款项。用于工程合同签订时尚未确定或者不可预见的所需材料、工程设备、服务的采购，施工中可能发生的工程变更、合同约定调整因素出现时的合同价款调整以及发生的索赔、现场签证确认等的费用。

暂估价是指发包人在工程量清单中提供的用于支付必然发生但暂时不能确定价格的材料、工程设备的单价以及专业工程的金额，分为材料（工程设备）暂估价和专业工程暂估价。

暂估价的合理与否对全过程造价管理的后阶段造价管控产生很大的影响。暂估价的确定需要慎重，因此需要造价专业人士基于专业判断进行合理预测。

计日工是指在施工过程中，承包人完成发包人提出的工程合同范围以外的零星项目或工作，按合同中约定的单价计价的一种方式。

总承包服务费是指总承包人为配合协调发包人进行的专业工程发包，对发包人自行采购的材料、工程设备等进行保管以及施工现场管理、竣工资料汇总整理等服务所需的费用。

（4）规费

规费是指根据国家法律法规规定，由省级政府或省级有关权力部门规定施工企业必须缴纳的，应计入建筑安装工程造价的费用，主要包括五险一金（养老保险费、失业保险费、医疗保险费、工伤保险费、生育保险费、住房公积金）。承包人必须按国家或省级、行业建设主管部门的规定、取费标准进行计算填报，不得作为竞争性费用。

（5）税金

税金是指国家税法规定的应计入建筑安装工程造价内的税费，主要指增值税。承包人必须按国家税法规定进行计算填报，不得作为竞争性费用。

2. 合同承包范围的约定

合同承包范围的约定十分重要。承包范围即合同约定的工程范围。在国内，承包范围一般在投标须知、工程量清单、协议书等处约定。

如果承包范围模糊，采用总价合同招标时，可能为施工方创造索赔机会，承包人一般不会要求发包人澄清，自断追加价款可能；此外，承包人不会将模糊工作纳入施工组织范

---

① 《建设工程工程量清单计价规范》GB 50500—2013

围，在报价时会有意不考虑该模糊工作，以降低总价，提高中标率；最后，中标后实施该模糊工作前，承包人会要求发包人确认是否要实施该模糊工作并要求其追加相应价款。

因此，承包范围的约定是造价控制的风险源。承包人承揽的是合同图样上承包范围内的全部工作，而非图样上的全部工作。一旦承包范围发生变化或约定不清晰，则可能造成合同外支付（签证或补充协议），影响全过程造价控制的目标达成。

3. 合同风险范围和风险幅度的约定

建设项目的一次性特征决定了其不具有风险补偿机会，对不同风险的识别、分类、评估并在合同中约定，非常重要。

《建设工程工程量清单计价规范》GB 50500—2013 第 9.8.2 条规定：承包人采购材料和工程设备的，应在合同中约定主要材料、工程设备价格变化的范围或幅度；当没有约定，且材料、工程设备单价变化超过 5% 时，超过部分的价格应按照本规范附录 A 的方法计算调整材料、工程设备费。因此，合同约定不得采用"无限风险""所有风险"或类似语句规定风险内容及其范围（幅度）。除专用合同条款另有约定外，市场价格波动超过合同当事人约定的范围，合同价格应当调整。

4.8
市场价格波动
引起的调整约定实例

在专用合同中，可以选择两种价格调整方式，即价格指数进行价格调整和造价信息进行价格调整。目前多采用后者。一般情况下，发包人都会在"11.1 市场价格波动引起的调整"专用条款中进行相关约定。因此，承包人在投标报价时，根据上述风险幅度、调差方法和调差范围合理进行材料设备单价的报价。承包人应完全承担技术和管理风险，有限承担市场风险；发包人完全承担法律法规规章和政策变化的风险，适当承担市场风险。

4. 基于 BIM 技术辅助确定合同价

随着我国建筑行业的快速发展，建设项目的规模日益增大。BIM 技术的兴起是建筑行业的重大改革，发包人可以利用 BIM 模型进行工程量自动计算、统计分析，形成准确的工程量清单，有利于最高投标限价的编制，提高发承包工作的效率和准确性，并为后续的工程造价管理和控制提供基础数据。

二、合同审核

1. 合同审核的要点

（1）合同是否明确规定工程范围，工程范围包括工程地址、建筑物数量、结构、建筑面积、工程批准文号等；

（2）合同是否明确规定工期以及总工期及各单项工程的工期能否保证项目工期目标的实现；

（3）合同的工程质量标准是否符合有关规定；

（4）审核合同工程造价计算原则、计费标准及确定办法是否合理；

（5）合同是否明确规定设备和材料供应的责任及其质量标准、检验方法；

（6）审核所规定的付款和结算方式是否合适；

（7）审核隐蔽工程的工程量的确认程序及有关内部控制是否健全，有无防范价格风险的措施；

（8）审核中间验收的内部控制是否健全，交工验收是否以有关规定、施工图纸、施工说明和施工技术文件为依据；

（9）审核质量保证期是否符合有关建设工程质量管理的规定，是否有履约保函；

（10）审核合同所规定的双方权利和义务是否对等，有无明确的协作条款和违约责任；

（11）审核采用工程量清单计价的合同是否符合《建设工程工程量清单计价规范》GB 50500—2013 的有关规定。

2. 涉及工程价款结算的事项应在合同中约定

涉及工程价款结算的主要事项如下：

（1）预付工程款的数额、支付时限及抵扣方式；

（2）工程进度款的支付方式、数额及时限；

（3）工程施工中发生变更时，工程价款的调整方法、索赔方式、时限要求及金额支付方式；

（4）发生工程价款纠纷的解决方法；

（5）约定承担风险范围、幅度以及超出约定范围和幅度的调整办法；

（6）工程竣工价款的结算与支付方式、数额及时限；

（7）工程质量保证（保修）金的数额、预扣方式及时限；

（8）安全措施和意外伤害保险费用；

（9）工期及工期提前或延后的奖惩办法；

（10）与履行合同、支付价款相关的担保事项。

任务 1 招标计划编制与审核

 【任务目标】

1. 了解整体项目招标规划编制内容。

2. 了解招标方案的编制要点。

3. 掌握专项招标计划的编制要点。

 【实操说明】

1. 整体项目招标规划编制内容

招标规划（表 4-4）以项目为载体，按成本科目要求进行整体单项目的招标规划编制，招标规划中需包含：招标项、招标预算（目标成本）、招标层级、招标计划、招标模式等信息。

招标规划概述 表 4-4

需委托人提供资料	工作内容描述	成果文件
项目总控计划、内部招采制度、成本科目划分表、审批版目标成本数据	按项目总控计划要求编制项目采购规划	×××项目招标规划

项目总控计划即根据项目交付要求由该项目的工程部门编排的重要节点的完成时间节点。此计划为所有总分包招标的总的时间要求，所有后续进度的编排均以不突破此计划为准。

内部招采制度为各地产公司的要求，含对各招标项目的参与投标单位数量、资质、业绩等的要求，各流程的时间要求，定标流程等要求。该制度中的流程时间影响各单项目分包招采计划的时间编排，每个分包招标的时间节点需结合招采制度编排。

成本科目划分为成本的费用归类，需结合成本科目的划分来确定分包招标的数量，实际操作时尽可能与成本科目保持一致，再结合项目的区块划分，时间节点来确定分包的数量。通常建筑面积较大时，为了规避延期交付、资金垫付的风险、施工时间跨度大的风险，一个分包项目可能会根据成本科目分几个标段进行招标。例如大型住宅项目的景观工程有可能分多个标段，对应多个地块、多个交付时间，依次招标。

审批版目标成本数据为项目的总费用，为各总分包的招标金额和的上限。后期编制参考价时需要注意是否超限额，若超限额需要进行图纸优化。

成果文件示例见表 4-5。

×××项目招标规划 表 4-5

序号	招标名目	合同类型	预算（万元）	招标层级	招标方式	招标模式	时间考核节点						
							招标方案编制完成	启动招标	定标	发中标通知书	订立合同	最迟进场
一	前期工程											
1	临时用电工程（红线外）	总价合同	90	城市公司单项采购	邀请招标	单项目招标						
2	临时用水工程（红线外）	总价合同	20	城市公司单项采购	邀请招标	单项目招标						
二	土石方及基础处理工程											
1	土石方工程	单价合同	3000	城市公司单项采购	公开招标	单项目招标						
2	桩基与基坑支护工程	单价合同	15000	大区集中采购	公开招标	集中采购						
	……											

2. 招标方案的编制要点

招标方案包含采购需求、市场调研、招标方式、专项招标计划、评定标原则、标段划分、报价合理性判断标准、供方奖罚措施、付款方式、招标组织机构名单、入围单位资格审查标准、投标保证金收取与退还、最高投标限价等招标关键信息。

此部分的咨询配合工作需要根据各个地产公司的操作模板和流程来填写相关的信息和针对各分包的情况进行选择。若地产公司的某些方面不够完善可以提出部分修改或完善的建议，供业主参考。

（1）招标方式的选择

招标方式有直接委托、垄断行业、集采合同落地、邀请招标、公开招标等。招标金额大小和类型会影响招标方式。例如某地区规定金额小于20万元，可直接委托某单位施工，走简易招标流程；供水、供电、燃气等属于垄断行业，是按当地的常规做法以建筑面积计价还是根据项目的需求由垄断单位出图报价，咨询根据资料算量核价，计算出大致合理的总价范围，配合业主进行费用谈判等。集采合同落地为集团或片区统一招标的分包合同，直接根据集采协议约定的计量计价方式，就现有需求的项目签订单项目合同。通常规范化、标准化推行较完备的地产单位，集中采购为主要定标方式。邀请和公开招标需要按照完整的招标流程对各总分包项目进行招标，耗时较长，也是各项目的主要招标方式。

（2）付款方式的选择

付款方式要结合各分包的施工特点进行支付节点的确定，通常大部分项目根据现场已完成工程产值75%～85%的支付比例支付施工阶段的进度款，但是项目分包众多，全部都按完成的产值计算的话，进度款审核工作量大，因此可根据项目的施工特点进行节点的确定。例如门窗可根据各楼栋门窗框、玻璃的完成楼层数量设置支付节点，关联该楼栋总合同金额的占比，施工完成到对应的节点后及对应相应的产值，减少进度款审核工作量。

3. 专项招标计划的编制要点

专项招标计划（表4-6）通常涉及工程部、设计部、招采部、成本部等多个部门，需共同协作完成。工程部提供总分包的最迟进场时间，设计部门需确定图纸提交时间，成本部需确定清单及控制价编制时间，招采部门根据不同招标模式、招标流程及各阶段所需时间编制招标计划。作为咨询人员，需熟悉招采计划的编制要求，配合设计及成本确定图纸提交时间和清单编制时间。需要注意的是，编排分包招标计划时，尽量合理错开各分包的招标时间，保证分包项目招标的有序开展。

专项招标计划编制   表 4-6

招标名称					
制表人			制表日期	年　　月　　日	
序号	关键事项	关键成果	责任部门	计划节点	实际节点
			责任人		
1	准备	招标图纸			
		投标入围名单审批表			
		对投标人进行算量交底			
		材料设备样板			
		工程技术要求			
		产品技术要求			
		招标文件及文件签呈表			

续表

招标名称					
制表人		制表日期		年　　月　　日	
序号	关键事项	关键成果	责任部门	计划节点	实际节点
			责任人		
2	发标	发出投标邀请函			
		招标文件签收表			
3	现场踏勘	现场踏勘确认书			
4	答疑	接收疑问卷			
		发出答疑及补遗文件			
5	回标及开标	开标记录表			
6	技术评审	技术评审报告			
7	商务评审	商务评审报告			
		与投标人进行包干量核对			
8	澄清	发出标书澄清函			
		接收标书澄清函回函			
9	议标	议标记录表			
10	定标	评标报告及定标会签表			
11	中标通知	发出中标通知书			
		发出合同交底记录表			

【项目背景】

中南置地××区域的春风项目为住宅项目，占地面积 88994m²，总建筑面积 238000m²，共分三个地块，分三批次进行建设，共有高层/洋房 28 栋，人防地库 2 个，非人防地库 3 个；商业 9 栋；配套（幼儿园及配电房）4 栋，项目的主要招标形式为垄断项目约谈定标，邀请招标和集采合同落地。

【完成任务】

1. 根据上述条件，列出完成春风项目的整体招标规划（表 4-7）。

2. 根据上述条件，本项目景观工程最适合的招标方式是什么，标段如何划分？并请阐述理由。

本项目景观工程采用邀请招标，根据三个地块的施工进度的及交付要求，分三次进行招标，合同采用总价包干。

3. 根据上述条件，完成春风项目二标段景观工程专项招标计划表（表 4-8）。

表 4-7

中南置地××区域_春风项目_招标规划

春风置地××区域_春风项目_招标规划

序号	招标项目名称	标段数量	招标方式	包干方式	是否属于营销设施建造费	招标模式	提供图纸/需求时间	提供清单/需求时间	发标时间	定标时间	需求进场时间	责任人	备注
1	地质勘查	1	直委	总价包干	否	项目招标	—	2020/7/22	—		已完成	葛××	
2	专用线供电工程合同（若放开报价，专用线配电合同一起签订）	1	邀请招标	总价包干	否	项目招标	2021/12/30	2022/2/3	2022/2/8	2022/3/10	2022/3/15	葛××	
3	供水工程合同（部分城市如淮南，施工及设备采购合同分别签订）	1	直委	总价包干	否	项目招标	2021/11/22	2021/12/27	2022/1/1	2022/2/5	2022/2/20	王××	
4	住宅天然气施工合同	1	直委	总价包干	否	项目招标	2021/11/22	2021/12/27	2022/1/1	2022/2/5	2022/2/20	王××	
5	智能化工程合同	1	执行区域战采	总价包干	否	战区集采	2022/1/4	2022/2/8	2022/2/13	2022/3/15	2022/3/20	葛××	
6	可视对讲设备购合同	1	执行集团战采	单价包干	否	集团集采	2021/11/17	2021/12/22	2021/12/27	2022/1/31	2022/2/15	葛××	
7	道闸设备合同	1	执行集团战采	单价包干	否	集团集采	2021/11/17	2021/12/22	2021/12/27	2022/1/31	2022/2/15	葛××	
8	有线电视配套工程建设协议书	1	直委	总价包干	否	项目招标	2021/12/1	2022/1/5	2022/1/10	2022/2/14	2022/3/1	王××	
9	三网合一接入合同	1	议标	总价包干	否	项目招标	2022/1/4	2022/2/8	2022/2/13	2022/3/15	2022/3/20	葛××	
10	桩基施工合同	1	执行区域战采	总价包干	否	战区集采					已完成	葛××	
11	桩基检测合同	1	执行区域战采	总价包干	否	战区集采					已完成	葛××	
12	04施工总承包合同（含围挡，支护）	1	直委	单价包干	否	项目招标		—	—		已完成	葛××	

续表

中南置地××区域 春风项目 招标规划

序号	招标项目名称	标段数量	招标方式	包干方式	是否属于营销设施建造费	招标模式	提供图纸/需求时间	提供清单/需求时间	发标时间	定标时间	需求进场时间	责任人	备注
13	05 施工总承包合同（含围挡、支护）	1	直委	单价包干	否	项目招标	2021/4/14	—	—	2021/4/30	2021/5/15	葛××	
14	06 施工总承包合同（含围挡、支护）	1	直委	总价包干	否	项目招标			—		已完成	葛××	
15	塑料管材采购合同	1	执行集团战采	单价包干	否	项目招标		—	—	2020/10/10	已完成	葛××	
16	PZ30箱采购合同	1	执行集团战采	单价包干	否	集团集采	2021/5/21	—	—	2021/6/15	2021/6/30	葛××	
17	弱电箱采购合同	1	执行集团战采	单价包干	否	集团集采	2021/5/21	—	—	2021/6/15	2021/6/30	葛××	
18	低压配电箱柜采购合同	1	执行集团战采	单价包干	否	集团集采	2022/3/31	—	—	2022/4/25	2022/5/10	葛××	
19	电线、电缆采购合同	1	执行集团战采	单价包干	否	集团集采	2022/1/29	—	—	2022/2/23	2022/3/10	葛××	
20	防水材料采购合同	1	执行集团战采	单价包干	否	集团集采		—	—		已完成	葛××	
21	外墙涂料、真石漆采购合同	1	执行集团战采	单价包干	否	集团集采	2021/4/10	—	—	2021/5/5	2021/5/20	葛××	
22	04 铝合金（塑钢）门窗工程合同	1	执行区域战采	总价包干	否	战区集采	2022/8/1	—	—	2022/9/15	2022/9/30	葛××	
23	05 铝合金（塑钢）门窗工程合同	1	执行区域战采	总价包干	否	战区集采	2022/1/29	—	2022/2/3	2022/3/15	2022/3/30	葛××	
24	06 铝合金（塑钢）门窗工程合同	1	执行区域战采	总价包干	否	战区集采		—	—		已完成	葛××	
25	入户门采购安装合同	1	执行集团战采	总价包干	否	集团集采		—	—		已完成	葛××	

续表

中南置地××区域_春风项目_招标规划

序号	招标项目名称	标段数量	招标方式	包干方式	是否属于营销设施建造费	招标模式	提供图纸/需求时间	提供清单/需求时间	发标时间	定标时间	需求进场时间	责任人	备注
26	防火门采购安装合同	1	执行集团战采	总价包干	否	集团集采	2022/2/10	—	—	2022/4/16	2022/5/1	葛××	
27	04栏杆百叶工程合同	1	执行集团战采	总价包干	否	集团集采	2022/9/20	—	—	2022/10/15	2022/10/30	葛××	
28	05栏杆百叶工程合同	1	执行集团战采	总价包干	否	集团集采	2022/2/8	—	—	2022/3/5	2022/3/20	葛××	
29	06栏杆百叶工程合同	1	执行集团战采	总价包干	否	集团集采	2021/4/10	—	—	2021/5/5	2021/5/20	葛××	
30	04公共部位精装修工程合同	1	邀请招标	总价包干	否	项目招标	2022/12/20	2023/1/24	2023/1/29	2023/3/5	2023/3/20	葛××	
31	05公共部位精装修工程合同	1	邀请招标	总价包干	否	项目招标	2022/1/1	2022/2/5	2022/2/10	2022/3/17	2022/4/1	葛××	
	06公共部位精装修工程合同	1	邀请招标	总价包干	否	项目招标	2021/3/3	2021/4/7	2021/4/12	2021/5/17	2021/6/1	葛××	
32	9号楼101精装修工程合同	1	邀请招标	总价包干	否	项目招标						葛××	
	9号楼101精装修拆除工程合同	1	邀请招标	总价包干	否	项目招标						葛××	
33	防火窗	1	邀请招标	总价包干	否	项目招标						葛××	
34	公区墙地砖采购合同	1	执行集团战采	单价包干	否	集团集采	2021/4/22	—	—	2021/5/17	2021/6/1	葛××	
35	公区灯具采购合同	1	执行集团战采	单价包干	否	集团集采	2022/1/20	—	—	2022/2/14	2022/3/1	葛××	
36	水泵采购合同	1	执行集团战采	单价包干	否	集团集采	2022/2/18	—	—	2022/3/15	2022/3/30	葛××	
37	交通划线及标识工程合同	1	议标	总价包干	否	项目招标	2022/4/1	2022/5/6	2022/5/11	2022/6/15	2022/6/30	葛××	

续表

中南置地××区域_春风项目_招标规划

序号	招标项目名称	标段数量	招标方式	包干方式	是否属于营销设施建造费	招标模式	提供图纸/需求时间	提供清单/需求时间	发标时间	定标时间	需求进场时间	责任人	备注
38	信报箱采购安装合同	1	执行区域战采	总价包干	否	战区集采	2022/4/1	2022/5/6	2022/5/11	2022/6/15	2022/6/30	葛××	
39	导视系统安装工程合同	1	执行区域战采	总价包干	否	战区集采	2022/4/1	2022/5/6	2022/5/11	2022/6/15	2022/6/30	葛××	
40	充电桩设备及安装工程	1	执行区域战采	总价包干	否	战区集采	2022/4/1	2022/5/6	2022/5/11	2022/6/15	2022/6/30	葛××	
41	消防工程合同	1	邀请招标	总价包干	否	项目招标	2021/2/19	2021/3/26	2021/3/31	2021/5/5	2021/5/20	葛××	
42	电梯安装工程合同	1	执行集团战采	总价包干	否	集团集采		—	—		已完成	葛××	
43	电缆采购合同	1	执行集团战采	总价包干	否	集团集采		—	—		已完成	葛××	
44	太阳能安装工程	1	执行区域战采	总价包干	否	战区集采	2022/1/15	2022/2/19	2022/2/24	2022/3/31	2022/4/15	葛××	
45	人防防护设备供应及安装工程合同	1	邀请招标	总价包干	否	项目招标		—			已完成	葛××	
46	防化设备供应及安装工程合同	1	执行区域战采	总价包干	否	战区集采	2022/3/1	2022/4/5	2022/4/10	2022/5/15	2022/5/30	葛××	
47	机房空调合同	1	议标	总价包干	否	项目招标	2022/3/31	—		2022/4/25	2022/5/10	葛××	
48	泛光照明系统工程	1	议标	总价包干	否	项目招标	2022/3/1	2022/4/5	2022/4/10	2022/5/15	2022/5/30	葛××	
49	04 景观及工程合同	1	邀请招标	总价包干	否	项目招标	2022/12/1	2023/1/5	2023/1/10	2023/2/14	2023/3/1	葛××	
50	05 景观及工程合同	1	邀请招标	总价包干	否	项目招标	2022/6/17	2022/7/22	2022/7/27	2022/8/31	2022/9/15	葛××	
51	06 景观及工程合同	1	邀请招标	总价包干	否	项目招标	2021/2/24	2021/3/31	2021/4/5	2021/5/10	2021/5/25	葛××	
52	儿童游乐设备采购安装合同	1	执行集团战采	总价包干	否	集团集采	2021/2/14	2021/3/21	2021/3/26	2021/4/30	2021/5/15	葛××	

中南置地××区域__春风项目__招标规划

序号	招标项目名称	标段数量	招标方式	包干方式	是否属于营销设施建造费	招标模式	提供图纸/需求时间	提供清单/需求时间	发标时间	定标时间	需求进场时间	责任人	备注
53	PC砖采购合同	1	执行集团战采	单价包干	否	集团集采	2021/4/5	—	—	2021/4/30	2021/5/15	葛××	
54	工程监理合同	1	执行区域战采	总价包干	否	战区集采					已完成	葛××	
55	造价咨询合同(全过程)	1	邀请招标	总价包干	否	项目招标					已完成	葛××	
56	造价咨询合同(二审)	1	执行集团战采	总价包干	否	集团集采					已完成	葛××	
57	第三方检查咨询服务合同	1	执行集团战采	总价包干	否	集团集采					已完成	葛××	
58	明源云服务电子商务平台技术服务合同	1	执行集团战采	总价包干	否	集团集采					已完成	葛××	
59	第三方维修合同	1	邀请招标	总价包干	否	项目招标	2022/10/1	2022/11/5	2022/11/10	2022/12/15	2022/12/30	葛××	
60	售楼部幕墙合同(幕墙,雨棚,亮化)	1	示范区直委	总价包干	是	项目招标					已完成		
61	售楼处及样板房硬装合同(含智能化,消防,样板房隔断)	1	示范区直委	总价包干	是	项目招标					已完成		
62	售楼处空调安装	1	执行集团战采	总价包干	是	集团集采					已完成		
63	售楼处空调设备	1	执行集团战采	总价包干	是	集团集采					已完成		
64	售楼处及样板房门窗工程合同	1	执行区域战采	总价包干	是	战区集采					已完成		
65	示范区景观工程(含示范区雨污水,标识)	1	示范区直委	总价包干	是	项目招标					已完成		

春风项目二标段景观工程专项招标计划表

表 4-8

招标名称		春风项目二标段景观工程			
制表人			制表日期	年 月 日	
序号	关键事项	关键成果	责任部门	计划节点	实际节点
			责任人		
1	准备	招标图纸	设计/李××	2022/6/17	
		投标入围名单审批表	招采/水××	2022/7/15	
		对投标人进行算量交底	成本/周××	2022/8/10	
		材料设备样板	设计/李××	2022/8/10	
		工程技术要求	工程/高××	2022/8/10	
		产品技术要求	设计/李××	2022/8/10	
		招标文件及文件签呈表	招采/水××	2022/8/10	
2	发标	发出投标邀请函	招采/水××	2022/8/15	
		招标文件签收表	招采/水××	2022/8/15	
3	现场踏勘	现场踏勘确认书	工程/高××	2022/8/18	
4	答疑	接收疑问卷	招采/水××	2022/8/20	
		发出答疑及补遗文件	招采/水××	2022/8/22	
5	回标及开标	开标记录表	招采/水××	2022/8/24	
6	技术评审	技术评审报告	工程/高××	2022/8/25	
7	商务评审	商务评审报告	成本/周××	一轮：2022/8/29 二轮：2022/8/31	
		与投标人进行包干量核对		—	
8	澄清	发出标书澄清函	招采/水××	2022/8/29	
		接收标书澄清函回函	招采/水××	2022/8/31	
9	议标	议标记录表	招采/水××	2022/9/5	
10	定标	评标报告及定标会签表	招采/水××	2022/9/5	
11	中标通知	发出中标通知书	招采/水××	2022/9/9	
		发出合同交底记录表	成本/周×× 工程/高××	2022/9/12	

任务 2 招标阶段图纸会审

【任务目标】

掌握招标阶段图纸会审要点。

【实操说明】

1. 参与委托方图纸会审，从计量计价角度审核图纸深度，提出图纸"错漏碰缺"问题与优化建议，减少后期设计变更与无效成本。

2. 组织清单编制人员审图并对图纸说明、技术规范等文件仔细阅读，凡不清楚、有矛盾之图纸、资料，均须及时发出招标图纸疑问卷，要求相关方进行澄清、确认或提供依据。对于未在图纸上修正的图纸疑问，若对投标报价可能造成影响的，需在发标时同步发给投标单位。

图纸疑问示例见表4-9。

图纸疑问与回复   表4-9

| ×××项目施工总承包工程图纸疑问回复意见 | | | | 年 月 日 |
| | | | | 建筑专业 |
序号	专业及图纸编号	疑问内容	图示	回复意见
地下室				
1	建筑—地下室	底板及侧墙后浇带建筑大样图与结构大样图做法不一致,建筑采用膨胀止水条,结构采用钢板止水钢板,请明确以哪个为准		以结构图做法为准
2	建筑	非人防顶板图纸未标注后浇带位置,请明确是否同底板后浇带		是,详见"9. 本层设置后浇带,后浇带位置见地库基础平面图,当后浇带与梁、柱网冲突时,施工可适当调整后浇带位置,调整距离不大于1m,且不可跨越柱网。主楼内后浇带应延伸至主楼周边的沉降后浇带处。"
3	建筑	砌块墙面是否需满挂网格布		需满挂网格布
4	建筑—人防/非人防地下室	请设计明确保护砖材质,厚度100mm还是120mm		厚度为100mm,材质为灰砂砖,考虑砌筑安全性需每间隔2m设置一处砖垛,砖垛尺寸为240mm×240mm

【项目背景】

某项目在招标清单编制过程中，编制人员发现如下几点图纸问题：

1. 门窗招标深化图仅对地上外立面门窗给出深化图纸，结合原建筑图纸的平面图、立面图仔细核对后发现地下室的非防火门无深化图纸。

2. 门窗招标深化图所示楼梯间出屋面的门为玻璃门，依据《建筑设计防火规范（2018年版）》GB 50016—2014要求，此处门应为防火门，而根据总包合同约定防火门纳入防火门合同，不在门窗招标范围内。

3. 根据实际使用情况，公区电梯检修位置须设置不锈钢电梯检修门（每单元一樘），吊顶位置检修管线需设置检修口，但招标图纸未设计。

 【完成任务】

根据上述情况，编制图纸疑问与回复（表 4-10）。

图纸疑问与回复　　　　　　　　　　　　　　表 4-10

某项目工程图纸疑问回复意见				年　　月　　日
				建筑专业
序号	专业及图纸编号	疑问内容	图示	回复意见
1	建筑—地下室	门窗招标深化图仅对地上外立面门窗给出深化图纸，结合原建筑图纸的平面图、立面图仔细核对后发现地下室的非防火门无深化图纸		设计单位补充非防火门深化图纸
2	建筑—平面图	门窗招标深化图所示楼梯间出屋面的门为玻璃门，依据《建筑设计防火规范（2018 年版）》GB 50016—2014 要求，此处门应为防火门，而根据总包合同约定防火门纳入防火门合同，不在门窗招标范围内		此处门更改为防火门，费用纳入防火门合同
3	建筑	根据实际使用情况，公区电梯检修位置须设置不锈钢电梯检修门（每单元一樘），吊顶位置检修管线需设置检修口，但招标图纸未设计		公区电梯检修位置设置不锈钢电梯检修门（每单元一樘），吊顶位置设置检修口

任务 3　招标文件编制与审核

 【任务目标】

掌握招标文件编制与审核要点。

 【实操说明】

选择合适的招标文件模板或范本，在此基础上针对项目具体情况进行基础信息修改，需特别关注项目中的招标范围、界面、计价计量口径、措施费说明、新增单价的定价原则、签证变更结算原则、竣工结算等内容，核对确认，规范填写。发标前审核完整版发标文件，确认招标图纸、图纸答疑、界面分判文件、清单等附件是否均为定稿文件，是否有遗漏（表 4-11、表 4-12）。

招标文件基础信息修改内容 表 4-11

须委托人提供资料	工作内容描述	成果文件
招标图纸、招标文件参考模板、材料设备样板、工程技术要求、产品技术要求等	资料收集	依据招标需要为招标文件编制收集相关资料
组织各部门人员进行图纸确认	接到招标图纸后在1个日历天内核对电子版与纸质图纸是否一致,核对图纸目录是否与图纸内容一致,并将核对结果发委托人确认	邮件形式反馈或确认
内部招采制度、成本科目划分表	按委托人招标制度协助编制与复核招标界面分判	×××项目招标界面分判表
组织各部门人员进行图纸会审	1. 参与委托方图纸会审,从计量计价角度审核图纸深度,提出图纸"错漏碰缺"问题与优化建议,减少后期设计变更与无效成本。 2. 组织清单编制人员审图并对图纸说明、技术规范等文件仔细阅读,凡不清楚、有矛盾之图纸、资料,均须及时发出招标图纸疑问卷,要求相关方进行澄清、确认或提供依据	图纸疑问及回复、设计优化建议函
组织各部门人员对招标文件模块基础资料提供(如工期、技术要求、设计选型等)与招标文件初稿过会	1. 招标文件修改包含投标须知、合同条款、基本要求、工程量清单(对工程项目的划分和描述尽可能详细,以便委托方对照图纸进行核对)、进口材料设备表等。 2. 提供各相关工程的详细界面(必要时附以充分的图纸说明和标注,由设计方负责出图)供委托方参考,以确定工程范围。 3. 对合同模式与招标投标方法提出适当之建议予委托方决策	招标文件(可编辑版、PDF组卷版)

×××项目招标界面分判 表 4-12

序号	成本科目名称	分部工程名称	工作内容	工作界面
	举例			
一			土石方及基础处理工程	
1	桩基础工程	桩基础工程	1. 负责自行施工用水、用电的接驳及挂表 2. 负责工程试桩、桩基础方案及方案专项审查和报建,配合办理桩基施工等相关手续 3. 负责现场定位测量及放线 4. 负责按审查通过的桩基础方案进行施工,包括桩芯土开挖、桩基础施工等,并负责桩芯土清理及外运 5. 负责提供桩基础施工机械并负责运输至现场,且负责桩基础施工机械设备的进出场工作 6. 负责施工作业范围内废弃建筑物基础、市政地下管线设施以及其他地下障碍物(如有)的破碎、拆除、外运	1. 移交给总承包后,桩内为基础承台预留钢筋的调直及保护措施由×××单位负责; 2. 桩基础桩头等位置的防水收头处理由××施工单位实施;无防水则由总承包单位实施; 3. 桩基检测由桩基检测单位负责,桩基础单位提供配合服务

续表

序号	成本科目名称	分部工程名称	工作内容	工作界面
1	桩基础工程	桩基础工程	7. 负责工程试桩施工,并负责与配合桩基础测试、补桩、接桩等相关的一切事宜	4. 图纸要求超灌高度范围内由×××单位负责桩头处理,超出图纸要求部分由桩基单位处理,桩头谁处理谁外运; 5. 若总承包单位尚未进场,需对场地内临水临电及工地安保等进行照管; 6. 管桩桩顶桩芯掏土(若有)与管桩与承台连接做法由×××单位施工
			8. 负责截桩头到设计图纸要求标高,并负责截桩所产生之桩渣的清理及外运	
			9. 负责自购材料按规范或政府部门的有关规定而进行的材料检验或实验	
			10. 负责配合桩基础检测单位工作的开展(如桩基础检测单位配重块及机械设备、车辆等进场道路平整,试桩头周边场地平整,桩头破除修补、反力检测焊接等工作);负责实施相关质量监督部门要求的一切工程质量抽检等检测	
			11. 负责周边区域市政道路的道路保护	
			12. 负责城管、居民等周边外围关系协调并确保项目施工顺利实施	
		抗浮锚杆	负责抗浮锚杆的方案、施工、检测、验收及抗浮锚杆孔位定位放线、钻孔清孔、锚杆制安及锚固、压力灌浆施工和锚杆锚体钢筋弯折等	抗浮锚杆杯口、桩头等位置的防水收头处理由×××负责

【项目背景】

对春风项目 5 号地块的景观及雨污水工程进行招标,招标范围:

(1)具体包含但不限于园建、大门、小区围墙、市政雨污水管网(含市政接驳)、园路、架空层地面、绿化(含种植土回填)、水电安装、景观小品、雨污水检测、采光井等,具体详见界面划分表、施工图和招标清单;

(2)仿石砖、景观灯具甲供,但卸车、保管、场内运输等由景观单位负责。

(3)儿童游乐设施甲方分包。

4.9
春风项目景观
及雨污水工程
招标文件

【完成任务】

根据上述条件,编制项目招标文件。

任务4 工程量清单及预算编制与审核

【任务目标】

掌握工程量清单及预算编制与审核的主要步骤。

【实操说明】（表4-13、表4-14）

工程量清单编制主要内容　　　　　　　　　　　　　　　　　　　　表 4-13

须委托人提供资料	工作内容描述	成果文件
—	1. 工作交底： 向清单编制人员进行交底,交底内容包含： (1)工程量清单计量计价规则； (2)工程界面分判； (3)招标工程范围； (4)加工材料要求； (5)计价及算量软件要求等交底工作； (6)清单编制人员确保在熟悉以上内容后开始清单编制工作,以免造成重复、漏项	
—	2. 编制： (1)文字字体：宋体9号；数字字体：Arial10号会计格式； (2)计算工程量时需保留完整图形软件(电子存档)、手算计算底稿、工程量汇总表、圈面积电子版图纸底稿。特别注意：使用软件算量的,需将工程量汇总表导出并打印,以便委托人进行复核； (3)清单编制说明须包括工程范围、清单报价组成、开办费/措施费填报说明、清单量填报说明、编制依据说明、取费基数要求等,统一编制说明。每次编制清单前须根据具体项目情况、招标文件要求调整清单编制说明,严禁直接照搬照抄； (4)清单项描述、数字等须全部显示,严禁有隐藏行或隐藏列； (5)清单子目工作内容描述须与设计图纸、建筑/结构做法节点、技术规范一致,确保无错项漏项,清楚明了无歧义,当招标文件前后矛盾时,需提疑问卷以委托人确认为准； (6)招标图纸疑问卷回复内容需纳入清单范围内,容易引起投标单位歧义的需在编制说明中强调解释； (7)清单的工程量应与工程量底稿存在一一对应的转出关系,不可存在几项底稿量对应一项清单量,或一项底稿量对应几项清单量； (8)清单精度应设置为显示精度,清单链接是否正确需复核； (9)清单汇总页大小写一致	工程量清单(锁定版本:仅报价部位可编辑填写) (1)提交工程量清单供委托方审核,并向委托方作工程量清单交底,陈述清单构成、图纸对应关系、暂定量设置、暂定款设置等内容,使委托方对工程量清单有深入了解。 (2)应委托方要求提供主要材料设备品牌、型号与规格推荐表

最高投标限价编制内容　　　　　　　　　　　　　　　　　　　　表 4-14

须委托人提供资料	工作内容描述	成果文件
—	1. 资料收集	(1)收集2～4个项目合同价格进行对标分析,包括至少一个内部最新定标项目和一个同期当地房地产开发项目； (2)主要劳务、材料需市场询价3家以上,并保留完整的询价单

续表

须委托人提供资料	工作内容描述	成果文件
—	2. 交底	交底招标文件,包括技术要求、工料规范、措施项目规范、工程量清单计量原则及单价内容总说明等
—	3. 编制: (1)人工费、机械费和取费率可参考近期类似合同价,最终采用市场合理价做参考价; (2)主要材料价格来源:参考的价格应使用当期信息价或市场价(不含进项税价格); (3)措施费:应充分了解合同工料规范及技术要求之特别要求,掌握本工程开竣工日期,计算工程总工期及冬季雨季施工期,参考同类项目合同的施工组织设计,并结合本工程总平面图,假设本工程的施工方案等进行措施费的计取; (4)措施费若不能按项计算明细,可参考同类合同措施费比例预估,在参考价编制说明中需写明参考依据	参考价编制说明、招标参考价、参考价合理性分析报告

 【项目背景】

对春风项目5号地块的景观及雨污水工程进行招标,招标范围:

(1) 具体包含但不限于园建、大门、小区围墙、市政雨污水管网（含市政接驳）、园路、架空层地面、绿化（含种植土回填）、水电安装、景观小品、雨污水检测、采光井等,具体详见界面划分表、施工图和招标清单。

(2) 仿石砖、景观灯具甲供,但卸车、保管、场内运输等由景观单位负责。

(3) 儿童游乐设施甲方分包。

根据招标图纸,及前述要求完成工程量清单及最高投标限价。

 【完成任务】

根据上述条件及格式文件编制工程量清单及最高投标限价。

4.10
春风项目景观工程清单二标段
【5地块】-招标清单-报价表

4.11
春风项目景观及雨污水工程
招标清单参考价【招标答疑版】

任务5 招标答疑文件编制与审核

 【任务目标】

熟悉招标答疑文件的编制与审核要点。

【实操说明】（表4–15）

招标答疑的主要内容   表 4-15

须委托人提供资料	工作内容描述	成果文件
各投标人疑问	接收疑问卷与疑问卷整理	招标疑问卷
其他部门人员疑问回复	疑问卷回复、整理、定稿	招标答疑文件
—	固定总价合同工程量核对	核对成果确认书
—	针对招标人对招标文件补充的补遗文件整理	招标补遗文件

答疑回复文件全盘复核：整合各单位的投标疑问，这些投标疑问既有对招标清单的疑问，也有对图纸、施工范围、施工现状、招标文件等的疑问，分别对应由成本、设计、工程、招采来答复；涉及量和列项需要调整的，及时调整清单；其他由设计、工程、招采答复的问题，在定稿前确保答复的内容与招标口径一致，语言描述言简意赅。

核对工程量：如需核对工程量的，由业主安排核对，一般选择典型楼栋进行核对。

整合答疑文件：整合招标答复意见，删除重复的问题，整理答疑附件资料，随修改后的招标清单一起发放给所有投标单位。

【项目背景】

对春风项目5号地块的景观及雨污水工程进行招标，招标范围：

（1）具体包含但不限于园建、大门、小区围墙、市政雨污水管网（含市政接驳）、园路、架空层地面、绿化（含种植土回填）、水电安装、景观小品、雨污水检测、采光井等，具体详见界面划分表、施工图和招标清单。

（2）仿石砖、景观灯具甲供，但卸车、保管、场内运输等由景观单位负责。

（3）儿童游乐设施甲方分包。

根据招标图纸、招标范围、界面分判及现场的项目现状提出图纸疑问等所有与该项目招标有关系的问题，梳理并锁定招标清单内容及工程量。

4.12
春风项目景观雨污水工程
回标答疑问卷回复、补图
及招标答疑版清单

【完成任务】

根据上述条件及格式示例编制招标答疑文件。

任务6　回标文件商务分析与询标文件编制与审核

【任务目标】

1. 熟悉商务标分析步骤及要点。
2. 熟悉询标文件编制与审核要点。

【实操说明】（表4-16）

商务标评标分析的主要内容及步骤　　　　　　　　　　表 4-16

各投标人回标资料	1. 清标： (1)检查各投标单位名称是否与各投标书盖章名称一致； (2)检查各投标单位工程量清单的投标总计与投标书中所述是否一致； (3)检查综合单价分析表中主材价格是否与主要材料表中材料价格一致； (4)复查各投标单位是否已将招标文件各修正版替换/纳入回标清单，清单是否为最终版清单； (5)检查是否有算术误差：安排人员进行算术复核，将复核过程中发现的问题做出标记，填写算术误差表，全部复核完毕后将交给委托人确认。投标报价有算术误差的，按以下原则对投标报价进行修正，修正的结果经投标人书面确认后具有约束力； (6)错漏项、不平衡、不合理报价修正，修正的结果经投标人书面确认后具有约束力； (7)税金修正方法 a)当投标人填报税率，高于税务机构认证投标人增值税税率时，保证调整算数误差后的不含税总价不变，将税率调整至税务机构认证投标人增值税税率。 b)当投标人填报税率，低于税务机构认证投标人增值税税率时，保证调整算数误差后的含税总价不变，将税率调整至税务机构认证投标人增值税税率。 (8)需对是否有围标、串标进行仔细复核，并填写围标、串标复核表并盖章签字确认	清标表格与澄清函初稿及附件
	2. 报价分析： 做回标分析，包括计算上的复核、合约上是否影响标书要求的比较与分析、报价上是否有投标技巧分析及报价合理性分析等	报价对比分析表与澄清函初稿及附件
	3. 商务标评审报告	商务标评审报告（含评标汇报 PPT 与评标报告）

二轮定标：不同的地产集团有不同的定标方式，有一轮定标也有二轮甚至三轮定标的，所以商务分析的要求也不完全相同。一轮分析的如表 4-16 步骤，先清标，再做报价分析，编写评标报告。二轮定标即为一轮报价回标后，就最低两家报价进行清标出澄清函，提出二轮回标，其余投标单位无二轮回标资格。一轮分析时，除基本的清标内容外，就最低两家报价明细中的偏高偏低项均需罗列，形成澄清函，要求投标单位复核调整，进行二轮报价。第二轮回标后，就回标的两家报价查看排名是否有变化，是否按要求澄清并调整报价。完成第二次清标分析后，确定本项目的最低报价（表 4-17）。

报价分析：报价分析要结合评标报告/定标 PPT 汇报要求的数据需求进行分析，是评标报告/定标 PPT 的基础资料。报价分析可根据建设单位自有模板进行调整。重点关注造价占比大的清单子目，查看其综合单价是否合理（以及其组价明细里的人材机的单价是否合理）；对于综合单价严重偏离市场价格的项目，应形成澄清函，规避后期由于工程量增减造成的成本影响。

179

	询标文件（澄清函）的编制	表 4-17

须委托人提供资料	工作内容描述	成果文件
—	发出标书澄清函 发出回标疑问,解决合同及商务上的疑问以减少合同及价格上的潜在风险	澄清问卷-商务
—	接收标书澄清函回函	标书澄清函回函

 【项目背景】

对春风项目 5 号地块的景观及雨污水工程进行招标，招标范围：

（1）具体包含但不限于园建、大门、小区围墙、市政雨污水管网（含市政接驳）、园路、架空层地面、绿化（含种植土回填）、水电安装、景观小品、雨污水检测、采光井等，具体详见界面划分表、施工图和招标清单。

（2）仿石砖、景观灯具甲供，但卸车、保管、场内运输等由景观单位负责。

（3）儿童游乐设施甲方分包。

梳理各单位的回标报价清单，根据要求完成相关评标工作。

 【完成任务】

根据上述条件，完成商务标报价分析及询标文件的编制。

4.13
春风南岸景观及雨污水工程
一轮清标及澄清文件

4.14
春风南岸景观及雨污水工程
评标分析【二轮评标分析】

任务 7 商务评标报告编制与审核

 【任务目标】

熟悉商务评标报告编制与审核要点。

 【实操说明】

整理商务标分析结果及澄清函回复情况，组织编写评标报告。评标报告包含项目招标过程概述、评标分析、定标建议及风险提示等，是最终定标的参考附件。

 【项目背景】

对春风项目 5 号地块的景观及雨污水工程进行招标，招标范围：

（1）具体包含但不限于园建、大门、小区围墙、市政雨污水管网（含市政接驳）、园路、架空层地面、绿化（含种植土回填）、水电安装、景观小品、雨污水检测、采光井等，具体详见界面划分表、施工图和招标清单。

（2）仿石砖、景观灯具甲供，但卸车、保管、场内运输等由景观单位负责。

（3）儿童游乐设施甲方分包。

根据各业主合约要求的格式完成相关评标报告。

4.15
春风南岸景观及雨污水工程商务分析报告

 【完成任务】

根据上述条件完成商务评标报告的编制。

任务8 合同编制与审核

 【任务目标】

熟悉合同编制与审核要点。

 【实操说明】（表4-18）

合同编制及审核的主要内容   表 4-18

须委托人提供资料	工作内容描述	成果文件
全套招标资料 （含过程资料）	合同组卷 （1）复核合同协议书内合同金额是否与定标审批金额一致，大写数字是否有误； （2）复核合同工期是否与招标文件要求保持一致，天数计算是否正确； （3）复核合同内所有需要填写的施工单位信息是否全部填写； （4）复核发包人、总承包人及监理人基本信息、专票地址是否都已填写； （5）复核是否遗漏材料品牌表； （6）复核是否为最终确认的清单，复核所有单价、数量都可以正确显示； （7）复核内容是否完整，特别注意检查工程量清单及附件是否有遗漏	合同文件（可编辑版、PDF组卷版）

合同组卷时需特别关注过程中的补图、图纸答疑文件、招标答疑回复文件等是否有遗漏。

 【项目背景】

对春风项目5号地块的景观及雨污水工程进行合同组卷。

4.16
淮南春风南岸项目景观及雨污水工程合同

【完成任务】

根据上述条件，完成合同文件的编制。

任务9　合同交底

【任务目标】

熟悉合同交底要点。

【实操说明】

在正式签订合同之前，建设单位会组织候选单位对项目的情况再次做详细的交底，并重申对招标项目的要求，对未来可能遇到的风险和建设单位对候选单位存在的顾虑，要求候选单位提供回复意见或解决方案，确保施工单位进场后工作能够顺利开展。同时对合同中的主要、重点内容作交底，包括清单中的风险提示，调平衡后清单报价的确认，涉及甲供材的要求，进度款的申报要求，现场收方的要求，签证变更结算的要求、分包结算的要求等，含资料格式交底和时间节点的要求。双方达成共识后方可发送中标通知书。

4.17

春风项目景观及雨污水工程合同交底

【项目背景】

对春风项目5号地块的景观及雨污水工程的中标单位进行合同交底。

【完成任务】

请阐述上述合同文件中需向中标人交底的重点内容。

综合训练

一、单选题

1. 一个工程项目总报价基本确定后，通过调整内部各个子项的报价，以期既不提高总报价、不影响中标，又能在结束时得到更理想的经济效益的报价技巧称为（　　）。

 A. 多方案报价法   B. 不平衡报价法

 C. 突然降价法   D. 增加建议方案法

2. 评标委员会完成评标后，应当向招标人提出书面评标报告，并抄送（　　）。

 A. 招标人   B. 投标人

 C. 有关行政监督部门   D. 有关备案部门

3. 在合同实施过程中可以按照约定，随资源价格等因素的变化而调整的价格称为（　　）。

4.18

综合训练参考答案

A. 市场费　　　　　　　　　　　B. 成本加酬金合同价

C. 固定合同价　　　　　　　　　D. 可调合同价

4.《建设工程施工合同》规定，发包人供应的材料设备与约定不符时，由（　　）承担所有差价。

A. 承包人　　　　　　　　　　　B. 发包人

C. 承包人与发包人共同　　　　　D. 承包人与发包人协商

5. 以国有资金投资为主的招标投标工程，建设单位拟单独发包专业性较强的分部分项工程时应该（　　）。

A. 作为独立费列入主体工程工程量清单中

B. 建设单位与专业工程承包人单独签订施工合同

C. 作为招标人预留金列入主体工程招标文件清单中

D. 建设单位与主体结构承包人签订分包合同

二、简答题

1. 根据《中华人民共和国招标投标法》的规定，哪些项目必须实行招标行为？

2. 建设项目投标的程序是什么？

三、案例题

承包人×××建设有限公司与发包人×××公司签订《土方工程合同》，约定采用工程量清单计价，总价包干。招标文件特别说明，一切未填写报价于此细目表内之项目，均被视作包括在其他项目内。《投标人须知》明确现场拆除包括回填旧河道和鱼塘等。但是合同图料未显示鱼塘清淤。工程量清单未载明鱼塘清淤。

《询标答卷》只表明河道清淤费用包含在合同价款之中，并未提及鱼塘清淤费用。投标施工方案写明：本工程现场内有小水塘、河塘、鱼塘、三泾塘、部分南菘塘均需要筑填……这些部位均涉及河墙底的清理淤泥工作。

结算时，双方就鱼塘清淤工作是否属于合同包干范围的全部工作发生争议，多次协商未果后，×××建设有限公司向仲裁委提起仲裁。

试分析仲裁委会如何裁决，简要说明原因。

Chapter 05

模块五

项目施工阶段造价咨询

上海预制装配式建筑研发中心Ⅰ期、Ⅱ期工程

上海预制装配式建筑研发中心Ⅰ期、Ⅱ期工程是以 PC（预制拼装式混凝土）技术为突破口，结合绿色建筑技术研究，拟建一个绿色生态的产、学、研一体的建筑研究基地。Ⅰ期工程位于奉贤区海港综合经济开发区 2286 地块，西至港阳路，东至建设用地，北至海杰路，南面与Ⅱ期地块相邻。建设总用地面积为 46456.5m²。Ⅱ期工程位于奉贤区海港综合经济开发区 2287 地块，东至港鼎路，南至海旗路，西至港阳路，北面与Ⅰ期地块接壤。建设总用地面积为 89700.5m²。

在上海预制装配式建筑研发中心工程项目的施工阶段，先由预算员在工程开工之前，结合实际的市场行情编制出该工程的总施工预算（时间不充分时可根据施工组织设计，编制阶段性施工预算），然后对总施工预算（或阶段性施工预算）作材料分析，确定材料的定额总需要量（或阶段性需要量），其收集和整理的资料将作为实际人工价格和材料价格的依据。无论是材料的采购，还是材料的消耗，工程主要材料的最大消耗量必须控制在施工预算所分析出来的定额总需要量内。将该数据上报上级有关部门审批，保证了工程的预算成本和实际成本相一致，从而保证成本预算的合理性和科学性。其次是在项目经理的带领下，结合施工图纸和现场实际情况、施工经验、管理水平和技术规范验收标准，制定科学的、切实可行的施工方案，以便合理组织施工，节约成本。最后由财务人员对实际发生的成本费用进行核算，并与预算员提供的对应阶段的预算费用相对比。根据对比出来的数据，由预算员、项目经理和财务人员一起讨论分析其中的差异，是由于进度超前导致的，还是由于管理控制不到位造成的，或者是由于其他方面的失误造成的。尤其是成本超支部分，务必要找出超支产生的原因，并切实提出改进的措施，把成本控制在预算范围内。

该项目结合了施工组织和进度的合理安排，且有确实的技术保证措施和经济保证措施，合理缩短了施工工期，降低了施工企业的施工成本，使建设单位的投资得以早日收益。但是，如果一意采用赶工的方法缩短工期，可能要投入更多的人力和机械，或需采用新型材料和技术措施，或人工费、机械费、材料费普遍增加，从而加大工程造价，甚至工程质量不保，有的可能产生返工，反而影响工期。不切实际地压缩工期，盲目赶工，往往增加工程造价造成浪费，也给建设工程埋下巨大的质量和安全隐患。

工程索赔是施工过程中一项正当的权利要求，是业主、监理工程师和承包人之间一项正常的、普遍存在的合同管理业务，是一种以法律和合同为依据、合情合理的行为。工程建设索赔在国际建筑市场上，是承包人保护自身正当权益、弥补工程损失，提高经济效益的重要手段。许多工程项目通过成功的索赔，使工程收入改善，最终能达到工程造价的10%～20%，有些工程的索赔甚至超过了工程合同额本身。反之，作为业主对承包人履约中的违约责任，同样应依据合同约定进行合理的反索赔。

工程建设全过程都可能发生索赔，但发生索赔最集中、处理难度最复杂的情况，发生在施工阶段。因此，施工阶段在加强合同管理的同时，积极处理好索赔，对有效控制工程造价意义重大。

由此可见，做好施工阶段的造价咨询，不仅可以获得较高的经济效益，而且还优化了资源配置，使工程建设更高效、发展更健康。本模块将聚焦于项目施工阶段造价咨询。

训练目标

了解项目施工阶段造价咨询，熟悉项目施工阶段造价咨询的主要内容，能编制和审核项目施工阶段工程造价的相关文件。

训练要求

能审核所有与本工程相关的付款申请。在合同履行过程中，准备相关依据，协助甲方及业主进行索赔与反索赔工作，向甲方及业主提供处理意见和建议。对考虑中的工程变更进行造价估算，对工程变更及设计变更及时提交变更分析报告，供甲方及业主决策。协助业主完成竣工结算的编制工作。

5.1 项目施工阶段造价咨询概述

施工阶段是工程建设全过程造价咨询的重要控制阶段之一，更是项目资金投入的主要阶段，这个阶段的造价咨询工作主要是工程造价现场跟踪监理，包括进度款支付审核、工程设计变更及工程签证引起工程造价变化的审核、索赔及反索赔造价咨询、咨询合同规定的其他造价咨询工作。这个阶段由于施工图设计已完成只要控制好设计变更及工程签证，理论上这个阶段工程造价的可变因素相对较少，造价总量变化也相对较小，但实际上这个阶段却是出问题较多的阶段，如果影响造价变化的小问题不及时跟踪处置，或处置不当，也极有可能造成总造价的大偏差，施工阶段的造价咨询工作也是工程造价全过程咨询工作的重要工作流程之一，虽然对总造价影响的重要性比不上决策和设计这两个工作流程，但工作的专业性很强，咨询人员必须具备丰富的现场工作经验才能完成这项工作，工作量大而复杂且常常时间紧迫，同样必须引起高度重视。

其中《建设工程工程量清单计价规范》GB 50500—2013中规定了15项合同价款调整因素：①法律法规变化引起的合同价款调整；②工程变更引起的合同价款调整；③项目特征不符引起的合同价款调整；④工程量清单缺项引起的合同价款调整；⑤工程量偏差引起的合同价款调整；⑥计日工引起的合同价款调整；⑦物价变化引起的合同价款调整；⑧暂

估价引起的合同价款调整；⑨不可抗力引起的合同价款调整；⑩提前竣工（赶工补偿）引起的合同价款调整；⑪误期赔偿引起的合同价款调整；⑫索赔引起的合同价款调整；⑬现场签证引起的合同价款调整；⑭暂列金额引起的合同价款调整；⑮其他因素引起的合同调整。

5.2 项目施工阶段造价咨询的内容

5.2.1 资金使用计划的编制和控制

一、资金使用计划的编制

资金使用计划的编制可以按不同子项目编制，也可以按时间进度进行编制，还可以按工程造价构成编制。

5.1
项目施工阶段造价咨询

1. 按工程项目组成编制资金使用计划

一个建设项目往往由若干个单项工程构成，每个单项工程又由若干个单位工程构成，而单位工程又可以分解为若干个分部分项工程。根据工程实际需要，对工程项目进行合理粗细度的划分，根据不同子项目的划分可以进行资金的合理分配使用。按这种方式分解时，不仅要分解建筑工程费用，同时要分解安装工程、设备购置以及工程建设其他费用、预备费、建设期贷款利息等。一般而言，将投资目标分解到各单项工程和单位工程是比较容易办到的且比较合理可靠的。实际应用中，设计概算、预算都是按单项工程和单位工程编制的。

建筑安装工程费用中的人工费、材料费施工机具使用费等直接费，可直接分解到各工程分项。而企业管理费、利润、规费、税金则不宜直接进行分解。措施项目费应分析具体情况，将其中与各工程分项有关的费用（如二次搬运费、检验试验费等）分离出来，按一定比例分解到相应的工程分项；其他与单位工程、分部工程有关的费用（如临时设施费、保险费等），则不能分解到各工程分项。

完成工程项目造价目标的分解之后，应确定各工程分项的资金支出预算，一般可按式（5-1）计算：

$$分项支出预算＝核实的工程量×单价 \tag{5-1}$$

上述公式中，核实的工程量可反映并消除实际与计划（如投标书）的差异，单价则在上述建筑安装工程费用分解的基础上确定。

确定各工程分项的资金支出预算后，还应编制各工程分项的详细资金使用计划表，计划表一般应包括：工程分项编号、工程内容、计量单位、工程数量、单价、工程分项总价等，见表 5-1。

资金使用计划表   表 5-1

序号	工程分项编号	工程内容	计量单位	工程数量	单价	工程分项总价	备注

在编制资金使用计划时，应在主要的工程分项中考虑适当的不可预见费。此外，对于实际工程量与计划工程量（如工程量清单）的差异较大者，还应特殊标明，以便在实施中

主动采取必要的造价控制措施。

2. 按时间进度编制资金使用计划

建设项目的投资是分阶段、分期支出的，资金使用的合理性与资金时间安排密切相关。将总投资目标按使用时间进行分解，确定分目标值，从而编制资金使用计划，可以据此筹措资金，尽可能减少资金占用和利息支付。该方法可利用项目进度网络图进一步扩充后得到。利用网络图控制时间和投资，要求在拟定工程项目的执行计划时，一方面确定完成某项施工活动所花的时间，另一方面也要确定完成这一工作的适度支出预算。具体步骤如下：

（1）编制工程施工进度计划

应用工程网络计划技术，编制工程网络进度计划，计算相应的时间参数，确定关键线路。

（2）计算单位时间的资金支出目标

根据单位时间（月、旬或周）拟完成的实物工程量、投入的资源数量，计算相应的资金支出额，并将其绘制在时标网络计划图中。

（3）计算规定时间内的累计资金支出额

若 q_n 为单位时间内的资金支出计划数额，t 为规定的计算时间，相应的累计资金支出数额 Q_t 可按式（5-2）计算：

$$Q_t = \sum_{n=1}^{t} q_n \tag{5-2}$$

（4）绘制资金使用时间进度计划的 S 曲线

按规定的时间绘制资金使用与施工进度的 S 曲线。每一条 S 曲线都对应某一特定的工程进度计划。由于在工程网络进度计划的非关键线路中存在许多有时差的工作，因此，S 曲线（投资计划值曲线）必然包括在由全部工作均按最早开始时间（ES）开始和全部工作均按最迟开始时间（LS）开始的曲线所组成的"香蕉图"内，见图 5-1。建设单位可以根据编制的投资支出预算安排资金，也可以根据筹措的建设资金调整 S 曲线，即通过调整非关键路线上工作的开始时间，力争将实际投资支出控制在计划范围内。

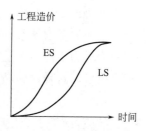

图 5-1　工程造价"香蕉图"

一般而言，所有工作都按最迟开始时间开始，对节约建设单位的建设资金贷款利息是有利的，但同时也降低了工程按期竣工的保证率。因此，要达到既节约投资支出、又保证工程按期完工的目的，则必须合理地确定投资支出计划。

3. 按工程造价构成编制资金使用计划

工程造价主要分为建筑安装工程费、设备工器具费和工程建设其他费三部分，按工程造价构成编制的资金使用计划也分为建筑安装工程费使用计划、设备工器具费使用计划和工程建设其他费使用计划。每部分费用比例根据以往经验或已建立的数据库确定，也可根据具体情况做出适当调整，每一部分还可以做进一步的划分。这种编制方法比较适合于有大量经验数据的工程项目。

二、投资偏差分析与纠正

1. 投资偏差与进度偏差

投资偏差指的是投资计划值与实际值之间存在的差异，即

$$投资偏差＝已完工程实际投资－已完工程计划投资 \tag{5-3}$$

式（5-3）结果为正，表示投资增加；结果为负，表示投资节约。

在实际情况中，需要同时考虑与投资偏差密切相关的进度偏差，从而正确反映投资偏差。进度偏差指的是已完工程实际时间与已完工程计划时间之间的差值。将投资偏差与进度偏差相联系，进度偏差可以表示为

$$进度偏差＝拟完工程计划投资－已完工程计划投资$$

其中，拟完工程计划投资是指根据进度计划安排在某一确定时间内所应完成的工程内容的计划投资。上式结果为正，表示工期拖延；结果为负，表示工期提前。

2. 偏差的分析方法

常用的偏差分析方法有横道图法、表格法和曲线法。

（1）横道图法

横道图法，即用不同的横道标识已完工程计划投资、实际投资以及拟完工程计划投资，横道长度与其数额成正比。投资偏差和进度偏差数额可以用数字或横道表示，投资偏差的原因则应经过认真分析后在图后加以叙述。

横道图法简单直观，便于了解项目投资概貌。但这种方法的信息量较少，主要反映累计偏差和局部偏差，因而其应用有一定的局限性。

（2）表格法

表格法是进行偏差分析最常用的一种方法。可以根据项目的具体情况、数据来源、投资控制工作的要求等条件来设计表格，因而适用性较强。表格法的信息量大，可以反映各种偏差变量和指标，对全面深入地了解项目投资的实际情况非常有益。此外，表格法还便于计算机辅助管理，提高投资控制工作的效率，见表5-2。

投资偏差分析　　　　　　　　　　表5-2

项目编码	(1)	01	02	03
项目名称	(2)	土方工程	打桩工程	基础工程
单位	(3)			
计划单价	(4)			
拟完工程量	(5)			
拟完工程计划投资	(6)＝(4)×(5)			
已完工程量	(7)			
已完工程计划投资	(8)＝(4)×(7)			
实际单价	(9)			
其他款项	(10)			
已完工程实际投资	(11)＝(7)×(9)+(10)			
投资局部偏差	(12)＝(11)÷(8)			
投资局部偏差程度	(13)＝(11)÷(8)			

续表

项目编码	(1)	01	02	03
投资累计偏差	(14)=Σ(12)			
投资累计偏差程度	(15)=Σ(11)÷Σ(8)			
进度局部偏差	(16)=(6)-(8)			
进度局部偏差程度	(17)=(6)÷(8)			
进度累计偏差	(18)=Σ(16)			
进度累计偏差程度	(19)=Σ(6)÷Σ(8)			

（3）曲线法

曲线法是用投资时间曲线进行偏差分析的一种方法。在用曲线法进行偏差分析时，通常有三条投资曲线，即已完工程实际投资曲线 A、已完工程计划投资曲线 B 和拟完工程计划投资曲线 P，见图 5-2。A 与 B 的竖向距离表示投资偏差，曲线 B 和 P 的水平距离表示进度偏差。图 5-2 中所反映的是累计偏差，而且是绝对偏差。用曲线法进行偏差分析虽然形象直观，但不能直接用于定量分析，与表格法结合使用效果较好。

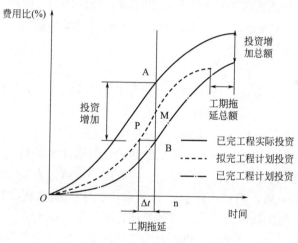

图 5-2 偏差分析曲线图

3. 投资偏差的纠正

投资偏差的纠正是对系统实际运行状态偏离标准状态的纠正，以使实际运行状态恢复或保持在标准状态。首先需要明确纠偏的主要对象，其次根据偏差原因明确纠偏主要对象，最后根据偏差原因的发生频率和影响程度明确纠偏主要对象。其纠偏措施可分为组织措施、经济措施、技术措施、合同措施四个方面。

（1）组织措施

组织措施，即从投资控制的组织管理方面采取的措施。组织措施往往被人忽视，但它恰恰是其他措施的前提和保障，一般无须增加什么费用，运用得当即可收到良好效果。

（2）经济措施

经济措施最易为人们接受，但运用中要特别注意不可将经济措施等同为审核工程量及相应的支付款。应从全局统筹考虑问题，如检查投资目标分解是否合理、资金使用计划有无保障、是否与施工进度计划发生冲突、工程变更有无必要、是否超标等。此外，通过偏差分析和未完工程预测还可以发现潜在问题，及时采取预防措施，取得造价控制的主动权。

（3）技术措施

从造价控制的要求来看，技术措施并不都是因为发生了技术问题才加以考虑的，也可以因为出现了较大的投资偏差而加以运用。不同的技术措施往往会有不同的经济效果，因此运用技术措施纠偏时，要对不同的技术方案进行技术经济分析后加以选择。

（4）合同措施

合同措施在纠偏方面主要指索赔管理。在施工过程中，难以避免地会发生索赔事件，造价工程师在发生索赔事件后，要认真审查有关索赔依据是否符合合同规定，索赔计算是否合理等，从主动控制的角度出发，加强日常的合同管理，落实合同规定的责任。

5.2.2 建设工程施工阶段工程计量与支付

在项目施工中，通过对承包人已经完成的合格工程进行计量并予以确认作为发包人支付工程价款的前提，从而控制建安工程造价。由造价工程师掌握工程款支付确认权，以约束承包人的行为，在施工的各个环节上发挥其监督和管理作用。因此，工程计量不仅是发包人控制施工阶段工程造价的关键环节，也是约束承包人履行合同义务的重要手段。

一、工程计量的原则与范围

1. 工程计量

工程计量是发承包双方根据设计图纸、技术规范以及施工合同约定的计量方式和计算方法，对承包人已经完成的质量合格的工程实体数量进行测量与计算，并以物理计量单位或自然计量单位进行标识、确认的过程。

招标工程量清单中所列的数量，通常是根据设计图纸计算的数量，是对合同工程的估计工程量。工程在施工过程中，往往会由于一些原因导致承包人实际完成工程量与工程量清单中所列工程量不一致，例如，招标工程量清单缺项、漏项或项目特征描述与实际不符，工程变更，现场施工条件的变化，现场签证，暂估价中的专业工程发包等。因此，在工程合同价款结算前，必须对承包人履行合同义务所完成的实际工程进行准确的计量。

2. 工程计量的原则

工程计量的原则包括下列三个方面：

（1）不符合合同文件要求的工程不予计量。即工程必须满足设计图纸、技术规范等合同文件对其在工程质量上的要求，同时有关的工程质量验收资料齐全、手续完备，满足合同文件对其在工程管理上的要求。

（2）按合同文件所规定的方法、范围、内容和单位计量。工程计量的方法、范围、内容和单位受合同文件所约束，其中工程量清单（说明）、技术规范、合同条款均会从不同角度、不同侧面涉及这方面的内容。在计量中要严格遵循这些文件的规定，并且一定要结合起来使用。

（3）因承包人原因造成的超出合同工程范围施工或返工的工程量，发包人不予计量。

3. 工程计量的范围

工程计量主要依据工程量清单及说明、合同图纸、工程变更令及其修订的工程量清单、合同条件、技术规范、有关计量的补充协议、质量合格证书等，对工程量清单及工程变更所修订的工程量清单的内容、合同文件中规定的各种费用支付项目（如费用索赔、各种预付款、价格调整、违约金等）进行计量确认。

二、工程计量的方法

工程量必须按照相关工程现行规范规定的工程量计算规则计算。工程计量可选择按月或按工程形象进度分段计量，具体计量周期在合同中约定。因承包人原因造成的超出合同工程范围施工或返工的工程量，发包人不予计量。通常区分单价合同和总价合同规定不同的计量方法，成本加酬金合同按照单价合同的计量规定进行计量。

1. 单价合同计量

单价合同工程量必须以承包人完成合同工程应予计量的且依据国家现行工程量计算规则计算得到的工程量确定。施工中工程计量时，若发现招标工程量清单中出现缺项、工程量偏差，或因工程变更引起工程量的增减，应按承包人在履行合同义务中完成的工程量计算。

2. 总价合同计量

总价合同计量采用工程量清单方式招标形成的总价合同，工程量应按照与单价合同相同的方式计算。采用经审定批准的施工图纸及其预算方式发包形成的总价合同，除按照工程变更规定引起的工程量增减外，总价合同各项目的工程量是承包人用于结算的最终工程量。总价合同约定的项目计量应以合同工程经审定批准的施工图纸为依据，发承包双方应在合同中约定工程计量的形象目标或时间节点进行计量。

三、工程计量的一般程序

承包方按协议条款约定的计量周期和时间，向发包人提交当期已完工程量报告。发包人应在收到报告后 7 天内核实，并将核实计量结果通知承包人。发包人未在约定时间内进行核实的，则承包人提交的计量报告中所列的工程量视为承包人实际完成的工程量。

发包人认为需要进行现场计量核实时，应在计量前 24 小时通知承包人，承包人应为计量提供便利条件并派人参加。双方均同意核实结果时，则双方应在上述记录上签字确认。承包人收到通知后不派人参加计量，视为认可发包人的计量核实结果。发包人不按照约定时间通知承包人，致使承包人未能派人参加计量，计量核实结果无效。

如承包人认为发包人的计量结果有误，应在收到计量结果通知后的 7 天内向发包人提出书面意见，并附上其认为正确的计量结果和详细的计算资料。发包人收到书面意见后，应对承包人的计量结果进行复核后通知承包人。承包人对复核计量结果仍有异议的，按照合同约定的争议解决办法处理。

5.2 工程造价咨询企业
在此阶段应编制的表格

承包人完成已标价工程量清单中每个项目的工程量后，发包人应要求承包人派员共同对每个项目的历次计量报表进行汇总，以核实最终结算工程量。发承包双方应在汇总表上签字确认。

计量过程中特别注意，必须根据具体的设计图纸以及材料和设备明细表计算的各项工程的数量进行，采用合同中所规定的计量方法和单位。发包人对承包人超出设计图纸的要求而增加的工程量和承包人自身原因造成返工的工程量不予计量。为了加强对隐蔽工程的计量，避免发承包双方之间的扯皮，发包人应对隐蔽工程作预先测算，测算结果必须经双方认可并以签字为凭。

四、按月结算建安工程价款办法

我国现行建安工程价款结算，大部分实行按月结算。这种结算办法是以分部分项工程即假定建筑安装产品为对象，按照每月完成产值进行结算或预支，待工程竣工后再办理竣工结算，一次结清，找补余款。

1. 预付款

预付款是由发包人按照合同约定，在正式开工前由发包人预先支付给承包人，用于购买工程施工所需的材料和组织施工机械和人员进场的价款。其限额取决于主要材料构配件占施工产值的比重、材料的储备期、施工工期，各地区、各部门的规定不完全相同，主要是保证施工所需材料和构件的正常储备。

5.3
预付款及期中支付

2. 预付款的支付

对于施工企业常年应备的备料款限额，可按下式计算：

$$预付款限额 = \frac{年度施工产值 \times 主要材料所占比重}{年度施工日历天数} \times 材料储备定额天数 \qquad (5\text{-}4)$$

式（5-4）中，年度施工天数按 365 个日历天计算；材料储备定额天数由当地材料供应的在途天数、加工天数、整理天数、供应间隔天数、保险天数等因素决定。一般建筑工程的预付款限额约为其计划施工产值的 25%，安装工程则为 10%。

此外，发包人也可以根据工程的特点、工期长短、市场行情、供求规律等因素，招标时在合同条件中约定工程预付款的百分比。如，包工包料工程预付款的支付比例不得低于签约合同价（扣除暂列金额）的 10%，不宜高于签约合同价（扣除暂列金额）的 30%。

3. 预付款的扣回

发包人支付给承包人的工程预付款属于预支性质，随着工程的逐步实施后，工程所需主要材料储备逐步减少，原已支付的预付款应以抵充工程价款的方式陆续扣回。抵扣方式应当由双方当事人在合同中明确约定。扣款的方法主要有以下两种：

（1）起扣点计算法

从未施工工程尚需的主要材料及构配件的价值相当于工程预付款数额时起扣，此后每次结算工程价款时，按材料所占比重扣减工程价款，竣工前全部扣清。起扣点的计算公式如下：

$$T = P - M/N \qquad (5\text{-}5)$$

即，起扣点（即工程预付款开始扣回时）的累计完成工程金额＝承包工程合同金额－工程预付款总额/主要材料及构配件所占比重。

（2）按合同约定扣款

预付款的扣回方法由发包人和承包人通过洽商后在合同中确定，一般是在承包人完成金额累计达到合同总价一定比例后，开始由承包人向发包人还款，发包人从每次应付给承包人的金额中扣回工程预付款，发包人至少在合同规定的完工期前将工程预付款的总金额逐次扣回。

4. 期中支付

工程施工过程中，发包人按照合同约定对付款周期内承包人完成的合同价款给予支付，即为工程进度款的结算支付。发承包双方应按合同约定的时间、程序和方法，根据工程计量结果，办理期中价款结算，支付进度款。进度款支付周期，应与合同约定的工程计量周期一致。进度款的支付比例按照合同约定，按期中结算价款总额计算，不低于 60%，不高于 90%。

5. 竣工结算

工程项目完工并经竣工验收合格后，发承包双方按照合同约定对所完成的工程项目进行合同价款的计算、调整和确认，其总额等于预算或合同价款加上施工过程中工程变更费用、施工索赔费用，减去预付及已结算工程价款业主索赔费用。有的工程还规定保留工程价款的 5%作为保修扣留金，以督促和约束乙方履行工程项目保修期内的义务。

五、其他工程价款结算办法

按月结算工程款以分部分项工程为结算对象，便于承包人成本费用支出及时得到补偿，按月考核成本。但最大的缺点是不能促使承包人早日竣工。因此，国内外有的建安工程将按月结算变为按建筑商品产值结算，即按能独立发挥效益的工程项目的建筑安装工程预算价值进行结算，竣工以前不进行任何中间结算。但发包人每月仍须按假定建筑产品产值将工程款交付银行，银行以它为资金来源，向承包人提供贷款。贷款利率随工期长短而浮动，若实际施工工期超过定额工期，则利息率提高；若实际施工工期低于定额施工工期，则利息率相应降低。用结算和利率两个杠杆促使承包人早日竣工。

还有按照工程形象进度划分不同阶段进行结算。如有的省市规定，工程开工后，按工程合同产值拨付 50%；工程基础完成后，拨付 20%；工程主体完成后，再拨付 25%；工程竣工验收后，再拨付 5%。

六、建安工程价款的动态结算

结算时考虑到货币的时间价值即为建安工程价款的动态结算。常用的办法有按实际价格结算法、按调价文件结算法、动态结算公式法。

按实际价格结算法是对钢材、木材、水泥等主材的价格采取凭发票实报实销的办法。此办法需要造价管理部门定期公布最高结算限价，合同文件中还要规定建设单位有权要求承包人选择更廉价的供应来源。

按调价文件结算法是指发承包双方在合同工期内按照造价管理部门调价文件的规定进行抽料补差。价格依据为所有地区每季度或每半年发布一次的主要材料预算价格，这一时期的工程价款可按其材料用量乘以价差。

动态结算公式法是比较科学的动态结算办法，但其前提条件是当地造价管理部门能按月发布各种材料、人工、机械台班的价格指数，同时各单位工程应测定出各费用要素占其产值的比重。动态结算公式为

$$P = P_0(a_0 + a_1 \times A/A_0 + a_2 \times B/B_0 + a_3 C/C_0 + a_4 \times D/D_0 + \cdots) \qquad (5-6)$$

式中　　　　　P——工程动态结算款；

　　　　　　　P_0——合同规定结算款；

　　　　　　　a_0——工程结算款中非变动部分的比重；

$a_1, a_2, \cdots, a_n$——工程结算款中变动要素所占的相应比重；

$A, B, C, D\cdots$——工程款中各费用要素结算时的价格指数；

$A_0, B_0, C_0, D_0\cdots$——工程款各费用要素签订合同时（基期）的价格指数。

5.2.3 建设工程施工阶段工程变更管理

一、工程变更及其产生的原因

1. 工程变更

工程变更是指施工合同履行过程中出现与签订合同时预计条件不一致的情况，而需要改变原定施工承包范围内的某些工作内容，包括设计变更、工程量变更、工程项目变更（如建设单位提出增加或者删减工程项目内容）、进度计划变更、施工条件变更等。根据九部委发布的《标准施工招标文件》（2007年版）中的通用合同条款，工程变更包括以下五个方面：

（1）取消合同中任何一项工作，但被取消的工作不能转由建设单位或其他单位实施。

（2）改变合同中任何一项工作的质量或其他特性。

（3）改变合同工程的基线、标高、位置或尺寸。

（4）改变合同中任何一项工作的施工时间或改变已批准的施工工艺或顺序。

（5）为完成工程需要追加的额外工作。

2. 工程变更产生的原因

工程项目实施过程中，经常碰到来自发包人对项目修改的要求和设计方由于发包人要求的变化或现场施工环境、施工技术的要求而产生的设计变更等。这些变更，经常会导致工程量变化、施工进度变化、发承包双方在执行合同中发生争执等问题。这些问题的产生，一方面由于主观原因，以致在施工过程中出现招标文件中没有考虑或估算不准确的工程量，从而不得不改变施工项目或增减工程量；另一方面由于客观原因，造成停工或工期拖延等，产生不可避免的变更。

3. 工程变更程序

发包人和监理人均可以提出变更。变更指示均通过监理人发出，监理人发出变更指示前应征得发包人同意。承包人收到经发包人签认的变更指示后，方可实施变更。未经许可，承包人不得擅自对工程的任何部分进行变更。涉及设计变更的，应由设计人提供变更后的图纸和说明。如变更超过原设计标准或批准的建设规模时，发包人应及时办理规划、设计变更等审批手续。

工程施工过程中出现的工程变更可分为监理人指示的工程变更和承包人申请的工程变更两类。

（1）监理人指示的工程变更

监理人根据工程施工的实际需要或发包人要求实施的工程变更，可以进一步划分为直接指示的工程变更和通过与承包人协商后确定的工程变更两种情况。

1）监理人直接指示的工程变更

此类变更属于必需的变更，如按照发包人的要求提高质量标准、设计错误需要进行的设计修改、协调施工中的交通干扰等情况。此时不需征求承包人意见，监理人经过发包人同意后发出变更指示要求承包人完成工程变更工作。

2）与承包人协商后确定的工程变更

此类变更属于可能发生的变更，与承包人协商后再确定是否实施变更，如增加承包范围外的某项新工作等。

（2）承包人申请的工程变更

承包人申请的工程变更可能涉及建议变更和要求变更两类。

1）建议变更

承包人对发包人提供的图纸、技术要求等，提出了可能降低合同价格、缩短工期或提高工程经济效益的合理化建议，均应以书面形式提交监理人。合理化建议书的内容应包括建议工作的详细说明、进度计划和效益以及与其他工作的协调等，并附必要的设计文件。

监理人与发包人协商是否采纳承包人提出的建议。建议被采纳并构成变更的，监理人向承包人发出工程变更指示。

承包人提出的合理化建议使建设单位获得工程造价降低、工期缩短、工程运行效益提高等实际利益，应按专用合同条款中的约定给予奖励。

2）要求变更

承包人收到监理人按合同约定发出的图纸和文件，经检查认为其中存在属于变更范围的情形，如提高工程质量标准、增加工作内容、改变工程的位置或尺寸等，可向监理人提出书面变更建议。变更建议应阐明要求变更的依据，并附必要的图纸和说明。

监理人收到承包人的书面建议后，应与发包人共同研究，确认存在变更的，应在收到承包人书面建议后的 14 天内作出变更指示。经研究后不同意作为变更的，应由监理人书面答复承包人。

（3）其他变更

合同履行中发包人要求变更工程质量标准及发生其他实质性行为时，由双方协商解决。《中华人民共和国民法典》第五百四十三条规定："当事人协商一致，可以变更合同。"根据这条规定，工程其他变更事项，均须经过发包人和承包人协商一致。

二、工程变更价款的处理[①]

1. 工程变更引起已标价工程量清单项目或其工程数量发生变化的情况

此情况下应按照下列规定调整：

（1）已标价工程量清单中有适用于变更工程项目的，采用该项目的单价；但当工程变更导致该清单项目的工程数量发生变化，且工程量偏差超过 15%时，该项目单价的调整应按照本规范第 9.6.2 条的规定调整[②]。

（2）已标价工程量清单中没有适用、但有类似于变更工程项目的，可在合理范围内参照类似项目的单价。

（3）已标价工程量清单中没有适用也没有类似于变更工程项目的，由承包人根据变更工程资料、计量规则和计价办法、工程造价管理机构发布的信息价格和承包人报价浮动率提出变更工程项目的单价，报发包人确认后调整。承包人报价浮动率可按下列公式计算：

招标工程：

$$承包人报价浮动率 L = （1 - 中标价 / 招标控制价）\times 100\% \tag{5-7}$$

[①] 依据《建设工程工程量清单计价规范》GB 50500—2013。

[②] 9.6.2 对于任一招标工程量清单项目，如果因本条规定的工程量偏差和第 9.3 条规定的工程变更等原因导致工程量偏差超过 15%，调整的原则为：当工程量增加 15%以上时，其增加部分的工程量的综合单价应予调低；当工程量减少 15%以上时，减少后剩余部分的工程量的综合单价应予调高。

非招标工程：

$$承包人报价浮动率 L＝（1－报价值/施工图预算）×100\%\qquad(5\text{-}8)$$

（4）已标价工程量清单中没有适用也没有类似于变更工程项目，且工程造价管理机构发布的信息价格缺价的，由承包人根据变更工程资料、计量规则、计价办法和通过市场调查等取得有合法依据的市场价格，提出变更工程项目的单价，报发包人确认后调整。

2. 工程变更引起施工方案改变，并使措施项目发生变化的情况

工程变更引起施工方案改变，并使措施项目发生变化的，承包人提出调整措施项目费的，应事先将拟实施的方案提交发包人确认，并详细说明与原方案措施项目相比的变化情况。拟实施的方案经发承包双方确认后执行。该情况下，应按照下列规定调整措施项目费：

（1）安全文明施工费，按照实际发生变化的措施项目调整。

（2）采用单价计算的措施项目费，按照实际发生变化的措施项目按情况（1）的规定确定单价。

（3）按总价（或系数）计算的措施项目费，按照实际发生变化的措施项目调整，但应考虑承包人报价浮动因素，即调整金额按照实际调整金额乘以情况（1）规定的承包人报价浮动率计算。如果承包人未事先将拟实施的方案提交给发包人确认，则视为工程变更不引起措施项目费的调整或承包人放弃调整措施项目费的权利。

3. 当发包人提出的工程变更，因非承包人原因删减了合同中的某项原定工作或工程，致使承包人发生的费用或（和）得到的收益不能被包括在其他已支付或应支付的项目中，也未被包含在任何替代的工作或工程中，则承包人有权提出并得到合理的利润补偿。

三、FIDIC 合同条件下的工程变更

随着"一带一路"倡议的实施，中国企业国际工程承包业务增长迅速。在国际工程项目招标中，尤其是世界银行、亚洲开发银行等国际金融组织的贷款项目，国际咨询工程师联合会（FIDIC）发布的系列标准合同条件应用最为广泛。

1. 工程变更的权利与范围

（1）工程变更的权利

在颁发工程接收证书前的任何时间，工程师有权依照变更程序的规定发出变更指令。承包人应当受变更指令的约束并毫不迟延地立即执行，但是发现有下列情形之一的，承包人应立即通知工程师并附具详细的证明资料：

1）基于工程的范围和性质考虑，该项变更工作是不可预见的；

2）承包人不能便利地获得实施该项变更所需的货物（包括承包人的设备、材料、永久设备、临时工程等）；

3）该项变更会严重影响承包人履行合同规定的健康、安全及保护环境义务。

收到承包人的书面通知后，工程师应当做出取消、确认或修改变更指示的决定并通知承包人。

（2）工程变更的范围

由于工程变更属于合同履行过程中的正常管理工作，工程师可以根据施工进展的实际情况，在认为必要时就以下几个方面发布变更指令：

1）合同中任何工作的工程量的变化

由于招标文件中工程量清单所列的工程量是依据初步设计概算的量值，是为承包人编

制投标书时合理进行施工组织设计及报价之用，因此实施过程中会出现实际工程量与计划值不符的情况。为了便于合同管理，当事人双方应在专用条款内约定：工程量变化较大可以调整单价百分比（视工程具体情况，可在 15％～25％范围内确定）。

2）任何工作的质量或其他特性的改变

如在强制性标准外提高或降低质量标准等。

3）工程任何部位的标高、位置和（或）尺寸的改变

工程合同中出现了任何部分的标高、位置和尺寸的改变，均属工程变更的范围。

4）任何合同约定的工作内容的删减，但未经双方同意由他人实施的除外

省略的工作应是不再需要的工程，不允许用变更指令的方式将承包范围内的工作变更给其他承包人实施。

5）新增工程按单独合同对待

新增工程是进行永久工程所必需的任何附加工作、永久设备、材料供应或其他服务，包括任何联合竣工检验、钻孔和其他检验以及勘察工作。这种变更指令应是增加与合同工作范围性质一致的新增工作内容，而且不应以变更指令的形式要求承包人使用超过他目前正在使用或计划使用的施工设备范围去完成新增工程。除非承包人同意此项工作按变更对待，一般应将新增工程按一个单独的合同来对待。

6）实施工程的顺序或时间安排的改变

承包人不应对永久工程作任何更改或修改，除非且直到工程师发出变更指令。

此类属于合同工期的变更，既可能由于增加工程量、增加工作内容等情况所致，也可能源于工程师为了协调几个承包人施工的互相干扰而发布的变更指示。

2. 工程变更程序

在颁发工程接收证书前的任何时间，工程师都可以通过发布变更指示或以要求承包人递交建议书的任何一种方式提出变更。

（1）指示变更

工程师在业主授权范围内根据施工现场的实际情况，在确属需要时有权发布变更指示。指示的内容应包括详细的变更内容、变更工程量、变更项目的施工技术要求和有关部门文件图纸以及变更处理原则。其变更程序见图 5-3。

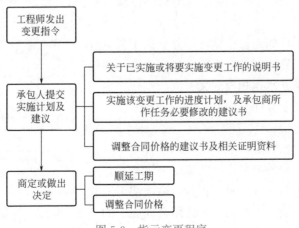

图 5-3　指示变更程序

（2）承包人建议的变更

承包人建议的变更包括两类：一类是工程师征求承包人的建议；另一类是承包人基于价值工程主动提出的建议。

1）工程师征求承包人建议的变更

工程师在发布变更指令之前，可以书面通知承包人提交一份建议书，承包人应尽快作出答复。承包人提交建议书的，建议书的内容与工程师指示变更程序中的要求一致。承包人拒绝提交建议书的，应当书面说明理由，所依据的理由与前述承包人拒绝工程师变更指令的内容一致。

工程师收到承包人的建议书后，应当尽快以书面形式予以答复，说明其是否批准承包人的建议。承包人在等待答复期间，不得延误任何工作。如果工程师未批准承包人的建议书，不论其是否提出意见，承包人因提交建议书所产生的费用，有权依据索赔程序要求业主支付。

工程师批准建议书的，不论是否提出意见，工程师应当发出变更指令。随后，承包人应当根据工程师的合理要求，进一步提交所需要的资料。最后，工程师与双方当事人就工期顺延与合同价格调整进行商定或作出决定。

2）承包人基于价值工程主动提出建议的变更

如果承包人认为其建议被业主采纳后能够缩短工程工期，降低业主实施、维护或运营工程的费用，能为业主提高竣工工程的效率、价值或者为业主带来其他利益，那么可以随时向工程师提交一份书面建议。承包人应自费编制此类建议书，其内容与工程师指示变更程序中要求承包人提交的建议书的内容一致。

工程师收到承包人的建议书后，应当尽快以书面形式予以答复，说明其是否批准承包人的建议。工程师在作出答复前应当征求业主同意。承包人在等待答复期间，不得延误任何工作。

工程师批准建议书的，不论是否提出意见，工程师应当发出变更指令。随后，承包人应当根据工程师的合理要求，进一步提交所需要的资料。工程师与双方当事人就工期顺延与合同价格调整进行商定或作出决定时，还应考虑专用条款中关于此项建议的获益（如果有）、费用和（或）工期延误在双方当事人之间分担的约定。

如果由工程师批准的建议包括对部分永久工程设计的改变，除非双方另有约定，应当由承包人自费完成该部分工程的设计工作并承担相应的义务。

承包人建议的变更程序见图5-4。

（3）工程变更计价

1）工程变更计价的原则

承包人按照工程师的变更指示实施变更工作后，会涉及变更工程的计价问题。变更工程的价格或费率通常是双方协商的焦点。变更工程的计价适用合同规定的工

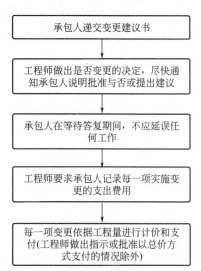

图5-4 承包人建议的变更程序

程计价原则，即以实际测量的工程量乘以该项工作对应的费率或价格。其中，费率或价格的确定原则包括：

① 变更工作在工程量表中有同种工作内容的单价或价格，应以该单价计算变更工程费用，即变更工作的费率或价格应当适用工程量清单或其他报表中的明确规定的费率或价格。若实施变更工作未引起工程施工组织和施工方法发生实质性变动，不应调整该项目的单价。

② 若变更工作的内容在工程量清单或其他报表中没有明确规定，则适用工程量清单或其他报表中类似工作的费率或价格。若工程量表中虽列有同类工作的单价或价格，但对具体变更工作而言不适用，则应在原单价或价格的基础上制定合理的新单价或价格。

③ 若变更工作的内容在工程量清单或其他报表中没有明确规定，也没有类似工作，则应按照与合同单价水平相一致的原则，确定新的费率或价格。每项新的费率或价格应当参考工程量清单或其他报表中的相关费率或价格，并结合变更工作的具体内容做出合理的调整，任何一方不能以工程量表中没有此项价格为借口，将变更工作的单价定得过低或过高。如果没有可供参考的相关费率或价格，则新的费率或价格应根据实施该项工作的合理费用，以及合同专用条款中规定的利润率（如果没有，按 5% 计取），并考虑任何相关事件后确定。

2）可以调整合同工作单价的原则

具备以下条件时，允许对某一项工作规定的单价或价格加以调整。

① 此项工作实际测量的工程量比工程量表或其他报表中规定的工程量的变动大于 10%。

② 工程量的变更与对该项工作规定的具体单价的乘积超过了接受的合同款额的 0.01%。

③ 由此项工程量的变更直接造成该项工作每单位工程费用的变动超过 1%。

3）删减原来工作后对承包人的补偿

工程师发布删减工作的变更指示后承包人不再实施部分工作，合同价款中包括的直接费部分没有受到损害，但摊销在该部分的间接费、税金和利润则实际不能合理回收。因此承包人可以就其损失向工程师发出通知并提供具体的证明资料，工程师与合同双方协商后确定一笔补偿金额加入合同价内。

（4）按照计日工作实施的变更

对于一些小的或附带性的工作，工程师可以指示按计日工作实施变更。这时，工作应当按照包括在合同中的计日工作计划表进行计价。

在为工作订购货物前，承包人应向工程师提交报价单。在申请支付时，承包人应向工程师提交各种货物的发票、凭证以及账单或收据。除计日工作计划表中规定不应支付的任何项目外，承包人应向工程师提交每日的精确报表，一式两份，报表应当包括前一工作日中使用的各项资源的详细资料。

5.2.4　建设工程施工阶段工程索赔

一、工程索赔的概念及分类

工程合同履行过程中，当事人一方因非己方的原因而遭受经济损失或工期延误，按照合同约定或法律规定，应由对方承担责任，而向对方提出工期和（或）费用补偿要求的行为，即为工程索赔。

5.4
工程索赔责任判断

1. 按索赔的当事人分类

根据索赔合同当事人不同，可以将工程索赔分为承包人与发包人之间的索赔、总承包人和分包人之间的索赔。

（1）承包人与发包人之间的索赔

该类索赔发生在建设工程施工合同的双方当事人之间，既包括承包人向发包人的索赔，也包括发包人向承包人的索赔。但是在工程实践中，经常发生的索赔事件，大多是承包人向发包人提出的。

（2）总承包人和分包人之间的索赔

建设工程分包合同履行过程中，索赔事件发生后，无论是发包人的原因还是总承包人的原因所致，分包人都只能向总承包人提出索赔要求，而不能直接向发包人提出。

2. 按索赔目的和要求分类

根据索赔的目的和要求不同，可以将工程索赔分为工期索赔和费用索赔。

（1）工期索赔

工程合同履行过程中，由于非因自身原因造成工期延误，按照合同约定或法律规定，承包人向发包人提出合同工期补偿要求的行为。工期顺延的要求获得批准后，不仅可以免除承包人承担拖期违约赔偿金的责任，而且承包人还有可能因工期提前获得赶工补偿（或奖励）。

（2）费用索赔

工程承包合同履行中，当事人一方因非己方原因而遭受费用损失，按合同约定或法律规定应由对方承担责任，而向对方提出增加费用要求的行为。

3. 按索赔事件的性质分类

根据索赔事件的性质不同，可以将工程索赔分为工程延误索赔、加速施工索赔、工程变更索赔、合同终止的索赔、不可预见的不利条件索赔、不可抗力事件的索赔及其他索赔。

（1）工程延误索赔

因发包人未按合同规定的时间交付规定数量和内容设计图纸和资料，或未按合同要求提供施工条件，或因发包人指令工程暂停或不可抗力事件等原因造成工期拖延或损失的，承包人可以向发包人提出索赔；如果由于承包人原因导致工期拖延，发包人可以向承包人提出索赔。

（2）加速施工索赔

由于发包人指令承包人加快施工速度、缩短工期，引起承包人的人力、物力、财力的额外开支，承包人提出的索赔。

（3）工程变更索赔

由于发包人指令提高设计、施工、材料的质量标准，增加或减少工程量或增加附加工程、修改设计、变更工程顺序等，扰乱了施工计划及施工方案等，造成工期延长和（或）费用增加，承包人就此提出索赔。

（4）合同终止的索赔

由于发包人违约或发生不可抗力事件等原因造成合同非正常终止，承包人因其遭受经济损失而提出索赔。如果由于承包人的原因导致合同非正常终止，或者合同无法继续履行，发包人可以就此提出索赔。

（5）不可预见的不利条件索赔

承包人在工程施工期间，施工现场遇到一个有经验的承包人通常不能合理预见的不利施工条件或外界障碍，例如，工程地质条件与合同规定、设计文件不一致，出现不可预见的地下水、地质断层、溶洞、地下障碍物等，承包人可以就此遭受的损失提出索赔。

（6）不可抗力事件的索赔

工程施工期间，因不可抗力事件的发生而遭受损失的一方，可以根据合同中对不可抗力风险分担的约定，向对方当事人提出索赔。

（7）其他索赔

如因货币贬值、汇率变化、物价上涨、政策法令变化等原因，造成材料价格、人工工资上涨，承包人蒙受较大损失，引起的索赔。

二、索赔的依据和前提条件

1. 索赔的依据

（1）工程施工合同文件

工程施工合同是工程索赔中最关键和最主要的依据，工程施工期间，发承包双方关于工程的洽商、变更等书面协议或文件，也是索赔的重要依据。

（2）国家法律法规

国家制定的相关法律、行政法规，是工程索赔的法律依据。部门规章以及工程项目所在地的地方性法规或地方政府规章，也可以作为工程索赔的依据，但应当在施工合同专用条款中约定为工程合同的适用法律。

（3）国家、部门和地方有关的标准、规范和定额

对于工程建设的强制性标准，是合同双方必须严格执行的；对于非强制性标准，必须在合同中有明确规定的情况下，才能作为索赔的依据。

（4）工程施工合同履行过程中与索赔事件有关的各种凭证

这是承包人因索赔事件所遭受费用或工期损失的事实依据，它反映了工程的计划情况和实际情况。

2. 索赔成立的前提条件

（1）索赔事件已造成了承包人直接经济损失或工期延误。

（2）造成费用增加或工期延误的索赔事件是因非承包人的原因发生的。

（3）承包人已经按照工程施工合同规定的期限和程序提交了索赔意向通知、索赔报告及相关证明材料。

三、索赔的计算

1. 工期索赔计算

工期索赔的计算方法主要有网络图分析法和比例计算法两种。

（1）网络图分析法

网络图分析法是利用进度计划网络图，分析关键线路。若延误工作

5.5

工程索赔计算

为关键工作，则总延误的时间为批准顺延的工期；若延误工作为非关键路径，当该工作由于延误超过时差限制而成为关键工作时，可以批准延误时间与时差的差值；若该工作延误后仍为非关键工作，则不存在工期索赔问题。

该方法通过分析干扰事件发生前后网络计划的计算工期之差计算工期索赔值，可用于各种干扰事件和多种干扰事件共同作用所引起的工期索赔。

（2）比例计算法

若某干扰事件仅仅影响某单项工程、单位工程或分部分项工程的工期，要分析其对总工期的影响，可以采用比例计算法。

1）已知受干扰部分工程的延期时间

工期索赔值＝受干扰部分工期拖延时间×受干扰部分工程的合同价格/原合同总价

(5-9)

2）已知额外增加工程量的价格

工期索赔值＝原合同总工期×额外增加的工程量价格/原合同总价 (5-10)

比例计算法简单方便，但有时与实际情况不相符合。该方法不适用于变更施工顺序、加速施工、删减工程量等事件的索赔。

（3）共同延误的处理

实际施工过程中，工期拖期往往是两、三种原因同时发生（或相互作用）而形成的，故称为"共同延误"。此情况下，要具体分析哪一种情况延误是有效的，应依据以下原则：

1）首先判断造成拖期的哪一种原因是最先发生的，即确定"初始延误"者，它应对工程拖期负责。在初始延误发生作用期间，其他并发的延误者不承担拖期责任。

2）如果初始延误者是发包人原因，则在发包人原因造成的延误期内，承包人既可得到工期延长，又可得到经济补偿。

3）如果初始延误者是客观原因，则在客观因素发生影响的延误期内，承包人可以得到工期延长，但很难得到费用补偿。

4）如果初始延误者是承包人原因，则在承包人原因造成的延误期内，承包人既不能得到工期补偿，也不能得到费用补偿。

2. 费用索赔的计算

不同原因引起的索赔，承包人可索赔的具体费用内容是不完全一样的。归纳起来，索赔费用的要素与工程造价的构成基本类似，一般可归结为人工费、材料费、施工机械使用费、分包费、现场管理费、总部（企业）管理费、保险费、保函手续费、利息、利润等。

（1）人工费

人工费的索赔内容主要包括由于完成合同之外的额外工作所花费的人工费用；超过法定工作时间加班劳动；法定人工费增长；因非承包商原因导致工效降低所增加的人工费用；因非承包商原因导致工程停工的人员窝工费和工资上涨费等。其计算公式如下：

$$C_1 = C_{11} + C_{12} + C_{13} \quad (5-11)$$

式中 C_1——索赔的人工费；

C_{11}——人工单价上涨引起的费用；

C_{12}——人工工时增加引起的费用；

C_{13}——劳动生产率降低引起的人工损失费用。

计算停工损失中人工费时，通常采取人工单价乘以折算系数计算。

（2）材料费

材料费的索赔内容主要包括由于索赔事件的发生造成材料实际用量超过计划用量而增加的材料费；由于发包人原因导致工程延期期间的材料价格上涨和超期储存费用。如果由于承包商管理不善，造成材料损坏失效，则不能列入索赔款项内。材料费索赔包括材料耗用量增加和材料单价成本上涨两个方面，其计算公式为：

$$C_m = C_{m1} + C_{m2} \qquad (5\text{-}12)$$

式中　C_m——索赔的材料费；

　　　C_{m1}——材料用量增加费；

　　　C_{m2}——材料单价上涨费。

（3）施工机械使用费

施工机械使用费的索赔内容主要包括由于完成合同之外的额外工作所增加的机械使用费；非因承包人原因导致工效降低所增加的机械使用费；由于发包人或工程师指令错误或迟延导致机械停工的台班停滞费。在计算机械设备台班停滞费时，不能按机械设备台班费计算，因为台班费中包括设备使用费。按机械设备的归属可分为自有设备费用索赔和租赁设备索赔。索赔机械费应主要考虑机械工作时间的增加，其计算公式为：

$$C_C = C_{C1} + C_{C2} + C_{C3} + C_{C4} \qquad (5\text{-}13)$$

式中　C_C——索赔机械费；

　　　C_{C1}——承包人机械工作时间增加费；

　　　C_{C2}——机械台班费上涨费；

　　　C_{C3}——外来机械租赁费（含必要的进出场地等费用）；

　　　C_{C4}——机械设备闲置损失费用。

（4）分包费

工程实施过程中，由于发包人的原因导致分包工程费用增加时，包括工程量增加和分包单价增加，分包商可就分包工程增加费用提出索赔，但只能向总承包人提出索赔，且分包人的索赔款项应当列入总承包人对发包人的索赔款项中。

一般说来，分包商在进行索赔时，应先向总承包人提出其索赔要求和方案。总承包人在和分包商协商后，对索赔方案进行审查和修改。由总承包人和分包商一起，以总承包人的名义向业主提出分包工程增加费及相应管理费用索赔，有时视情况可包含相应利润。其计算公式为：

$$C_s = C_{s1} + C_{s2} \qquad (5\text{-}14)$$

式中　C_s——索赔的分包费；

　　　C_{s1}——分包工程增加费用；

　　　C_{s2}——分包工程增加费用的相应管理费，有时可包含相应利润。

（5）现场管理费

现场管理费的索赔包括承包人完成合同之外的额外工作以及由于发包人原因导致工期延期期间的现场管理费，包括管理人员工资、办公费、通信费、交通费等。现场管理费索赔金额的计算公式为：

$$现场管理费索赔金额 = 索赔的直接成本费用 \times 现场管理费率 \qquad (5\text{-}15)$$

现场管理费率的确定可选用合同百分比法、行业平均水平法、原始估价法及历史数据法。

（6）总部（企业）管理费

总部管理费的索赔主要指由于发包人原因导致工程延期期间所增加的承包人向公司总部提交的管理费，包括总部职工工资、办公大楼折旧、办公用品、财务管理、通信设施以及总部领导人员赴工地检查指导工作等开支。总部管理费索赔金额的计算，目前还没有统一的方法。通常可采用按总部管理费的比率计算及按已获补偿的工程延期天数为基础计算。

（7）保险费

因发包人原因导致工程延期时，承包人必须办理工程保险、施工人员意外伤害保险等各项保险的延期手续，由此增加的费用，承包人可以提出索赔。

（8）保函手续费

因发包人原因导致工程延期时，承包人必须办理相关履约保函的延期手续，由此增加的手续费，承包人可以提出索赔。

（9）利息

利息的索赔包括：发包人拖延支付工程款利息；发包人迟延退还工程质量保证金的利息；承包人垫资施工的垫资利息；发包人错误扣款的利息等。索赔利息的利率标准，双方可在合同中明确约定，没有约定或约定不明的，可按照中国人民银行发布的同期同类贷款利率计算。

（10）利润

一般而言，由于工程范围的变更、发包人提供的文件有缺陷或错误、发包人未能提供施工场地以及因发包人违约导致的合同终止等事件引起的索赔，承包人都可以列入利润。索赔利润的计算通常是与原报价单中的利润百分率保持一致。一般在以下三种情况下，承包人可以获得利润索赔。

1）合同变更或额外成本支出引起计划利润损失

合同变更部分的计价是以合同价格为基础的，其中必然含有利润因素。对于合同变更，按国内惯例，只要合同中有可以适用的价格，应该套用。即使合同价格不完全适用合同变更情况，也应在套用的合同价格基础上附加成本差额，即含在原报价的相应项目价格中。对承包人来说，合同变更工作的利润率完全取决于其在投标报价中所采取的将自己置于何种有利或不利境地的原则。

2）合同延期导致机会利润损失

由于业主原因引起合同延期，从而导致承包人丧失了可以承揽其他新工程而取得利润的机会，承包人由此而遭受的损失即机会利润损失，可向业主提出索赔。在此情况下，由于合同延期，承包人不得不继续在本合同项目保留原已安排用于其他工程的人员、设备和流动资金等。承包人的延期利润索赔不是以其额外工作的数量或直接损失的程度为依据，而是以其工程合同机构的潜在盈利能力为依据。

3）合同终止带来预期利润损失

由于业主原因导致合同提前终止或解除，承包人有权就预期利润，即剩余未完成合同工作的利润损失提出索赔。此情况下，承包人根据损失赔偿原则应得到的利润索赔与合同延期的情况是完全不同的。承包人是否可以得到利润索赔及其数额的多少，取决于该合同的实际营利性以及截至合同终止时对已完工程的付款数额。

但应当注意的是，由于工程量清单采用综合单价，已经包含了人工费、材料费、施工机具使用费、企业管理费、利润以及一定范围内的风险费用，索赔计算中不应重复计算。此外，某些引起索赔的事件，同时也可能是合同中约定的合同价款调整因素（如工程变更、法律法规的变化以及物价波动等），若已进行了合同价款调整的索赔，承包人在费用索赔的计算时，不能重复计算。

（11）融资成本

融资成本又称资金成本，是企业取得和使用资金所付出的代价，其中主要是支付给银行的利息。对承包人而言，由于索赔补偿的取得只能在索赔事件完结之后较长一段时间内才能实现，因而承包人不得不从银行贷款或以自有的资金垫付支出，由此不可避免地产生了融资成本问题。融资成本包括额外贷款的利息支出和使用自有资金带来的机会损失。

1）额外贷款的利息支出索赔

在工程承包中占相当大的比重，尤其是在亏损项目中，利息带来的损失更为突出。如果由于业主违约或其他合法索赔事项，承包人为保证合同项目的顺利实施，必须增加额外银行贷款来满足工程施工现金流的需要，则承包人须证明以下两点：

① 额外贷款是因业主违约或其他合法索赔事项直接引起的；

② 索赔的利息数是由上述额外贷款直接产生的，监理工程师应受理承包人提出的相关利息支出的索赔。

利息的索赔额通常是根据额外贷款的本金、利率和利息发生时间的周期数，利用复利计算法确定的。

2）自有资金带来的机会损失索赔

若承包人自有资金充足，索赔事件发生时，可不向金融机构贷款，而运用自有资金弥补合法索赔事件引起的现金流量缺口。此情况下，确定承包人的利息索赔数有两种方法。一是参照有关金融机构的利率标准，二是假定承包人可以将这些资金用于其他工程，则以其能获得收益作为利息索赔数。此情况下，承包人必须能证明其计划将该项资金用于其他项目，并能够从中获利。

3）融资成本索赔处理原则

一般在发生下列索赔事件的情况下，监理工程师按相应的处理原则，应受理承包人向业主提出的利息索赔。

① 业主拖延或拒绝支付各种工程款，推迟退还工程保留金或超过合同规定数量扣留保证金。这种情况一般都在合同中有明确的规定，其利息支出按合同中约定的利率进行计算。

② 若合同中没有明确规定，只需适用法律许可，承包人同样应得到利息索赔。如我国经济法规定，违约金、赔偿金应在明确责任后 10 天内偿付，否则按逾期付款处理。若当事人一方未按期支付合同规定的应付金额或者与合同有关的其他应付款，另一方有权收取延迟支付金额的利息。利息计算方法可以由双方在合同中约定。

③ 由于业主资金未及时到位，承包人贷款或利用自有资金完成业主的新增工程、变更工程或被业主延误的工程。这种情况下的利息索赔应以事实和诚实信用原则为基础。特

别是承包人利用自有资金的情况，其索赔费用实质上是一种机会损失，承包人需提出有力的证据。

5.3 项目施工阶段造价咨询要点

5.3.1 施工阶段投资控制

施工阶段对工程投资的影响非常大，该阶段的投资控制是建设工程投资控制的重要环节。发包人的投资控制必须与质量控制和进度控制同时展开，三者之间搞好协调，确保工程质量和工程进度。通常来说，施工阶段作为工程投资最主要的阶段，人力、物力、资金都在施工阶段聚焦，这一阶段也最可能发生投资浪费的情况。发包人要对施工图预算和进度款进行审核和确认，对工程进度和工程质量进行全过程监督，对工程材料进行检验，对工程造价进行控制。在施工过程中，要对投资经费进行跟踪，编制费用清单，复核经费开支。

5.6
项目施工阶段
造价咨询实务

发包人对施工阶段的投资控制，不仅要控制工程款的支付，还要从组织措施、经济措施、技术措施、合同签订等方面对工程投资进行控制，减少不合理的开支，确保工程的质量效益。

一、投资控制的组织措施

首先，要建立健全相关的制度，明确相关的责任。其次，保存好原始记录，只要是涉及经济活动，都要准确详实地记录下来。最后，完善内部价格制度，要根据市场物价，对材料费用，机械设备费用，工资成本进行统一的成本核算，减少不必要的开支。

二、投资控制的经济措施

第一，要认真编制资金使用计划，对项目目标进行分解，对资金进行合理配置，将实际开支与计划开支进行比对，找准开支差额，加大风险防控力度。第二，认真核算变更工程量，由于承包人自身原因造成的工程变更，发包人要把握原则，不予认可。要认真审核工程进度款的拨付，防止发生超预算付款的现象。第三，根据承包人申请，对工程进度款的拨付进行审核。第四，对投资进行有效的跟踪，把工程预算作为控制目标，对各种经费占总造价的比例进行严格的控制，定期进行投资分析。第五，对合理的工程变更价款进行研究确定，在此过程中，要确保工程材料单价和工期科学合理，要按合同约定进行价格变更，对没有约定的要进行认真审查。发包人要对竣工结算进行审核，逐一核对合同条款，检查隐蔽工程落实情况，确定设计变更的有效性，按照施工图对实际工程量进行审核，对定额单价进行复核，检查费用的计取方式是否合理，是否存在误差现象。

三、投资控制的技术措施

第一，工程开工前发包人应审批承包人报送的施工组织设计。第二，对设计变更进行严格的控制，通过施工图会审发现存在问题，确保施工图纸准确无误。如需变更的项目涉及投资金额较大，则需要根据实际情况进行合理化分析。第三，建立节约的理念，使用新技术、新工艺和新材料，减少工程的建设成本，对工程材料进行严格的审查，了解市场行情，同时要求承包人，提交与工程材料相关的资料。第四，对施工建设方案进行认真的分析，对工程签证进行认真的审查，确保工程方案的合理性和签证的有效性。

四、投资控制的合同签订

发包人对工程索赔进行合理处理，要区分责任，了解索赔原因，对发包人自身和承包人以及不可抗力等原因引起的索赔，要采取不同的解决方式。发包人要对事态严重性进行评估，综合考量承包人和发包人自身的损失，要在最大限度减少费用的情况下，计算索赔费用。通常比较常用的计算方法是分项计算法，因此，发包人在工作过程中，要注意保存相关的资料，特别是对设计变更的资料要专门建档保存，确保一旦发生索赔，能够找到索赔依据。

发包人要把合同的修改、修订工作作为投资控制的主要内容。因为涉及地质水文和不可抗力的因素，合同的适用条件或许会发生大的变化，要及时对合同进行修订，确保合同约定方的利益。发包人要实事求是地处理合同变更，如因承包人原因造成的费用增加，发包人应该及时驳回变更要求。同时对增加费用拿不出合理证据的，也应坚决予以驳回。

总之，在施工阶段的投资控制中，要注重全过程管理，从工程造价制定、工程变更管理、索赔管理、施工现场管理等方面入手，全面提高投资控制效果。

5.3.2　施工阶段成本控制

一、施工阶段成本管理流程

施工阶段成本管理是一个有机联系与相互制约的系统过程，施工阶段成本管理流程见图 5-5。成本预测是成本计划的编制基础，成本计划是开展成本控制和核算的基础；成本控制能对成本计划的实施进行监督，保证成本计划的实现；成本核算是成本计划是否实现的最后检查，成本核算所提供的成本信息又是成本预测、成本计划、成本控制和成本考核等的依据；成本分析为成本考核提供依据，也为未来的成本预测与成本计划指明方向；成本考核是实现成本目标责任制的保证和措施。

二、施工阶段成本管理方法

1. 成本预测

施工成本预测是指承包人及其项目经理部有关人员凭借历史数据和工程经验，运用一定方法对工程项目未来的成本水平及其可能的发展趋势作出科学估计。工程项目成本预测是工程项目成本计划的依据。预测时，通常是对工程项目计划工期内影响成本的因素进行分析，比照近期已完工程项目或将完工项目的成本（单位成本），预测这些因素对施工成本的影响程度，估算出工程项目的单位成本或总成本。施工成本预测的方法可分为定性预测和定量预测两大类。

（1）定性预测

定性预测是指造价管理人员根据专业知识和实践经验，通过调查研究，利用已有资料，对成本费用的发展趋势及可能达到的水平进行分析与推断。定性预测对管理人员的素质和判断能力依赖性强，因此该方法必须建立在对工程项目成本费用的历史资料、现状及影响因素深刻了解的基础之上。该方法简便易行，资料偏少且难以进行定量预测时最为适用。最常用的定性预测方法是调查研究判断法，如座谈会法和函询调查法。

（2）定量预测

定量预测是利用历史成本费用统计资料以及成本费用与影响因素之间的数量关系，通

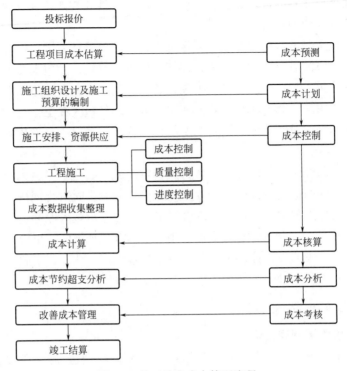

图 5-5　施工阶段成本管理流程

过构建数学模型推测、计算未来成本费用的可能结果。常用的定量预测方法有加权平均法、回归分析法等。

2. 成本计划

成本计划是在成本预测的基础上，承包人及其项目经理部对计划期内工程项目成本水平所作的筹划。施工项目成本计划是以货币形式表达的项目在计划期内的生产费用、成本水平及为降低成本采取的主要措施和规划的具体方案。成本计划是目标成本的一种表达形式，是建立项目成本管理责任制、开展成本控制和核算的基础，是进行成本费用控制的主要依据。

（1）成本计划的内容

成本计划一般由直接成本计划和间接成本计划组成。直接成本计划主要反映工程项目直接成本的预算成本、计划降低额及计划降低率，主要包括工程项目的成本目标及核算原则、降低成本计划表或总控制方案、对成本计划估算过程的说明及对降低成本途径的分析等。间接成本计划主要反映工程项目间接成本的计划数及降低额，在编制计划时，成本项目应与会计核算中间接成本项目的内容一致。

此外，成本计划还应包括项目经理对可控责任目标成本进行分解后形成的各个实施性计划成本，即各责任中心的责任成本计划。责任成本计划按照时间划分，又可以包括年度、季度和月度责任成本计划。

（2）成本计划编制方法

1）目标利润法

目标利润法是根据工程项目的合同价格扣除目标利润后得到目标成本的方法。采用正确的投标策略和方法以最理想的合同价中标后，从中标价中扣除预期利润、税金、应上缴的管理费等之后的余额即为工程项目实施中所能支出的最大限额。

2）技术进步法

技术进步法是以工程项目计划采取的技术组织措施和节约措施所能取得的经济效果为项目成本降低额，求得项目目标成本的方法，其计算公式为：

$$项目目标成本＝项目成本估算值－技术节约措施计划节约额（或降低成本额）\quad (5-16)$$

3）按实计算法

按实计算法是以工程项目的实际资源消耗测算为基础，根据所需资源的实际价格，详细计算各项活动或各项成本组成的目标成本的方法，其计算公式为：

$$人工费＝\sum 各类人员计划用工量×实际工资标准材料费 \quad (5-17)$$

$$材料费＝\sum 各类材料的计划用量×实际材料基价 \quad (5-18)$$

$$施工机具使用费＝\sum 各类机具的计划台班量×实际台班单价 \quad (5-19)$$

在此基础上，由项目经理部生产和财务管理人员结合施工技术和管理方案等测算措施费、项目经理部的管理费等，汇总构成项目目标成本。

4）定率估算法（历史资料法）

当工程项目非常庞大和复杂而需要分为几个部分时采用的定率估算法（历史资料法）。首先，将工程项目分为若干子项目，参照同类工程项目的历史数据，采用算术平均法计算子项目目标成本降低率和降低额，然后再汇总整个工程项目的目标成本降低率、降低额。在确定子项目成本降低率时，可采用加权平均法或三点估算法。

3. 成本控制

在工程项目实施过程中，对影响工程项目成本的各项要素，即施工生产所耗费的人力、物力和各项费用开支，采取一定措施进行监督、调节和控制，及时预防、发现和纠正偏差，保证工程项目成本目标的实现，即为成本控制。成本控制是工程项目成本管理的核心内容，也是工程项目成本管理中不确定因素最多、最复杂、最基础的管理内容。

（1）成本控制的内容和过程

施工成本控制包括计划预控、过程控制和纠偏控制三个重要环节。

计划预控是指运用计划管理的手段事先做好各项施工活动的成本安排，使工程项目预期成本目标的实现建立在有充分技术和管理措施保障的基础上，为工程项目的技术与资源的合理配置和消耗控制提供依据。控制的重点是优化工程项目实施方案、合理配置资源和控制生产要素的采购价格。

过程控制是指控制实际成本的发生，包括实际采购费用发生过程的控制、劳动力和生产资料使用过程的消耗控制、质量成本及管理费用的支出控制。承包人应充分发挥工程项目成本责任体系的约束和激励机制，提高施工过程的成本控制能力。

纠偏控制是指在工程项目实施过程中，对各项成本进行动态跟踪核算，发现实际成本与目标成本产生偏差时，分析原因，采取有效措施予以纠偏。

（2）成本控制的方法

成本控制的方法有成本分析表法、工期-成本同步分析法、挣值分析法及价值工程法。

利用各种表格进行成本分析和控制的方法即为成本分析表法。成本分析表法可以清晰地进行成本比较研究。常见的成本分析表有月成本分析表、成本日报或周报表、月成本计算及最终预测报告表等。

成本伴随着工程进展发生，成本控制与进度控制之间有着必然的同步关系，同步分析工期与成本的方法即为工期-成本同步分析法。

施工过程中，某道工序上的成本开支超出计划，或某道工序的施工进度与计划不符，会引起施工成本的实际开支与计划不相符，出现虚盈或虚亏的不正常现象。要找出成本变化的真正原因，实施良好有效的成本控制措施，成本与进度计划的适时更新必须相结合。

挣值分析法是对工程项目成本/进度进行综合控制的一种分析方法。通过比较已完工程预算成本（Budget Cost of the Work Performed，BCWP）与已完工程实际成本（Actual Cost of the Work Performed，ACWP）之间的差值，可以分析由于实际价格的变化而引起的累计成本偏差；通过比较已完工程预算成本（BCWP）与拟完工程预算成本（Budget Cost of the Work Scheduled，BCWS）之间的差值，可以分析由于进度偏差而引起的累计成本偏差。并通过计算后续未完工程的计划成本余额，预测其尚需的成本数额，从而为后续工程施工的成本、进度控制及寻求降低成本挖潜途径指明方向。

价值工程法是对工程项目进行事前成本控制的重要方法，在工程项目施工阶段，可以通过价值工程活动，进行施工方案的技术经济分析，确定最佳施工方案，降低施工成本。

4. 成本核算

成本核算是承包人利用会计核算体系，对工程项目施工过程中所发生的各项费用进行归集，统计其实际发生额，并计算工程项目总成本和单位工程成本的管理工作。工程项目成本核算是承包人成本管理最基础的工作，成本核算所提供的各种信息，是成本预测、成本计划、成本控制和成本考核等的依据。

（1）成本核算方法

成本核算方法包括表格核算法、会计核算法两种方法。

表格核算法是建立在内部各项成本核算基础上，由各要素部门和核算单位定期采集信息，按有关规定填制一系列的表格，完成数据比较、考核和简单的核算，形成工程项目施工成本核算体系，作为支撑工程项目施工成本核算的平台。表格核算法需要依靠众多部门和单位支持，专业性要求不高。该方法便于操作，表格格式自由，可以根据企业管理方式和要求设置各种表格，对工程项目内各岗位成本的责任减算比较实用。总体而言，表格核算法比较简洁明了，直观易懂易于操作，适时性较好，但是覆盖范围较窄，核算债权债务等比较困难，且较难实现科学严密的审核制度，有可能造成数据失实，精度较差。

会计核算法是建立在会计核算基础上，利用会计核算所独有的借贷记账法和收支全面核算的综合特点，按工程项目施工成本内容和收支范围组织工程项目施工成本的核算。不仅核算工程项目施工的直接成本，而且还要核算工程项目在施工生产过程中出现的债权债务、为施工生产而自购的工具、器具摊销、向建设单位的报量和收款、分包完成和分包付款等。该方法核算严密、逻辑性强、人为调节的可能因素较小、核算范围较大，但对核算人员的专业水平要求较高。

（2）成本费用归集与分配

进行成本核算时，能够直接计入有关成本核算对象的，直接计入；不能直接计入的人采用一定的分配方法分配计入各成本核算对象成本，然后计算出工程项目的实际成本。

1）人工费

人工费计入成本的方法，一般应根据企业实行的具体工资制度而定。在实行计件工资制度时，所支付的工资一般能分清受益对象，应根据"工程任务单"和"工资计算化总表"将归集的工资直接计入成本核算对象的人工费成本项目中。实行计时工资制度时，在只存在一个成本核算对象或者所发生的工资能分清是服务于哪个成本核算对象时，方可将之直接计入，否则，就需将所发生的工资在各个成本核算对象之间进行分配，再分别计入。一般采用实用工时比例或定额工时比例进行分配。

2）材料费

工程项目耗用的材料，应根据限额领料单、退料单、报损报耗单，大堆材料耗用计算单等计入工程项目成本。凡领料时能点清数量、分清成本核算对象的，应在有关领料凭证（如限额领料单）上注明成本核算对象名称，据以计入成本核算对象。领料时虽能点清数量、但需集中配料或统一下料的，则由材料管理人员或领用部门，结合材料消耗定额将材料费分配计入各成本核算对象。领料时不能点清数量和分清成本核算对象的，由材料管理人员或施工现场保管员保管，月末实地盘点结存数量，结合月初结存数量和本月购进数量，倒推出本月实际消耗量，再结合材料耗用定额，编制"大堆材料耗用计算表"，据以计入各成本核算对象的成本。工程竣工后的剩余材料，应填写"退料单"据以办理材料退库手续，同时冲减相关成本核算对象的材料费。施工中的残次材料和包装物，应尽量回收再用，冲减工程成本的材料费。

3）施工机具使用费

施工机具使用费按自有机具和租赁机具分别加以核算。从外单位或本企业内部独立核算的机械站租入施工机具支付的租赁费，直接计入成本核算对象的机具使用费。如租入的机具服务于两个或两个以上的工程，应以租入机具所服务的各个工程受益对象提供的作业台班数量为基数进行分配。自有机具费用应按各个成本核算对象实际使用的机具台班数计算所分摊的机具使用费，分别计入不同的成本核算对象成本中。

4）措施费

凡能分清受益对象的，应直接计入受益成本核算对象中。如与若干个成本核算对象有关的，可先归集到措施费总账中，月末再按适当的方法分配计入有关成本核算对象的措施费中。

5）间接成本

凡能分清受益对象的间接成本，应直接计入受益成本核算对象中。否则先在项目"间接成本"总账中进行归集，月末再按一定的分配标准计入受益成本核算对象。土建工程以实际成本中直接成本为分配依据，安装工程则以人工费为分配依据。

5. 成本分析

成本分析是揭示工程项目成本变化情况及其变化原因的过程。成本分析为成本考核提供依据，也为未来的成本预测与成本计划编制指明方向。

（1）成本分析的基本方法

成本分析的基本方法包括：比较法、因素分析法、差额计算法、比率法等。

1）比较法

比较法又称指标对比分析法，是通过技术经济指标的对比，检查目标的完成情况，分析产生差异的原因，进而挖掘内部潜力的方法。该方法通俗易懂、简单易行、便于掌握，应用较为广泛。

2）因素分析法

因素分析法又称连环置换法，进行分析时，首先要假定众多因素中的一个因素发生了变化，而其他因素则不变，在前一个因素变动的基础上分析第二个因素的变动，然后逐个替换，分别比较其计算结果，以确定各个因素的变化对成本的影响程度。

3）差额计算法

差额计算法利用各个因素的目标值与实际值的差额计算其对成本的影响程度，是因素分析法的一种简化形式。

4）比率法

比率法是指用两个以上的指标的比例进行分析的方法。常用的比率法有相关比率法、构成比率法和动态比率法。分析时先把对比分析的数值变成相对数，再观察其相互之间的关系。

（2）综合成本的分析方法

综合成本是指涉及多种生产要素，并受多种因素影响的成本费用，如分部分项工程成本、月（季）度成本、年度成本等。这些成本均随工程项目施工的进展而逐步形成，与生产经营密切相关。做好上述成本的分析工作，无疑将促进工程项目的生产经营管理，提高工程项目的经济效益。

1）分部分项工程成本分析

分部分项工程成本分析是施工项目成本分析的基础，其分析对象为主要的已完分部分项工程。分析方法为进行预算成本、目标成本和实际成本的"三算"对比，分别计算实际成本与预算成本、实际成本与目标成本的偏差，并分析偏差产生的原因，为分部分项工程成本寻求节约途径。

2）月（季）度成本分析

月（季）度成本分析是项目定期、经常性的中间成本分析，以当月（季）的成本报表为分析依据。通过月（季）度成本分析，可以及时发现问题，以便按照成本目标指定的方向进行监督和控制，保证工程项目成本目标的实现。分析的方法通常包括：

① 通过实际成本与预算成本的对比，分析当月（季）的成本降低水平；通过累计实际成本与累计预算成本的对比，分析累计的成本降低水平，预测实现工程项目成本目标的前景；

② 通过实际成本与目标成本的对比，分析目标成本的落实情况，以及目标管理中的问题和不足，进而采取措施，加强成本管理，保证工程成本目标的落实；

③ 通过对各成本项目的成本分析，可以了解成本总量的构成比例和成本管理的薄弱环节。对超支幅度大的成本项目，应深入分析超支原因，并采取对应的增收节支措施，防止今后再超支；

④ 通过主要技术经济指标的实际与目标对比，分析产量、工期、质量、"三材"节约率、机械利用率等对成本的影响；

⑤ 通过对技术组织措施执行效果的分析，寻求更加有效的节约途径；

⑥ 分析其他有利条件和不利条件对成本的影响。

3）年度成本分析

工程项目的施工周期一般较长，除进行月（季）度成本核算和分析外，还要进行年度成本的核算和分析。年度成本分析的依据是年度成本报表，除分析月（季）度成本的6个方面外，重点针对下一年度的施工进展情况规划切实可行的成本管理措施，以保证工程项目施工成本目标的实现。通过年度成本的综合分析，总结一年来成本管理的成绩与不足，为今后的成本管理提供经验和教训。

4）竣工成本的综合分析

凡是有几个单位工程且单独进行成本核算的项目，其竣工成本分析应以各单位工程竣工成本分析资料为基础，再加上项目经理部的经营效益（如资金调度、对外分包等所产生的效益）进行综合分析。如果施工项目只有一个成本核算对象（单位工程），就以该成本核算对象的竣工成本资料作为成本分析的依据。单位工程竣工成本分析应包括：竣工成本分析、主要资源节超对比分析、主要技术节约措施及经济效果分析。

通过以上分析，可以全面了解单位工程的成本构成和降低成本的来源，对今后同类工程的成本管理很有参考价值。

6. 成本考核

成本考核是在工程项目建设过程中或项目完成后，定期对项目形成过程中的各单位成本管理的成绩或失误进行总结与评价。通过成本考核，给予责任者相应的奖励或惩罚。承包人应建立和健全工程项目成本考核制度，作为工程项目成本管理责任体系的组成部分。考核制度应对考核的目的、时间、范围、对象、方式、依据、指标、组织领导以及结论与奖惩原则等作出明确规定。

施工成本的考核包括企业对项目成本的考核和企业对项目经理部可控责任成本的考核。企业对项目成本的考核包括对施工成本目标（降低额）完成情况的考核和成本管理工作业绩的考核。企业对项目经理部可控责任成本的考核包括项目成本目标和阶段成本目标完成情况；建立以项目经理为核心的成本管理责任制的落实情况；成本计划的编制和落实情况；对各部门、各施工队和班组责任成本的检查和考核情况；在成本管理中贯彻责权利相结合原则的执行情况。

此外，为层层落实项目成本管理工作，项目经理对所属各部门、各施工队和班组也要进行成本考核，主要考核其责任成本的完成情况。

成本考核指标包括企业的项目成本考核指标、项目经理部可控责任成本考核指标。承包人应充分利用工程项目成本核算资料和报表，由企业财务审计部门对项目经理部的成本和效益进行全面审核，在此基础上做好工程项目成本效益的考核与评价，并按照项目经理部的绩效，落实成本管理责任制的激励措施。

任务 1　甲供材料管理

 【任务目标】

熟悉甲供材料管理工作内容。

【实操说明】

为了防止甲供材料过程中超供，防范结算中的争议及索赔风险，应规范操作程序，提高甲供材料过程中管理的质量。

1. 需求计划单

（1）需求计划单上写明批次号，如项目代号＋合同号＋日期＋流水号；

（2）需求的交货日期必须注明且预估准确；

（3）四方单位授权人签字（委托人项目部为项目总签字确认）；

（4）注意需求单位准确；

（5）剩余的空格用删除线划掉。

施工单位上报的需求计划单必须附上相应的预估累计工程形象进度，需要由施工单位、监理单位、委托人项目部审核确认。

当某种材料分多次提货时，需根据预估形象进度计算每笔需求工程量，保留计算底稿并签字确认。每月审核批复的需求量＝预估累计完工形象进度计算总的需求量－上期累计实际进场工程量。

当某规格材料计划分多批次进场时，将该规格材料分成多行分别记录每批次的需求数量及计划到场日期。

已审核批复的甲供材需求计划单必须注明有效期，不得超过注明的有效期进行供应，而应进入下一批的需求计划申请中。

2. 进场四方验收单

（1）进场验收单批次号与需求计划单批次号要对应（如对应需求计划单编号＋流水号）；

（2）四方单位授权人的签字确认，涉及感官类的材料进场需设计部签字确认；

（3）有质量、数量问题需如实填写；

（4）剩余的空格用删除线划掉。

3. 预估工程形象进度报告

（1）预估累计完成的工程形象进度描述必须清晰准确，严禁出现按百分比来描述形象进度的情况；

（2）预估累计完成的工程形象进度必须有监理单位及委托人项目部的审核确认；

（3）预估累计完成工程形象进度后附的图纸、照片及使用单位上报的计算底稿需要有使用单位授权人的签字确认；

（4）监理单位、委托人项目部应复核截至上期实际累计完成的工程形象进度，并在此基础上根据未来天气、施工单位劳务班组情况审核预估累计可完成的工程形象进度；

（5）驻场人员必须严格审核累计预估完工的形象进度。

4. 甲供材台账

驻场人员需要建立完整的甲供材台账，实时记录每期批复的需求量及实际进场工程量及进场日期。若有超供现象需施工单位说明超供原因（工程量、监理签字确认）并在最近的一笔安装单位进度款中扣回超供金额。

【项目背景】

　　某全过程工程造价咨询公司电邮收悉××××装饰设计工程有限公司申请的题述"物资供应计划表"（表5-3）的墙地砖供应计划表。依据业主单位提供的招标图纸计算相关工程量，完成某住宅地块公区精装修甲供材-墙地砖第七期物资计划审核。

物资供应计划表　　　　　　　　　　　表 5-3

制表时间：20××/××/××　　　　　　　　　　　　　　　　采购批次号：

项目名称	二标段		物资名称	墙地砖供应
供应合同名称	某住宅项目公共部位精装修墙地砖供应分包工程		合同编号	FD-PM-19-011
施工合同名称	某住宅项目二标段（A地块）公共部位精装修分包工程		合同编号	FD-PM-20-003
采购单位	××××房地产开发有限公司		采购单位管理代表	姓名:杨××× 电话:182×××
供应单位	××××陶瓷集团有限公司		供应负责人	姓名:方××× 电话:132×××
使用单位	××××装饰设计工程有限公司		收货负责人	刘××

序号	产品名称	规格型号	产品标准、技术要求	生产厂家及品牌	计量单位	数量	应用部位	进场时间	备注
1	浅色压边砖CT-01	GF-T60877 600X600		冠珠	块	0.00	洋房地面波打线		洋房同高层CT-07
2	米白色地砖CT-02	GW-62601 600X600		冠珠	块	0.00	洋房地面		洋房同高层CT-04
3	浅灰色墙砖CT-03	GW29601 600X600		冠珠	块	0.00	洋房墙面		洋房同高层CT-09
4	浅色地面砖墙面砖CT-04	GW-62601 600X600		冠珠	块	2375.00	高层地砖		
5	浅色压边砖CT-05	GW62602 600X600		冠珠	块	1053.00	高层地面压边砖		
6	深色波打线CT-07	GF-T60877 600X600		冠珠	块	279.00	高层地面波打线		
7	暖色墙砖CT-09	GW29601 600X600		冠珠	块	6772.00	高层墙面砖		
8	深色踢脚线CT-06	GF-MDA60109 600X600		冠珠	块	141.00	高层踢脚线		
合计					块	10620.00			

　　兹特此确认自20××年××月××日起，至20××年××月××日止,供应商:××××陶瓷集团有限公司,按合同约定条件代甲方向××××装饰股份有限公司供应上表单中所列材料。

供应单位（乙方）代表签字（盖公司章）：　　　　采购单位（甲方）授权人签字：

日期：　　　　　　　　　　　　　　　　日期：

【完成任务】

根据上述条件完成某住宅项目公区的甲供材物资（墙地砖采购计划）的审核，详见二维码资源。

5.7

某住宅项目公区墙
地砖采购计划审核

5.8

某住宅项目公区墙地砖
采购计划申报-审核

任务2　变更费用管理

【任务目标】

1. 掌握变更估值的要求。

2. 了解变更结算一单一结。

3. 了解变更月度梳理。

4. 掌握变更结算的审核流程、要点及其他关注点。

【实操说明】

1. 变更估值

在施工阶段，现场产生的变更签证需委托人审批后正式下发。在委托人审批前需要根据委托人提供的变更图纸进行变更估值。变更估值模板详见业务表格及模板，注意事项如下：

（1）工程量：按图算量，图纸不具备算量条件的或有歧义的须发疑问卷要求委托人完善图纸后继续算量；

（2）变更单价：依据合同约定执行，具体质量要求与变更结算一致；

（3）全口径：当一份变更内容涉及多个分判时，需对不同分判进行估值；

（4）标准时长：一般情况收到图纸后 3 天内完成变更估值，紧急变更需在 1 天内完成估值，特殊情况工程量计算量较大时，以委托人成本工程师要求时间为准；

（5）变更时效性审核：收到预变更时，驻场人员需第一时间去现场复核施工状态，施工状态分为：已施工、未施工、部分施工，若为已施工或部分施工则为后补变更。

2. 变更结算一单一结

变更结算在保证质量的同时，时效方面同样重要。对处在指令单已下发阶段的变更，驻场人员需与施工单位确认计划完成时间，并定期到现场复核所有已下发指令但未完成确认变更的现场施工进展，对于现场已施工完毕未进行完成确认的变更有义务通知委托人，督促相关责任人进行下一步确认。

变更结算审核工作需满足委托人变更一单一结的要求，在施工单位上报预算后 7 天内完成资料审核和量价核对工作，如有争议需单独提报。

3. 变更月度梳理

在每月付款前，需与施工单位共同梳理截止本期累计变更明细并上报变更承诺函，承诺截止本期已发生的变更全部列入承诺函里，未列入的变更视为施工单位放弃申报。此承诺函需有施工单位签字盖章，由工程师现场确认后扫描作为付款的附件之一。

4. 变更结算审核

（1）审核流程（表 5-4）

变更结算审核流程　　　　　　　　　　　　　　　表 5-4

	具体工作内容/工作方式说明	主责岗位	参与岗位	时间要求	该环节的成果
环节 1	上报预算	施工单位	—	指令下发后 14 天内上报，驻场人员跟催	施工单位盖章的估值明细及计算底稿
环节 2	合格的变更结算材料	施工单位	驻场人员	完工确认单下发后 7 天内，驻场人员跟催	指令及完工确认单、签证单、机械设备明细表、变更预算明细表、图纸、会议纪要等
环节 3	现场复核	驻场人员	施工单位	隐蔽工程：隐蔽之前；非隐蔽工程：现场完工确认单下发后 7 天内	确认现场施工与图纸及指令单内容是否一致
环节 4	出具审核意见	驻场人员		施工单位上报结算资料 7 天	资料完整性审核完成，出具的变更预算明细表、计算底稿
环节 5	上报工程量及单价核对、差异分析	驻场人员	施工单位	7 天	量价核对完成，结算资料组卷完成，结算金额与估值金额差异分析
环节 6	咨询公司复核	总师办	驻场人员	3 天	变更明细和计算稿有二审痕迹、加盖公章、造价师执业印章
环节 7	争议提报、委托人审核整改完成	委托人工程师	驻场人员	10 天	完整的变更结算资料

（2）审核要点

1）变更明细表和计算表格要设置为显示精度、每页有页小计，有汇总表。字体要求：华文细黑 10 号、会计格式、右对齐（具体以各地产的模板为准）；

2）变更预算明细表、工程量计算底稿、组价明细表需要施工单位签字盖章确认，咨询公司签字盖公章及造价师章，委托人成本工程师签字；合同内价格需附清单页并需咨询公司人员签字确认。特别注意：施工单位签字应为承包方合同约定的指定授权人签署，不得由其他人签字或代签；

3）项目名称、合同名称、合同编号、施工单位名称各资料须一致且与纸质合同一致；

4）监理及施工单位盖章，有项目章授权的可盖项目章，无项目章授权的盖公章；

5）变更图纸需与审批单及变更指令单中变更内容一致，若指令单内容有误或结算图纸与预变更图纸不一致，则需委托人重新进行变更内容的审批；

6）如承包方未按合同约定的期限上报预算，需通知委托人处理。

（3）审批单情况说明

以下情况需在变更造价审批单的审核情况说明中简述差异原因：

1）当变更结算审定额大于变更估值金额时：无论超过金额大小，均须在审核情况说明中简述差异原因；

2）当变更结算审定额小于变更估值金额时：对差异较大的，须在审核情况说明中简述差异原因；

3）当一份变更申请对应多家单位时，且变更指令之间存在正负关联关系时，需在审核情况说明中描述与该变更指令相关联变更的变更内容、涉及金额及是否结算等信息；

4）需审批人特别关注的特殊事项，需详细描述。

（4）变更指令与完成确认单、签证单

1）指令单中的变更内容要与审批表中审批的变更内容一致，与图纸内容一致；

2）监理、工程师、项目总经理须签署明确意见。分包单位指令单需总包单位盖章、签字；

3）指令单与完成确认单各方签字并按照模板要求签署明确意见，签字工程师需为审批表中的经办人；

4）涉及拆改、土方、零星工程、无法依据图纸计算工程量的变更需附现场签证单；

5）如果变更中涉及机械台班或零星用工，需附机械工作时长明细表或人工明细表，注明机械台班或零星用工的具体使用起始时间点，工作内容及工作量、工作人数，由发包单位、监理单位、施工单位进行事实确认并签字及注明日期；

6）对于隐蔽工程的现场签证，现场验收时必须有驻场人员在场，驻场人员必须在覆盖前完成工程量的确认，否则可以不予审核并不支付费用。

（5）变更预算明细表

1）变更预算明细表中应注明所有价格来源。若为合同内单价，需注明清单位置（具体到行）并附该合同内单价清单复印件；若为市场价应注明市场询价来源并附询价单（注明联系人及电话）；若为定额套价，须注明定额编号、取费标准，人工费调整比例，并附新增单价组价表。

2）结算单价应按合同约定执行。基本原则为：

工程量清单中未含但工程量清单中有类似项目的单价参照工程量清单中综合单价折价或替换主材执行；

工程量清单中未含但工程量清单中没有类似项目的单价参照合同约定计价口径执行；

定额中没有的材料或项目按发包人实时限定价格（双方确认的合理市场价）计取；

措施费和规费属包干项目，在变更中均不计取，若综合单价中包含措施费、规费项，该项综合单价需减去措施费、规费后作为变更结算的综合单价。

3）结算单价按照合同约定进行取费，变更单价不计取规费、措施费；机电指导价使用时需注意应为乘以投标系数后的价格。

① 若合同清单中有同一项内容价格不一致的情况，需选用同项低价；

② 变更预算明细表为多页时，每一页均需有小计；

③ 进行变更结算前需阅读合同相关条款及合同附件，确认是否有"乙方提供的变更造价申报金额，不得高出变更造价最终审定金额的 5%，否则，需要扣除该变更造价审定金额的 10% 作为违约金"的相关扣款约定，并严格按合同约定执行扣款（此条百分比的约定参照合同约定执行）；

④ 变更明细表中的分项名称要清晰明确，与实际施工内容相符，不能有歧义；

⑤ 变更明细表中审定工程量应与计算底稿中一一对应。

（6）工程量计算表

工程量计算要有计算式，按照图纸算量，计算底稿中的工程量要与图纸标注的工程量一致。图纸中不能标注出工程量的，需算量人员根据电子版进行测量，并在纸质图中标注尺寸，测量前需确认测量比例与图纸标注比例是否一致。工程量计算式应确保逻辑清晰、避免多算、错算，需注明对应图纸名称、位置轴号等，以便复核人员能更快速准确地复核工程量计算的准确性。

（7）变更图纸

变更图纸描述需与施工现场情况相符。变更附图需附变更前图纸和变更后图纸，用线圈出变更部位和内容，图纸上需有轴线和比例尺标注，确保能清晰准确找到变更内容。签字要求：设计变更应为蓝图，需要设计院加盖设计图章，若不能出蓝图则需要设计经理签字确认；工程变更由工程师、监理、工程经理签字。若此单变更存在拆改或隐蔽工程，则图纸亦需有项目总工的签字（此条中涉及签字手续的约定，结合各地产公司的要求执行）。

（8）变更争议提报

如变更结算执行过程中存在争议，则需第一时间提报。工作内容、界面划分或图纸争议由委托人项目工程师或设计师主责协调解决，价格争议由委托人成本工程师主责解决。上述争议需在 3 个工作日内给出解决方案，如不能在 3 个工作日之内协调解决的争议，则需当天由委托人成本工程师提报给项目总工或合约部进行解决，提供的资料包括但不限于争议问题、对方诉求及金额、咨询方观点及审定金额、差异金额、合同内容描述。

 【项目背景】

某住宅地块项目发起设计变更，内容如下：

1. 由于竣工验收时××质监站要求，针对项目 A 地块与 B 地块高层屋顶栏杆，由原 600mm 高修改为 1300mm 高，详见附件；

2. 为了提高业主的归家观感，针对机动车入口处，顶棚增加米黄色弹涂，龙门牌内的墙面增加米黄色质感涂料；

3. 由于洋房负一层无放置空调外机的位置，现选择采光井附近区域进行局部地面硬化，硬化做法为：①10～12cm 石子铺垫；②10cm C20 混凝土浇筑。后期由物业统一进行管理。

5.9
某住宅项目设计
变更估算及结算

【完成任务】

根据上述条件完成变更的费用估算和结算。

任务3　索赔管理

【任务目标】

了解索赔管理工作内容。

【实操说明】

索赔是指合同双方的一方违反合同的规定，直接或间接地给另一方造成损害，受损方向违约方提出损害赔偿要求。广义的索赔包含乙方对甲方的索赔（即狭义的索赔）和甲方对乙方的索赔（即反索赔）。

1. 索赔的分类

（1）操盘策略主动调整：指由于委托人更优的经营决策所引起的索赔事项，包括定位或方案调整、主动性抢工或停工缓建、新工艺研究等。

（2）外部客观条件变化：指不可预见的外部客观条件变化，所引起的索赔事项，包括政策法规变化、管控要求变化、突发灾害疫情、不可控的未知风险等。

（3）项目策划管理不善：指因甲方策划不当或管理失误，所引起的索赔事项，包括：操盘策划管理（销售策略不合理、开发节奏不合理、标段策划不合理等）、招采约定管理（单位选用不合理、招标质量不过关、合同约定不合理等）、工期管理（工期约定不合理、进度管控不合理等）、图纸管理（方案图纸重大变化、图纸做法不合理、验收标准把控不足等）。

2. 索赔处理办法

索赔是成本管控中最该避免发生的事项，也是最需要采用事前规避、事中控制、事后控制的管理事项。

（1）事前规避

事前规避包括招标文件规定、招标问卷、工程量清单等需要规避可产生索赔风险的因素等。

具体操作时需关注：

1）招标文件中需要关注关于合同范围、与价款/费用相关描述；

2）招标问卷答复需严谨，并与清单口径保持一致；

3）工程量清单的列项与图纸一一对应，项目特征描述完备、清单编制说明作为有效的补充；

4）还有涉及项目特殊措施要求、集团标准做法等超国家/行业/地方规范要求时，有可能增加费用的情况，需要在清单的开办费中有对应的说明，以规避后期因描述不到位引起的费用索赔。

（2）事中控制

在合同履约过程中，对于可能产生索赔的事项进行过程中处理，并要求合约履约对方在合约履约过程对于工作内容进行授权性的确认。

具体操作时需要关注：

1）做好巡场记录，与工程部积极沟通，第一时间了解项目施工的情况，特别是总分包单位施工过程中发生的特殊事件，例如赶工、返工、冬雨季施工时现场采取的措施或造成的损失等，了解现场实际情况，并及时地做好相关的收方和记录；

2）若增加费用，尽可能的掌握施工方投入的大致成本，为后期争议解决提供数据支撑，方便领导做决策。

（3）事后控制

得到合同履约对方上报的任何索赔性质的文件（邮件及书面文件等）均需要第一时间反馈给委托人成本工程师/成本主管，并反馈对方索赔内容的处理意见及合同依据，并保留过程中所有文档。

具体操作时，注意要求索赔单位提供费用和事件的支撑资料，例如现场照片、视频、其他增加费用的凭据，收到纸质资料后及时扫描存档。对索赔的处理意见，需要有完善的签字手续，不可是口头意见，同时需关注处理意见是否与合同有冲突，做好资料的收口。

3. 反索赔

反索赔事项的建立是不可缺少的工作之一，旨在保留对可能存在反索赔事项的履约对方的主张权利，亦作为后期可能存在索赔事项的谈判要素。在项目合约履约管理中对于履约对方存在未能按合约要求内容执行的事项应当进行反索赔台账的建立，对合约履约对方未能按合同要求执行的一切内容给予合约解释及处理建议。

过程中的巡场、隐蔽工程的资料收集等都是反索赔的支撑资料；驻场咨询需要有反索赔的意识，主动积极收集现场资料，遇到问题积极反馈给业主成本，现场或调整或改造或保持不变，均收集相关的信息留存，并计算涉及的费用。当施工单位提出索赔意向，且部分费用无法处理时，咨询方同步提供的反索赔事件一定程度上可以冲抵部分争议问题，便于推进结算的进程。

5.10
某住宅项目
索赔案例

 【项目背景】

某住宅地块关于地下室止水钢板的索赔事项。

 【完成任务】

根据上述条件完成索赔事件的审核。

任务 4 动态成本管理

 【任务目标】

了解动态成本管理工作内容。

【实操说明】

动态成本是项目实施过程中各个时点体现的预期成本结果，动态成本＝已发生成本＋待发生成本。

在尚未签订合同之前，目标成本即为待发生成本。

合同签订之后合同额变为已发生成本；重计量完成后合同调整额从待发生成本变为已发生成本。

变更发生后变更额从待发生成本变为已发生成本。

预计的索赔、争议在确定后由待发生成本变成已发生成本。

随着项目的进行，已发生成本在不断增加，待发生成本在不断减小。

在动态成本管理阶段需完成已发生及待发生成本的日常维护和更新工作、做好动态成本预警工作。具体工作内容如下：

1. 动态成本风险预警

依据合同条款，对每个合同可调整价格（如总包钢筋、混凝土调差、人工调差），每两月梳理一次调差价格走向，并及时将结果反馈给委托人。

及时掌握政策性造价文件，依据政策性文件进行测算，并提醒委托人动态风险影响。以某项目为例，咨询方及时将长沙建安工程人工工资调整预警事项以电子邮件的形式通知委托人，并附上相关文件。信件示例如下：

关于长沙建安工程人工工资调整预警事项

敬启者：

依据《湘建价〔2017〕165号》文件，长沙市建安工程最低工资由70调整为90，依据桃源里一期总承包合同《5.8合同专用条款附录七人工费调整》人工价差需调整，请知悉，由于目前无施工图具体增加费用无法核定，依据模拟清单测算增加金额约320万，请在动态成本时予以考虑。

$$××公司$$
$$××年××月××日$$

2. 台账维护

台账更新及维护是动态成本管理的重要组成部分。每个项目自签订第一份合同起，应建立完整的台账体系，包括合同及变更台账、付款台账、临时水/电费台账、合同结算台账、跨期分摊台账、罚款扣款台账、索赔及反索赔台账、动态风险台账、甲供材台账（具体以各个项目的要求为准）。台账更新：应对台账内容每日更新、每月25～30日对台账内容与数据、纸质资料进行核对，避免遗漏事项，需确保台账中数据应与导出数据一致。变更台账中变更指令编号、变更内容、变更原因、变更申请时间、估值金额填写应完整清晰。后补变更、无效成本、设计错漏碰缺应在台账中清晰体现。

（1）已发生成本维护

1）已发生成本调整（建安部分）：

每月25～30日驻场人员根据项目实际进展及已发生成本情况完成合同口径（建安部分）的动态成本报表合同金额、合约调整、已发生变更金额更新。

当单个分判的已发生成本超过目标成本的 1% 时，驻场人员需向委托人做出预警，以便委托人及时作出超支分析，制定控制措施。

2）已发生成本分类：

已发生成本＝已结算合同成本＋未结算合同成本＋非合同付款未结算合同成本小计
　　　　　＝合同金额＋合同内调整金额＋已发生变更金额。

3）已发生成本拆分标准时长：

合同金额拆分需在合同签订完成后 1 个日历日内完成，变更金额拆分需在变更审批完成后 1 个日历日内完成，具体以项目合约部要求为准。

4）拆分原则：

合同额、变更额及合同调整额分物业类型按目标成本科目口径拆分到最末级成本科目，具体拆分原则及拆分底稿按委托人要求。合同金额拆分需保留完整的拆分底稿，包括：清单拆分底稿、对应的科目编号及科目名称、拆分金额，同时填写合同单价及含量与目标成本预留的差异对比，为项目后期测算积累经验。变更金额拆分需按科目归集原则拆分到对应科目，底稿包括：对应的科目编号及科目名称、拆分金额。

（2）待发生成本维护

待发生成本调整（建安部分）：每月 25～30 日驻场人员根据项目实际进展及待发生成本预留情况完成合同口径（建安部分）的动态成本报表待发生变更及待发生合同金额的更新。

待发生成本包括已发生合同的预估变更和待发生的合同金额两部分。在项目的不同阶段，待发生成本是在不断变化的，需要驻场人员定期更新待发生成本，以保证动态成本的准确性、及时性。

在工程项目实施前期：待发生成本＝目标成本

在工程项目施工阶段，随着合同的签订、变更的发生：

待发生成本＝待发生变更＋待发生合同

待发生变更＝合同额×变更预留比例－已发生变更

变更预留比例：根据委托人要求预留。

待发生合同：合同签订前并且不具备测算条件，待发生合同金额等于目标成本金额；当已测算完成或可以套集采价格得出预估合同额时，待发生合同金额等于测算价。

5.11
动态成本管理

新增分判：原来目标成本未预留的合约分判，驻场人员应根据委托人提供的测算条件及时估算金额，将预计待发生估算也反映到动态中。

（3）在项目交付合同结算阶段：预计待发生成本逐渐转为已发生成本，当所有合同结算完成，待发生成本应为零。

 【完成任务】

表 5-5～表 5-8 为某地产公司的"科目维度动态成本偏差表""本期 20 万元以上大额变更统计表""材料调差台账表""索赔反索赔台账"，熟悉并理解表格的逻辑关系。

表 5-5

科目维度动态成本偏差

序号	内容	目标成本 总额 (万元)	上期 动态成本 总额 (万元)	本期 (×月×日) 动态成本 总额 (万元)	本期与上期差异 总额 (万元)	本期与目标差异 总额 (万元)	当月差异变化原因 (×月×日)	累计变化原因
CB02	房地产开发成本							
CB0201	前期及后期费用							
CB0202	建筑安装工程费							
CB020201	前期工程							
CB020202	土石方及基础处理工程							
CB020203	土建工程							
CB020204	外装饰工程							
CB020205	门类工程							
CB020206	精装修工程							
CB020207	机电工程							
CB020208	标识工程							
CB020209	冰场工程							
CB020210	特殊设备							
CB020211	其他工程费							
CB0203	基础设施费							
CB020301	红线内室外综合管网工程							
CB020302	环境景观工程							
CB020303	红线外市政工程费							
CB0204	公共配套设施							
CB0205	开发间接费							
CB020501	销售设施费							
CB020502	其他							
CB0206	增值服务							
CB0207	资本化借款费用							

注：三级科目当月偏差超过10万元的，需在后方解释原因。

表 5-6

本期 20 万元以上大额变更统计（绝对值金额）

序号	项目名称	预审批编号	预审批名称	预审批金额（万元）	发生原因	备注
1	×××-1 期	GD-SJBG-ERP-2015093 0007	××4-1 期外墙涂料工程（真石漆）增补变更	32.2	景观构筑物和围墙等增加费用约 11 万元，商业用房广告位等约增加费用 21.2 万元	60 号楼涂料给备真石漆等约增加费用 21.2 万元
2						
			以上为本月新增大额变更			
			以下为累计大额变更			
1	总承包工程（标段二）	GD-SJBG-ERP-2014112 2005	关于二期高层立面进行修改事宜	21.01	启动会后，对外立面进行了修改，造成了部分已按图施工部分的工作返工重做	
2	总承包工程（标段三）	GD-GCBG-ERP-2015011 5003	关于消防审图意见对 A1 地块三标段作消防变更事宜	17.50	根据消防审图意见修改，5 号—6 号房中凸窗与空调板相邻时，将两者同分割线向空调板偏移 200	
3						
合计						

表 5-7

材料调差台账（按合同条款约定填写）

序号	合同名称	合同编号	所属标段	材料名称	合同签订时			调差次数	已发生（安装完成量）								备注
					价格 a_2	工程量 b_2	总价 $c_1=a_1\times b_2$		时点		当期查询价格				调整后价格 a_3	工程量 b_2	已发生金额 $c_2=a_3\times b_2$	
									起始时间	截止时间	a_{21}	......	a_{2n}	平均价格 a_2				
1	填写合同名称							第一次										
2								......										
3								第 N 次										
4								合计										
1	填写合同名称							第一次										
2								......										
3								第 N 次										
4								合计										

表 5-8

索赔反索赔台账

序号	合同名称	合同编号	索赔类型	索赔编号	索赔/争议原因	索赔事件发生时间	合同规定索赔时间	提出索赔时间	工期索赔	施工单位上报后，甲方预估金额(a)	最终审定金额(b)	已发生金额(c) 无最终审定金额 c=a 有最终审定金额 c=b	线上数据出口	甲方预估金额(d)	最终审定金额(e)	已发生金额(f) 无最终审定金额 f=d 有最终审定金额 f=e	线上数据出口	备注
1																		
2	合同1																	
3																		

（表头大项：索赔与反索赔；已发生索赔金额；已发生反索赔金额）

综合训练

5.12
综合训练
参考答案

一、单选题

1. 根据现行工程量清单计价规范，关于国有资金投资建设工程的工程计量，下列说法正确的是（　　）。

　　A. 超出合同工程范围施工但没有造成质量问题的工程应予计量

　　B. 合同文件中约定的各种费用支付项目应不予计量

　　C. 应区分单价合同与总价合同选择不同的计量方法

　　D. 成本加酬金合同按照总价合同的计量规定进行计量

2. 将总投资目标按使用时间进行分解，确定分目标值，从而编制资金使用计划，据此筹措资金，尽可能减少资金占用和利息支付。这种资金使用计划是按照（　　）编制的。

　　A. 按不同子项目编制　　　　　　　　B. 按时间进度进行编制

　　C. 按形象进度编制　　　　　　　　　D. 按不同单位工程编制

二、多选题

1. 关于工程计量的说法，正确的有（　　）。

　　A. 应按合同文件规定的方法、范围、内容和单位计量

　　B. 不符合合同文件要求的工程不予计量

　　C. 工程验收资料不齐全但满足工程质量要求的，应予计量

　　D. 因承包人原因超出合同工程范围施工，但有助于提高项目功能的工程量，发包人应予计量

　　E. 因承包人原因造成返工的工程量，经验收合格的，发包人应予计量

2. 下列哪些是《建设工程工程量清单计价规范》GB 50500—2013 中规定的合同价款调整因素（　　）。

　　A. 法律法规变化引起的合同价款调整

　　B. 工程变更引起的合同价款调整

　　C. 项目特征不符引起的合同价款调整

　　D. 工程量清单缺项引起的合同价款调整

　　E. 工程量偏差引起的合同价款调整

3. 建安工程价款动态结算的常用的办法有（　　）。

　　A. 按实际价格结算法　　　　　　　　B. 按调价文件结算法

　　C. 按动态结算公式法　　　　　　　　D. 按企业定额结算法

　　E. 按预算定额结算法

三、简答题

1. 工程计量的原则有哪些？

2. 如何按工程造价构成编制资金使用计划？

3. 索赔成立的前提条件是什么？

四、案例题

某施工合同约定，施工现场主导施工机械一台，由施工企业租得，台班单价为 300 元/

台班，租赁费为 100 元/台班，人工工资为 40 元/工日，窝工补贴为 10 元/工日，以人工费为基数的综合费率为 35％，在施工过程中，发生了如下事件：①出现异常恶劣天气导致工程停工 2 天，人员窝工 30 个工日；②因恶劣天气导致场外道路中断抢修道路用工 20 工日；③场外大面积停电，停工 2 天，人员窝工 10 工日。为此，施工企业可向业主索赔费用为多少？

Chapter 06

模块六

项目结算阶段造价咨询

基坑支护工程结算审计，另辟蹊径核准工程造价

某综合楼基坑支护工程结算审计项目的审计对象是位于南宁市某大道的包括13层塔楼和5层裙楼的某综合楼基坑支护工程。该综合楼分两期建设，一、二期的基坑同时开挖，基坑底面积21674m²，基坑底周长605m，地下室基础设计实际开挖深度9m左右，分为两级放坡。根据场地条件及工程地质条件，采用放坡＋（坡脚）拉森Ⅲ钢板桩排桩支护方式＋锚杆（土钉）支护方式设计，各段坡面均喷射混凝土＋挂钢筋网护坡。基坑地下水处理采取管井井点降水方式抽水降水，将基坑内地下水位降至基坑底以下1～2m。

地勘资料显示，该工程地质条件较复杂；场地地势相对较低，存在地表水和地下水。地下水类型主要为孔隙水，场地四周地势相对平坦，原为水田地，分布有小水沟，通过地表径流，流往低处，水量较大。工程地下水位较高，2012年12月测水位深度为6m，条件复杂，地下水主要赋存于角砾、圆砾层，具有一定的承压性，对施工影响较为严重。本项目于2015年底以送审价801万元送审。审核的主要内容为基坑支护及抽水作业。项目抽水作业签证时间从2013年11月25日至2015年1月15日。

1. 确定审计目标，查找审计疑难点

本次审计的目的是核定工程实际造价、审查工程竣工结算中是否存在高估冒算等问题。根据审前调查，审计人员了解到发包人工程管理人员缺乏经验，缺乏工程造价知识。同时，该工程水位监测资料缺乏、竣工资料缺漏较多、抽水时间也较长。故该工程结算造价的真实性需认真核查。为此，审计人员确定了几个审计重点：拉森钢板桩及喷射混凝土护坡工程量是否属实，拉森钢板桩租赁时间是否合理，是否存在冒算工程量的问题；抽水台班签证数量是否属实；抽水时间是否合理等问题。

本项目施工内容较少，主要包括基坑支护和降水，但涉及的工程量较大，尤其是抽水台班，送审造价约为400万元，占到总造价的50%，时间跨度也较长，从2013年11月到2015年1月，一共410天。经统计，签证的抽水台班合计约3万台班，共24万小时，日均抽水73个台班，场内正常使用的降水井为41个，每个降水井日均抽水1.78个台班。按设计要求，基坑使用期间，水位监测每日不能少于两次，但是送审资料没有水位监测记录。审核人员对此很疑惑，作为一个具有丰富施工经验的施工企业在施工过程中如何控制水位，以保证水位达到设计需要的标高而又不会出现降水过量的现象呢？每天抽水记录台账反映，大部分降水井都是 24 小时连抽，发包人代表和监理都不在工地上住，那夜间又如何记录呢？而且，日约 73 个台班的抽水量约 6000m³ 的水排到哪里？施工日记也只是简单地描述为降水井抽水。

于是，审核人员带着这些疑问去现场勘察。裙楼的基坑已经回填，基本上看不到原貌，只有二期基坑边的降水井还存在，目前二期的基坑还有积水。发包人说二期的降水井还在使用，以保证基坑地下室不能倒流入一期地下室，但只是基坑内水位高至地下室地面才进行抽水。审计人员在现场暂时没有找到想要知道的答案。随即审计组下发了补送资料通知书，要求施工单位提供水位监测记录。可是施工单位只提供了 2013 年 12 月的《观测井记录》，而且记录的数据也不齐全。

鉴于该项目规模大、情况复杂，审计人员以前从未接触过，为了找到审核抽水台班量的真实数据，审核人员上网查阅各种资料和案例，咨询岩土工程人员和基础处理的施工人士，但都没有得到实质性的意见，原因是地下水情况太复杂，而且与周边水系贯通，影响因素较多，无法计算出具体的抽水量。而且，每天的抽水时间均有相关部门的同意及参建单位的签证确认，并已按签证确认的台班数拨付工程进度款。审计组对该数据进一步核查困难重重，而且还未必有结果。

2. 创新审计方法，核准工程造价

审计组及时将工程审核情况向相关领导报告，相关领导高度重视，多次召开业务会议讨论。正当大家一筹莫展时，老审计人梁某的一席话让大家眼前一亮："抽水肯定用到大量的电费，能否从电费上反算回来呢？"梁某提出的这个方法在理论上是可行的，但是实际上能不能行呢？基坑抽水的水泵未单独设有电表，整个工地只设有一个总电表，那么到底该如何计算出该部分的用电量呢？

审核人员调出了该工地在 2013 年 11 月～2015 年 1 月的电费清单，用电总量为 88.77 万 kWh，包括了本基坑支护工程和一期基础主体的生产用电及整个工地上的生活照明用电。根据送审台班的用电量定额消耗量分析约为 80.81 万 kWh，与整个工地现场的实际用电总量才相差 8 万 kWh，一期工程的建筑面积约为 1.8 万 m²，工程造价约 6000 万元，其主体部分不可能只用 8 万 kWh 电，说明签证台班的数量存在大量水分。审计组进一步肯定之前的怀疑，但出于谨慎，审计组多方查询资料并请教电力专业的专家，最后根据用电量的公式：$A = \sqrt{3} \times U \times I \times \cos\phi \times T$（$\cos\phi = 0.85$，$U = 380V$，$I = 6A$），计算出抽水签证台班用电量 $= 1.732 \times 380 \times 6 \times 0.85 \times 30013 \times 8/1000 = 805937 kWh$，与之前定额分析的用电量相差不大，说明定额分析用电量是可行的。

为此，审核人员找来已基本完工的一期工程上控价，并根据其施工日记及施工资料的施工时间，对在 2015 年 1 月前完成的主体工程量分析，最后根据供电部门提供的施工期间工地的用电总数为 88.77 万 kWh，一期主体工程定额用电量 26.3 万 kWh，基坑支护部分的定额用电量为 4 万 kWh，计算得出抽水使用的用电量为 58.47 万 kWh，反算核定出抽水台班量为 21022.49 台班。核出的台班与送审台班相差约 0.9 万台班。审核人员再向发包人了解情况，就电费的问题提出了质疑，发包人表示，当时晚上没人在工地，晚上抽水的台班没办法核实就签证了。于是，审核人员通过工程量详查法、单价核实法等审计方法得出了初审造价，约为 530 万元。主要核减原因为临时性拉森Ⅲ钢板签证数量偏多及租赁日期超过拔桩日期、喷射素混凝土护坡、土钉支护及抽水台班工程量、单价计算不实等。

3. 打破对数僵局，取得良好审计效果

在对数会上，审计人员预想的场面果然发生了。施工单位对审计人员计算出的初审造价极为不满，一口咬定说抽水台班经过城区各部门洽商同意，签证单也已经过建设、监理及全过程跟踪审计单位签字确认，其工程量是真实、合理的，审计人员无理由再核减。同时，施工单位对审计人员的电费计算法也不认可，提出在主体施工中采取的节能措施对电费的影响未考虑进去等理由。审计人员认为，施工方在抽水中未按设计要求进行水位监测本就不规范，而且根据"谁主张谁举证"的原则，施工方如对审计组采用定额分析的电费有异议，认为该计算结果不合理的话，施工单位应提交相关证据材料。但施工单位未能提供出具体证据，双方的对数谈判工作进入相持阶段，审核工作再次陷入僵局。

经过 2016 年 1～3 月连续 4 次的对数，施工方均未能进一步提供有效的证据资料。审计组坚持既定的审计方向和方法，在 2016 年 5 月最后一次对数上，施工方终于同意了审计组的审核结果。审计人员通过半年来的不懈努力，最终审定工程造价 527 万元，核减 274 万元，核减率为 34.21%，其中抽水部分因工程量和单价不实核减约 180 万元。

总之，工程结算审核关系着甲乙双方的利益审核只有有理有据，合理合法，有法可依，有理可循，才能使结算公平、公正，才能使利益双方达到共赢。

从上述审计案例我们得出启示：一是加强学习。随着经济社会的快速发展，与投资建设相关的政策法规更新变化频繁，而且涉及的专业更广泛，为此审计人员不断地加强学习，熟悉并充分掌握政策法规及各专业知识，以便更好地应对和解决审计工作所面临的新情况和新问题，为政府投资建设保驾护航。

二是在审计过程中，审计人员保持高度的职业敏感性。对签证单的审核不光停留在其程序的合理规范、有效及真实性上，还充分考虑其合理性和科学性。如本案例中虽然签证单各单位都已确认且无法取证了，但审核人员还是从其事实的不合理处找出问题所在。

三是创新审计理念、审计思路，采取多样化的审计方法进行审计。"条条大路通罗马"，为了达到审计既定目标，审计人员在审计方法上进行大胆创新，如本案中从电费反推签证的合理性等。

训练目标

了解项目结算阶段造价咨询的意义，了解结算阶段投资控制措施，熟悉项目结算造价咨询的主要内容，能编制和审核项目结算阶段工程造价的相关文件。

训练要求

根据工程项目资料信息，完成工程项目竣工结算文件的编制；能够合理审核结算文件；能够进行工程项目后评估。

6.1 项目结算阶段造价咨询概述

项目竣工结算是指一个单位工程或单项工程完工后，经业主及工程质量监督部门验收合格，承包人按照竣工图纸、施工合同、设计变更、签证单及补充协议编制项目结算。竣工结算经业主或其委托方签字确认，以表达该工程最终造价为主要内容，作为结算工程价款依据的经济文件。竣工结算一般由施工单位编制，发包人审核同意后，按合同规定签字盖章，最后通过相关银行办理工程价款的竣工结算。

　　项目结算阶段施工单位在实施阶段基础上，结合原工程资料整理、竣工验收、竣工结算，进行项目结算或项目决算审核。项目结算阶段是全过程中最后收尾环节，担负最后把关重任（图 6-1）。

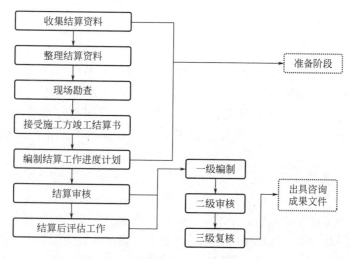

图 6-1　竣工阶段造价咨询业务流程图

　　《住房城乡建设部关于进一步推进工程造价管理改革的指导意见》（建标〔2014〕142号）中指出，应"完善建设工程价款结算办法，转变结算方式，推行过程结算，简化竣工结算"。

6.2　项目结算阶段造价咨询的内容

6.2.1　项目竣工结算的编制

　　项目竣工结算是以合同条件约定，以及国家有关法律法规和标准的规定为依据，最终确定建设工程项目的总造价，包括经确认的合同外签证、索赔等合同价款的调整。

一、竣工结算的编制原则

　　必须具备竣工结算的条件，要有工程验收报告。对于未完工程或质量不合格的工程，不能结算；需要返工重做的，应返工修补。竣工结算的工作要做到既合理，又合法。

6.1
项目结算阶
段造价咨询

二、竣工结算的编制依据

　　竣工结算的编制依据主要包括工程合同、施工图预算、竣工图、图纸会审记录、设计变更通知单、技术合订单、隐蔽工程记录、停工复工报告、施工签证单、购料凭证单、钢筋调整表、其他费用单、交工验收单、定额资料、预算文件、建设行政主管部门颁发的建设工程工程量清单计价规范、计价定额、计价文件等计价依据、甲乙双方有关工程计价的协定（引起合同价格变化的相关规定等）、不可抗拒的自然灾害和不可预见费用的记录、材料代用价差、投标文件等。

三、竣工结算的编制内容

工程竣工结算分为单位工程竣工结算、单项工程竣工结算和建设项目竣工总结算。其中，单位工程竣工结算和单项工程竣工结算也可看作是分阶段结算。单位工程竣工结算由承包人编制，发包人审查；实行总包的工程，由具体承包人编制，在总包人审查的基础上，发包人审查。单项工程竣工结算或建设项目竣工总结算由总（承）包人编制，发包人可直接进行审查，也可以委托具有相应资质的工程造价咨询机构进行审查。政府投资项目，由同级财政部门审查。单项工程竣工结算或建设项目竣工总结算经发承包人签字盖章后有效。承包人应在合同约定期限内

6.2
竣工结算阶段
建筑工程施工
费用计算

完成项目竣工结算编制工作，未在规定期限内完成并且挑不出正当理由延期的，责任自负。

1. 工程竣工结算的计价原则

在采用工程量清单计价的单价合同中，工程竣工结算的编制应当遵照以下计价原则：

（1）分部分项工程和措施项目中的单价项目应依据双方确认的工程量与已标价工程量清单的综合单价计算；如发生调整的，以发承包双方确认调整的综合单价计算。

（2）措施项目中的总价项目应依据合同约定的项目和金额计算；如发生调整的，以发承包双方确认调整的金额计算，其中安全文明施工费必须按照国家或省级、行业建设主管部门的规定计算。

（3）其他项目应按下列规定计价：

1）计日工应按发包人实际签证确认的事项计算；

2）暂估价应由发承包双方按照《建设工程工程量清单计价规范》GB 50500—2013 的相关规定计算；

3）总承包服务费应依据合同约定金额计算，如发生调整的，以发承包双方确认调整的金额计算；

4）施工索赔费用应依据发承包双方确认的索赔事项和金额计算；

5）现场签证费用应依据发承包双方签证资料确认的金额计算；

6）暂列金额应减去工程价款调整（包括索赔、现场签证）金额计算，如有余额归发包人。

（4）规费和税金应按照国家或省级、行业建设主管部门的规定计算。规费中的工程排污费应按工程所在地环境保护部门规定标准缴纳后按实列入。

（5）采用总价合同的，应在合同总价基础上，对合同约定能调整的内容及超过合同约定范围的风险因素进行调整；采用单价合同的，在合同约定风险范围内的综合单价应固定不变，并应按合同约定进行计量，且应按实际完成的工程量进行计量。

此外，发承包双方在合同工程实施过程中已经确认的工程计量结果和合同价款，在竣工结算办理中应直接进入结算。

2.质量争议工程的竣工结算

发包人对工程质量有异议，拒绝办理工程竣工结算的：

（1）已经竣工验收或已竣工未验收但实际投入使用的工程，其质量争议按该工程保修合同约定办理。

（2）已经竣工未验收且未实际投入使用的工程以及停工、停建工程的质量争议，双方应就有争议的部分委托有资质的检测鉴定机构进行检测，根据检测结果确定解决方案，或按工程质量监督机构的处理决定执行后办理竣工结算，无争议部分的竣工结算按合同约定办理。

3.建设工程竣工结算编制的内容

（1）量差

量差是指原工程预算中所列工程量与实际完成的工程量不符而产生的差别。产生量差的原因有：施工过程中对施工图纸的修改，现场的小修小改及发包人的临时委托增加任务等引起的工作量以及原施工图预算中的错误。

（2）价差

价差是指原工程预算中定额或取费标准与实际不符而产生的差别。影响价格差异的主要因素有：材料价差、材料代用、选用定额不合理、取费计算不合理、补充单位估价表的计算调整等。

（3）价差调整方法

1）单调法

以每种材料的实际价格与预算价格的差值作为该种材料的价差，实际价格由双方协议或当地主管部门定期发布的价格信息来确定。

2）价差系数调整法

对工程使用的主要材料根据实际供应价格与预算价格进行比较，找出差额，测算价差平均系数，以施工图预算的直接费用为基础，在工程结算时按价差系数进行调整。

3）价差系数法与单调法并用

即当价差系数对造价影响较大时，对其中某些价格波动较大的材料进行单调法调整，从而确定结算价值的一种方法。

四、项目竣工结算的编制程序

1.承包人提交项目竣工结算文件

合同工程完工后，承包人应在提交竣工验收申请前编制完成竣工结算文件，并在提交竣工验收申请的同时向发包人提交竣工结算文件。承包人未在规定的时间内提交竣工结算文件，经发包人催促后14天内仍未提交或没有明确答复，发包人有权根据已有资料编制竣工结算文件，作为办理竣工结算和支付结算款的依据，承包人应予以认可。

6.3
竣工结算书的
编制

2.发包人核对项目竣工结算文件

（1）发包人应在收到承包人提交的竣工结算文件后的28天内审核完毕。发包人经核实，认为承包人还应进一步补充资料和修改结算文件，应在上述时限内向承包人提出核实意见，承包人在收到核实意见后的14天内按照发包人提出的合理要求补充资料，修改竣工结算文件，并再次提交给发包人复核后批准。

（2）发包人应在收到承包人再次提交的竣工结算文件后的 28 天内予以复核，并将复核结果通知承包人。

1）发包人、承包人对复核结果无异议的，应在 7 天内在竣工结算文件上签字确认，竣工结算办理完毕；

2）发包人或承包人对复核结果认为有误的，无异议部分按照规定办理不完全竣工结算；有异议部分由发承包双方协商解决，协商不成的，按照合同约定的争议解决方式处理。

（3）发包人在收到承包人竣工结算文件后的 28 天内，不审核竣工结算或未提出审核意见的，视为承包人提交的竣工结算文件已被发包人认可，竣工结算办理完毕。

（4）承包人在收到发包人提出的核实意见后的 28 天内，不确认也未提出异议的，视为发包人提出的核实意见已被承包人认可，竣工结算办理完毕。

3. 发包人委托工程造价咨询机构核对项目竣工结算文件

发包人委托造价咨询人审核竣工结算的，工程造价咨询人应在 28 天内审核完毕，审核结论与承包人竣工结算文件不一致的，应提交给承包人复核，承包人应在 14 天内将同意审核结论或不同意见的说明提交工程造价咨询人。工程造价咨询人收到承包人提出的异议后，应再次复核，复核无异议的，应在 7 天内在竣工结算文件上签字确认，竣工结算办理完毕；复核后仍有异议的，无异议部分办理不完全竣工结算，有异议部分由发承包双方协商解决，协商不成的，按照合同约定的争议解决方式处理。承包人逾期未提出书面异议，视为工程造价咨询人审核的竣工结算文件已经承包人认可。

4. 项目竣工结算文件的签认

（1）对发包人或发包人委托的造价咨询人指派的专业人员与承包人经审核后无异议的竣工结算文件，除非发包人能提出具体、详细的不同意见，发包人应在竣工结算文件上签名确认。发包人拒不签认的，承包人可不交付竣工工程。同时承包人可不提供竣工验收备案资料，并有权拒绝与发包人或其上级部门委托的工程造价咨询人重新核对竣工结算文件。承包人未及时提交竣工结算文件的，发包人要求交付竣工工程，承包人应当交付；发包人不要求交付竣工工程，承包人承担照管所建工程的责任。

（2）发承包双方或一方对工程造价咨询人出具的竣工结算文件有异议时，可向当地工程造价管理机构投诉，申请对其进行质量鉴定。

（3）工程造价管理机构受理投诉后，应当组织专家对投诉的竣工结算文件进行质量鉴定，并作出鉴定意见。

（4）竣工结算办理完毕，发包人应将竣工结算书报送工程所在地（或有该工程管辖权的行业主管部门）工程造价管理机构备案，竣工结算书作为工程竣工验收备案、交付使用的必备文件。

5. 质量争议工程的竣工结算

发包人若对工程质量有异议，拒绝办理工程竣工结算的，应按以下约定办理：已经竣工验收或已竣工未验收但实际投入使用的工程，其质量争议按该工程保修合同执行，竣工结算按合同约定办理。已竣工未验收且未实际投入使用的工程以及停工、停建工程的质量争议，双方应就有争议的部分委托有资质的检测鉴定机构进行检测，根据检测结果确定方案，或按工程质量监督机构的处理决定执行后办理竣工结算，无争议部分的竣工结算按合同约定办理。

五、竣工结算的方式

竣工结算的方式与经济承包合同方式有关。根据相应的承包方式对应的竣工结算方式有以下几种。

1. 经济包干法

经济包干法考虑了工程造价动态变化的因素，合同价格一次包死，合同价格就是竣工结算总造价。

2. 合同数增减法

合同商定有价格，但没有包死，允许按实际情况进行增减结算。

3. 预算签证法

以双方审定的施工图预算数签订合同，施工过程凡是经过双方签字同意的凭证都作为结算的依据，以预算数为基础进行调整。

4. 竣工图计算法

根据竣工图、竣工技术资料、预算定额，按照施工图预算编制法，全部重新进行计算。这种方法工程量大，但完整性和准确性好，适用于工程内容变化大、施工周期长的项目。

6.2.2　项目结算的审核

国有资金投资建设工程的发包人，应当委托具有相应资质的工程造价咨询机构对竣工结算文件进行审核，并在收到竣工结算文件后的约定期限内向承包人提出由工程造价咨询机构出具的竣工结算文件审核意见；逾期未答复的，按照合同约定处理，合同没有约定的，竣工结算文件视为已被认可。

非国有资金投资的建筑工程发包人，应当在收到竣工结算文件后的约定期限内予以答复，逾期未答复的，按照合同约定处理，合同没有约定的，竣工结算文件视为已被认可；发包人对竣工结算文件有异议的，应当在答复期内向承包人提出，并可以在提出异议之日起的约定期限内与承包人协商；发包人在协商期内未与承包人协商或者经协商未能与承包人达成协议的，应当委托工程造价咨询机构进行竣工结算审核，并在协商期满后的约定期限内向承包人提出由工程造价咨询机构出具的竣工结算文件审核意见。

6.4
工程造价咨询
机构的审核

竣工结算审核应采用全面审核法，除委托咨询合同另有约定外，不得采用重点审核法、抽样审核法或类比审核法等其他方法。

竣工结算审核的成果文件应包括竣工结算审核书封面、签署页、竣工结算审核报告、竣工结算审定签署表、竣工结算审核汇总对比表、单项工程竣工结算审核汇总对比表、单位工程竣工结算审核汇总对比表等。

一、审核内容[①]

1. 建筑面积

（1）是否按结构外围水平面积计算，突出外墙的构件不应计算面积（如幕墙）。

（2）坡屋面、架空层及底层楼梯是否加以利用，不利用的建筑物不应计算建筑面积。

---

① 采用定额计价模式的审核

2. 土方工程

(1) 平整场地、挖土方、挖基础土方工程量的计算是否符合计量规则和竣工图纸标注尺寸，有没有重算和漏算。

(2) 回填土工程量应注意地槽、地坑回填土的体积是否扣除了基础所占体积，地面和室内填土的厚度是否符合设计要求。

(3) 审核土方的运距是否与合同相符，运土数量是否扣除了回填的土方。

(4) 工程量的放坡、工作面的加宽及其他措施费（如挡土板）是否均考虑在报价之中。

3. 地基与桩基工程

(1) 注意审核各种不同桩料，必须分别计算，施工方法必须符合设计要求。

(2) 桩料长度必须符合设计要求，桩料长度如果超过一般桩料长度需要接桩时，注意审核接头数是否正确。

(3) 人工挖孔桩的护壁是否按设计要求施工，扩大头是否满足设计要求。

(4) 桩护壁、钻孔桩固壁泥浆和泥浆池、沟道砌筑、泥浆装卸运输，预制桩的试桩、送桩、接桩、凿桩头、打斜桩，混凝土灌注桩的充盈量和扩大头的体积等均是否含在投标报价中。

4. 砌筑工程

(1) 外墙与内墙的计算长度及高度是否符合计量规则；应扣除的门窗洞口及埋入墙体各种钢筋混凝土梁、柱等是否已扣除。

(2) 墙基与墙身的划分是否符合规定；计量规则规定按立方米或按平方米、米计算的砌体，有无混淆、错算或漏算。

(3) 基础防潮层应考虑在砖基础项目报价中。

5. 混凝土及钢筋混凝土工程

(1) 现浇构件与预制构件是否分别计算，有无混淆。

(2) 现浇柱与梁，主梁与次梁及各种构件计算是否符合规定，有无重算或漏算。

(3) 钢筋重量是否按理论重量计算，钢筋实际重量与理论重量的误差不予调整；弯钩、搭接是否根据规定计算，钢筋的长度计算是否符合计量规则。

(4) 计量规则规定按立方米或按平方米、米计算的构件有无混淆，计量单位是否一致。

(5) 设计未图示和未规定弯钩、搭接方式的不予计算，钢筋消耗量应考虑在投标报价中。

(6) 钢筋电渣压力焊接、套筒挤压接头等，设计无规定时不予计算，按施工方案应考虑在投标报价中。

6. 木结构工程

(1) 是否分别按不同种类计算。

(2) 计量单位有无混淆。

(3) 厂库房大门、特种门的钢骨架，屋架上的钢拉杆、垫铁、铁夹板、螺栓，木梁上所用的铁件等不单独列项，应包括在门和屋架项目内。

(4) 木构件制作的后备长度、配制损耗、刨光损耗、施工损耗以及檩木、椽子屋面木基层等的接头损耗，附属于屋架的夹板、垫木以及与屋架连接的挑檐木、支撑等应考虑在报价中。

7. 金属结构工程

(1) 金属构件制作工程量多数以吨为单位。在计算时，型钢按图示尺寸求出长度，再乘每米重量；钢板要求算出面积，再乘以每平方米的重量。审核是否符合计算规定。

（2）压型钢板楼板、墙板以面积计算。

（3）钢构件除锈刷漆、焊缝探伤的费用应考虑在报价中。

（4）钢构件拼装台的搭拆和材料摊销应列入措施项目费。

8. 屋面及防水工程

（1）卷材、涂膜防水是否考虑弯起部分。

（2）斜屋面是否按斜面积计算，地面防水是否按规定扣除了相关构件面积。

（3）防水层以下的找平层、基层处理、铁件、涂料及特殊部位处理的附加材料等应考虑在报价中。

9. 防腐、隔热、保温工程

（1）平面防腐、立面防腐的划分是否符合相关规定。

（2）涂料基层的刮腻子、屋面保温隔热的找坡和找平、下贴式保温隔热天棚的底层抹灰、保温层的面层和基层抹灰、防腐工程需酸化处理和养护等费用应考虑在报价中。

（3）保温隔热需搭设脚手架的费用应考虑在报价中。

10. 楼地面工程

（1）楼梯装饰是否按踏步和休息平台部分的水平投影面积计算，大于 500mm 的楼梯井是否已扣除。

（2）不同装饰面层的计算是否与计量规则一致。

11. 装饰工程

（1）内墙抹灰工程量是否按墙面的净高和净宽计算，有无重算或漏算，外墙抹面是否扣除了门窗洞口。

（2）踢脚线砂浆打底与墙柱面抹灰不得重复计算，墙面装饰高度应扣除墙裙高度。

（3）柱面贴材是否按饰面外围尺寸计算。

（4）幕墙中同种材质的窗不应扣除，有无重算或漏算。

（5）天棚吊顶是否扣除了独立柱、窗帘盒所占面积。

（6）材料、成品、半成品的各种损耗，高层建筑物所发生的人工和机械降效、施工用水加压等费用应考虑在报价中。

（7）天棚的检查孔、天棚内的检修走道、灯槽等应包括在报价中。

12. 门窗工程

（1）门窗是否按不同类型以樘计算。

（2）以米为单位的窗帘盒、窗台板和以平方米为单位的窗套、贴脸是否已经分开，有无错算。

（3）门窗框与洞口之间的填塞应包括在造价之中。

13. 油漆、涂料、裱糊工程

（1）门窗油漆是否按樘计算。

（2）空花格、栏杆等是否按单面垂直面积计算，有无多算。

（3）有线角、线条、压条的油漆、涂料面的工料消耗应包括在报价中。

14. 水暖工程

（1）室内外给水排水管道的划分是否符合规定，不得将室外管道按室内计价。

（2）室外管道的检查井、阀门井一般不能套用市政定额，如套用则应扣除未做部分工作内容。

（3）室内给水塑料管道的尺寸规格应为外径，相应的阀门、管件等安装规格应对应一致。

（4）法兰阀门安装中应包含法兰片，不得重复计取。

（5）应弄清卫生洁具安装工作的内容，按国标图集的规定区分管道与洁具的安装界限，不得将工作内容中包括的管材、管件及阀门等重复计价。

（6）卫生洁具的型号规格应与设计一致，否则根据实际情况相应调整计价内容。

15．电气照明工程

（1）变压器安装中，除必须干燥的变压器（确认签证）外，一律不得计取变压器干燥费用。

（2）配电装置安装中，必须看清工作内容，不得重复计算。

（3）防止将电器按高压计取安装费。

（4）应仔细核查现场，不得将小型成套配电箱按照明配电箱或动力配电箱计价，不得将成套配电箱分拆（如分拆为箱体、空气开关安装等）。

（5）电机如计取了干燥费用，则应核查当时的绝缘测试记录，无记录且不需要干燥的一律不得计取干燥费用。

（6）电器安装中，应核查监理及甲方签证的规格、数量、品种，各种预留、延弛长度不得重复计算。

（7）开箱检查或现场检查，凡未做电缆头的一律不得计价。

（8）配电箱、柜安装中应包括接地工作内容，不得重复计取。

（9）避雷网安装中，支架已含在安装单价中，不得重复计算，避雷引下线利用柱主筋引下及圈梁焊接中，设计一般以两根为单位，不得加倍计算。

（10）查进场记录及产品安装说明书，防止错套电气配管子目。

（11）部分灯具、开关及插座安装工作内容中，应包含线路预留长度，不得重复计算。

（12）各种配电箱线路预留长度应按箱内壁尺寸高＋宽计算，不得按面板尺寸。

（13）灯具安装尺寸规格应全面核查，防止错误计价。

（14）配电箱、开关及插座等应开箱或拆开检查，以核实线缆规格是否符合设计施工要求，与结算书规格应一致。

（15）所有的电气调整试验应附有相应的调试记录，否则一律不予计取。

16．设备及其安装工程

（1）设备的种类、规格、数量是否与设计相符。

（2）需要安装的设备和不需要安装的设备是否分清，有无把不需要安装的设备作为安装的设备计算安装费用。

（3）按国家规定，工程造价中不应包含设备费，设备费不得计取相应利润及税金。

17．道路工程

（1）道路各层厚度是否按压实后的厚度计算。

（2）不同项目的计量单位是否符合规定。

18．市政管网工程

管道敷设不应扣除井内壁间的距离和管体阀门所占长度。

19. 园林工程

（1）伐木、砍挖灌木丛等项目是否按实际量进行结算。

（2）喷灌设施是否按从供水主管接口到各支管的总长度以米计算。

（3）审核预算单价的套用。

1）审核工程所套定额单价是否与应执行的定额预算单价相符；

2）工程名称、规格、计算单位和所包括的工程内容是否与单位估价表一致；

3）有无错套定额，计算单位是否正确；

4）对换算的单价，首先要审核换算的分项工程是否是定额中允许换算的，其次审核换算是否正确；

5）审核补充定额和单位估价表的编制是否符合编制原则，单位估价表计算是否正确。

（4）审核间接费

1）审核建筑安装企业是否按相应工程类别计取费用，有无高套取费标准。

2）审核间接费的计取基础是否符合规定。

3）预算外调增的材料差价是否计取了间接费，直接费或人工费增减后有关费用是否相应作了调整。

4）有无巧立名目，乱摊费用现象。

5）计划利润和税金的审核，重点放在计取基础和费率是否符合当地有关部门的现行规定上，有无多算或重算的现象。

6）审核所套费用定额的时间界限是否与文件规定一致。

二、对相关造价材料进行有效整理

1. 对项目实施过程中的过程资料进行收集。

2. 收集并熟悉招标投标文件、施工合同及补充协议、材料与设备采购合同、竣工验收单。

3. 收集竣工图纸、施工方案、经委托单位及监理单位签章确认单变更签章单以及具体的索赔情况等。

4. 结合竣工图、现场签证单与变更等资料核对现场实体进行现场勘查，并计算工程量，组价取费。

三、出具审核报告

1. 在编制完工程结算审核初稿以后，委托方、施工方以及造价咨询部门工作人员进行三方核对，对其中不合理情况加以适当调整。

2. 全过程造价咨询服务机构内部审核人员检查并复核结算的初步成果文件。

3. 企业主管对审核通过的成果文件进行批准。

4. 造价咨询单位、委托单位、施工单位三方在最终成果文件上签字盖章；造价咨询服务机构要认证核查竣工结算材料的真实性、数据的准确性，对相关文件进行全面审核，例如设计文件、各类变更与签证、施工方合同等内容，要将与实际不符的签证以及计量环节其他费用去除，在计算工程量清单过程中要按照计价规则与清单规范加以确定。与此同时，也要对材料价格进行审核，其中包括材料购买数量、实际使用数量、材料型号批次、材料实际质量以及审核是否会出现施工偏差等，对于目前出现差价的材料要开展准确的检查，确定该材料的类型与使用范围。

造价咨询服务机构要在第一时间找出工程量较多、高套定额或者高取费的情况，找出剔除因为不合理施工或者不合理技术措施造成的成本浪费情况，按照之前的合同进行逐一审查，对整个过程中所产生的资料和档案进行逐一审查，同时还要进行存档。

四、竣工结算的审核期限

工程竣工结算报告金额在 500 万元以下，审核时间为从接到竣工结算报告和完整的竣工结算资料之日起 20 天。

工程竣工结算报告金额在 500 万元至 2000 万元，审核时间为从接到竣工结算报告和完整的竣工结算资料之日起 30 天。

工程竣工结算报告金额在 2000 万元至 5000 万元，审核时间为从接到竣工结算报告和完整的竣工结算资料之日起 45 天。

工程竣工结算报告金额在 5000 万元以上，审核时间为从接到竣工结算报告和完整的竣工结算资料之日起 60 天。

6.2.3　收集资料开展结算后评估工作

项目结算阶段要最大限度地收集整个项目进行过程中所形成的各类材料，例如招标文件、投标书及报价、设计文件及图纸、会议纪要以及签证单等。另外造价咨询服务机构还应当积极开展结算后评估工作。通过评估并分析造价与价格指标、工程量指标，对建筑工程项目造价管控效果进行评价，分析在实际管理过程中存在的不足，这是对整个造价咨询工作的总结环节，也是为今后类似项目顺利提供基础数据的重要环节。

6.5
竣工结算的
审计程序

建设工程项目后评价是在项目完工并投入使用之后针对建设目的、施工过程、效益等展开全面且系统的评价，其主要目的为通过该项目吸取一定的经验教训，便于企业后期做出更为科学的决策，进一步提高建筑企业管理水平，从而取得更好的效益。相关评价人员在开展项目后评价时，应当查看是否达成了项目预期目标，相关效益指标的实现情况，项目建设整个过程中所出现的问题，并探究项目成败的具体原因，最终确定其预期规划是否合理，总结经验以便后期新项目做出正确决策，从而保证建筑企业可以实现可持续发展。

6.3　项目结算阶段造价咨询要点

竣工结算阶段造价咨询的主要工作是按照项目决策阶段全过程造价咨询的审核内容、范围和要求，对竣工结算审核所需要的资料进行汇总，整理核查新增工程量签证和隐蔽工程签证，对所有已完成工程量进行复核，对工程变更、设计变更、新增合同和索赔等事项的合理性、完整性进行审查，据此得出准确的结算价。工程竣工结算审核是整个建筑市场的"灵魂工程"，是建设项目投资控制的最后关口，同时也是重要环节之一。

6.6
项目结算阶段
造价咨询实务

如果没有把好竣工结算审核这道关，那么整个项目的工程造价控制都将失去意义。因此，发包人选择的工程造价咨询单位在进行工程竣工结算审核过程中，应遵循公正、公平、公开的原则，依据现行的法律法规、规章、规范性文件及行业规定和相应的标准、规范、技术文件要求，对竣工结算进行严格的、实事求是的审核，使项目工程造价控制在合理的范围内。发包人只有充分利用自身在项目建设及投资控制中的主导地位，以主动控制为前提，以设计阶段控制为关键，以项目实施和结算审核为重点，对项目投资进行全过程的控制，才能更有效、合理地节约建设资金。

在进行项目竣工结算时，要注意如下事项：

1. 项目有关资料的收集整理工作

完整的结算资料是结算审核的基础，做好各种资料的收集整理工作是做好工程竣工结算的基础。应收集的资料有：项目立项批文和资金落实批复文件、工程招标文件、中标通知书、工程投标文件、建设工程施工合同或补充协议、图纸会审记录、地质勘查资料、建设工程施工图、竣工图、设计变更通知单、隐蔽工程验收记录、会议纪要、现场签证、索赔文件等。其中，竣工图是工程在交付过程中使用的实样图，当工程出现变化但是变化不大时，可在图中直接标注，不必重新绘制，而且竣工图在绘制完成之后必须找建筑的监理人签字盖章。竣工图是其他竣工资料的重点资料，可以如实反映施工的实际情况。设计出现变更也要由原设计单位下达，设计人签字盖章，而且对于不影响工程结构的室内外局部改变也属于设计变更，在发包人负责人以及设计人员签字之后才能生效。在实际工作中，经常由于送审的资料不完整，造成审核工作被迫中断，等待补充有关资料。在审核前，最好将需要报送的资料列出清单给报送单位，做好送审资料的自查工作。

2. 合同条款的审核

在工程竣工后，要审核竣工工程是否完全符合合同的要求，竣工后的验收是否合格，只有按照合同要求完成工程并且进行合格验收的工程，才能进入竣工结算阶段。之后，要用合同中要求的竣工结算方式进行结算，对竣工结算项目进行逐一审核，如果发现问题，必须由发包人和承包人进行协调，认真研讨，明确最终要求。

3. 设计变更、现场签证、索赔的审核

设计变更、现场签证、索赔是工程结算的重要依据。对设计变更、现场签证、索赔的审核，要求结合专业技术知识，检查变更的完整性、规范性、必要性、合理性。

4. 深入现场，核算工程量

竣工结算正式核算前，应进行实地勘查，真实记录现场情况，清楚施工现场情况。在审查的过程中，要注意一些比较容易出差错的地方，如柱、梁、板交叉的地方，以及圈梁重叠部位等。必要时，工程量可以进行现场核对，确定相关资料的准确性。在核查时，要认真查看施工记录、变更记录、验收记录等，依据计量规则对工程量进行严格核算，甚至可以开挖核验隐蔽工程，一定要实事求是地进行核算工作。

5. 主要材料、设备价格的审核

主要材料和设备价格是影响结算造价的关键因素。由于工程使用的材料、设备种类繁多，信息价不可能面面俱到，市场价的确定需要认质认价或市场询价。适时进行市场调查、跟踪，开发和建立设备材料价格数据库，是确定造价中材料、设备价格的有效路径。

6.7
质量保证金的
处理

任务 1　结算编制与审核

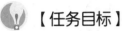【任务目标】

1. 掌握结算审核的编制。
2. 掌握结算争议解决建议书编制。
3. 学习结算索赔案例。

【实操说明】

1. 结算审核的编制

(1) 结算计划

1) 计划编制

根据项目的合约分判、合同条款、工期安排、交付时间编制结算计划书。项目部确定提供工程合同履约验收报告、完整合同结算资料的上交时间，依据委托人结算管理要求确定合同结算的完成时间，明确每个合同分判对应的结算主责人。

2) 计划确认

结算计划确认应以工作会议方式进行，由委托人组织，各负责人参加，并在会议结束后签署意见进行确认。

3) 计划调整

若在结算计划的执行过程中出现竣工延迟或分判调整，团队需重新编制结算计划并组织成本计划确认会。

4) 计划预警

跟进结算计划的执行情况，在结算计划存在延迟风险时进行预警，发邮件告知相关责任人，提醒其对责任节点进行把控。

(2) 工程结算资料审核

1) 工程竣工后通知施工单位上报结算资料（包括签字完整的竣工验收报告及竣工图纸），若未按结算计划及时上报，驻场人员需第一时间向委托人成本工程师发出预警。

2) 收到施工单位上报的结算资料后检查资料是否齐全，签字盖章、日期、项目名称、合同金额等是否正确，如有错误需通知施工单位修改。

3) 资料完整性审核：按委托人结算归档要求进行资料完整性审核，以××项目为例，结算资料包含：

① 完工证明（工程合同履约验收报告）；

② 工程设计变更指令台账；

③ 合同内暂定数量重新计量所需竣工图纸及图纸目录；

④ 合同内暂定物料单价重新计价所需技术及商务资料；

⑤ 发包人索赔资料台账；

⑥ 承建商、供应商索赔资料台账；

⑦ 结算书。

4) 竣工资料审核

① 需现场复核工程实际完成情况与竣工图纸是否一致，变更部位是否在竣工图纸中修改（特别注意：负变更图纸内容的删减）。竣工图纸须为蓝图，要有竣工图章，竣工图章内容填写完全；竣工图纸需工程师、项目总工签字；

② 签证、变更台账、工程奖罚单台账、水电费用台账的比较核对；

③ 责任扣款的核对，包括甲供材超供、加减账变更等；

④ 设备、材料验收资料情况，须审查材料品牌。

（3）履约情况审核

1) 合同内容完成情况：须明确是否完成合同范围内所有工作内容。

2) 合同工期的完成情况：须明确是否符合合同关于工期的约定、工期是否延误、具体延误天数、有无工期方面的奖罚等。

6.8
工程量核实
项目实例

3) 工程质量情况判断：依据项目部对已完工程质量签署意见进行评估，是否符合合同关于质量约定、有无质量事故方面的罚款、有无不合格项目、隐蔽工程完成情况等。

（4）价款审核

1) 工程量核实：不清之处或需要现场核实的须到工地现场进行实地测量核实并确认。

2) 变更签证核实：有权对已签认但不符合事实的工程量提出异议，对于无预审批、工程指令单的变更，结算时不予计算。

6.9
变更签证核
实项目实例

3) 依据委托人工程师确认的甲供材料、工期奖罚、质量奖罚、安全奖惩等情况，按工程合同确定的结算方式。

4) 对于物资类结算，在甲供材结算时需计算甲供材的超供结余情况，若发生超供需按合同要求对甲供材安装单位进行扣款。

5) 复核合同结算的已付款是否与账面数据一致。

6) 复核是否存在公司代垫费用的情况。

7) 复核已发生商票、信付通等供应链融资利息支付与结算情况。

8) 进行合同结算总价审核并完成结算资料组卷工作，结算依据：清单计价规范、工程竣工图、双方洽商文件、工程变更、设计变更、图纸会审记录、竣工验收资料等。具体要求详见合同中工程结算条款。

9) 开展与承建商/供应商的结算核对工作，确定审核金额并编制工程结算审核报告。

10) 合同结算资料组卷完成后，交给委托人成本工程师审核。

11) 委托人成本工程师审核完成后，由驻场人员登记资料流转台账，方可由委托人成本工程师带回公司流转审批。审批完成后，将纸质资料归档，更新合同结算台账并完成线上合同结算。

2. 结算争议解决建议书编制

（1）争议提报

合同结算时如遇争议需进行提报，在解决争议的谈判过程中应在每次独立谈判时严格签订《×××合同结算谈判纪要》作为争议解决依据。应将每次《×××合同结算谈判纪要》存档，并作为工程结算的附件。

（2）争议解决建议书编制（表 6-1）

表6-1

×××项目争议明细表（节选）

序号	争议内容	施工单位意见	申报金额（元）	咨询意见 咨询公司建议	初审金额（元）	差异金额（元）	备注
1	铝模施工大样、楼梯混凝土同标号同墙柱	小高层和高层标准层采用铝合金模板施工，为贵司要求，铝模施工过程中，因楼梯与墙相连，无法在楼梯和墙柱间分割浇筑混凝土，故诉求因贵司要求整体使用低强度等级混凝土，大样混凝土强度等级增大费用（楼梯、大样标号同墙柱）	356000	本项按设计图纸中混凝土强度等级计量。根据合同第九章工程量清单/9.1报价须知/通用说明第1.13条明确：如设计不同施工部位混凝土等级施工不一样，承包人为了施工浇筑的便利性整体使用高等级混凝土替代，其增加的成本不予获雇主补偿	0	356000	
2	外墙外侧EPS结构线条认价	因贵司要求小高层和高层均采用铝模施工，铝模施工楼栋，部分线条无法一次带走，故我司与贵司协商，将部分结构线条变更为EPS线条施工，故诉求计取该部分费用	985430	此费用不单独计取。根据合同文件第九章工程量清单/9.1报价须知/项目专用说明第2.5.6条明确："投标报价均须考虑外墙线条、压顶、滴水线、外窗窗洞口、企口距离外侧长度、上口宽度、下口宽度、压槽位置宽度等深化做法，均包含于混凝土浇筑或模板综合单价内。承包人对于自身开展施工、在模板深化设计中对相关砖砌/结构线条的深化设计（利于子窗、外窗防水）滴水线、构造柱按设计尺寸进行局部调整，均须取得雇主书面确认，除按合同约定的混凝土与模板计量规则进行计量与计价外，由此引起的任何费用增加不予补偿，同时由此技术措施引起的成本节省，雇主将在合同结算中予以扣除"	0	985430	附件2
3	凸窗内侧封闭空间模板、楼梯踏步顶模板计取	①根据现场实际，凸窗内侧模板无法取消，楼板以上模板一次投入，故要求计取该部分模板工程量，且图纸会审中已明确该事实。②模板为可计量措施，诉求计取标准层铝模梯顶部模板。原因因为：铝模板楼梯随铝施工，且合同中模板计量规则也为接触面，实际施工中铝模楼梯模板需要全封闭，现我司顶部模板随铝优化，浇筑施工中额外投入人工抹平表面保证成型质量，故铝模顶板模板需计取	558700	1.凸窗内侧模板按现场实际施工工艺计算一半模板，浇筑完一半后清理填充物，填充物后剪当内模，因此另一半无须计算模板。2.楼梯踏步顶模板量核对现场模板已复核实施模板。3.表面收光包含在合同单价内不单独计算费用。依据合同文件工程量清单/第一章建筑工程/第1节混凝土及钢筋混凝土工程/2.单价说明"（c）现浇混凝土楼随浇筑随抹光，面层保护；"	0	558700	

续表

序号	争议内容	施工单位 意见	申报金额（元）	咨询意见 咨询公司建议	初审金额（元）	差异金额（元）	备注
4	铝模施工楼层预留楼层门洞口侧面、大样板盖顶部盖板计量	应业主要求，小高层及高层标准层采用铝模施工，铝模施工楼层门洞口及大样板计量需用为按接触面积计算，现铝模施工楼层门洞口处铝板、大样顶部盖板需封闭，故诉求该部分洞口处、大样顶部盖板模板工程量计量（铝模板计量工程量为贵司要求，现场施工工艺要求若洞口侧面无铝模及大样顶部盖板，模板计量规则为按接触面积计量，故诉求该部分计量）	675502	此费用不单独计取。根据合同文件第九章工程量清单/9.1报价须知/项目专用说明第2.5.6条明确："承包人为方便于自身开展施工，在模板深化设计中对相关砌结构线条、门窗洞口预留企口（利于外窗窗防水）、滴水线、构造柱按设计尺寸进行局部调整，均须取得雇主书面确认，除按合同约定的混凝土与模板计量规则进行计量与计价外，由此引起的任何费用增加均不予补偿，同时由此技术措施引起的成本节约，雇主将在合同结算中予以扣除。"	0	675502	
5	铝模传料口钢筋加筋计算	依据业主下发的工程洽商计量，理由如下： 1.合同文件第九章工程量清单/9.1报价须知/2.项目专用说明2.5.3条，该条合同约定表述了3层意思：①由我司深化铝模；②对支撑体系进行风险验算；③结构、建筑深化图检查无误不承担责任。并无约定，为防止楼板开裂，铝模施工洞口附加筋费用。 2.铝模为贵司施工要求，铝模施工洞口传料孔附加筋以保证楼板不开裂，同时结构设计说明、国家规范要求、图纸会审均明确设置洞口附筋，故诉求按洽商计量	198750	铝模施工传料口钢筋合同无约定包含在合同价款内，建议按设计确认的深化图纸计量，工程量纳入钢筋工程量计算	163500	35250	
6	铝模施工螺杆眼封堵计量	①贵司合同约定：螺杆眼封堵做法为"1:2干硬性水泥砂浆塞实+1:2干硬性水泥砂浆封闭+1.0mm厚JS防水或聚氨酯涂膜防水"施工，诉求按做法计算螺杆眼封堵费用	796875	费用不单独计算，施工规范内为报价基准文件，费用包含在报价内。依据合同文件第九章工程量清单/9.1报价须知/1.通用说明1.14条"招标文件7.2"工程规范"是投标人投标报价...	0	796875	

续表

序号	争议内容	施工单位		咨询意见		差异金额（元）	备注
		意见	申报金额（元）	咨询公司建议	初审金额（元）		
6	铝模施工螺杆眼封堵计量	②贵司招标文件及合同文件中仅约定"铝合金模板综合单价范围包括供应铝合金模板、支撑体系、背楞、对拉螺杆、止水螺栓、销钉、销片、斜撑等所有材料费用"，并未约定铝模施工螺杆眼封堵发生费用不予计取，故该诉求该部分费用计取。③合同文件第九章工程量清单/9.1报价须知/1.通用说明1.14条约定，工程规范相关要求和标准考虑至投标报价中，不得以投标以来不熟悉，考虑不足为由提出费用诉求。在该条约定中，要求我司在施工中提出施工做法不予计费。④贵司招标文件、合同文件中均未明确铝模中含螺杆眼封堵费用，现因贵司要求施工铝模，且铝模施工工艺中处理，外墙免抹、导墙导螺杆眼暴露，无法在下道施工中处理，必须单独对每个螺杆眼(铝模)导致螺杆眼封堵眼堵渗漏，诉求因实施贵司要求施工方案(铝模)导致螺杆眼封堵增加的费用，且该费用用末在招标文件及合同文件中有明确意思表达，由我司承担	796875	报价、编制技术标以及若被确定中标资格后组织施工必须执行的标准与依据，"总包文明领域文件，安全文明施工标准"，还包括了第三方质量评价标准与实施办法，承包人项目管理要求、分项工程工艺标准、违约处罚，招标人在此特别提醒投标人，必须熟悉并完全掌握招标规范内容，作为投标报价中、任何依据，将所有管理要求或在投标阶段考虑不足为由而向雇主提出增加费用/工期或降低或操作执行/操作标准的诉求均不被接受。"	0	796875	
		合计	3571257		163500	3407757	

3. 结算索赔案例

（1）索赔的定义

广义的索赔是指在施工合同履行过程中，合同一方因对方不履行或不适当地履行施工合同所设定的义务而遭受损失时向对方提出索赔要求。广义的索赔包含乙方对甲方的索赔（即狭义的索赔）和甲方对乙方的索赔（即反索赔）。

（2）索赔的分类

1）操盘策略主动调整：指由于委托人更优的经营决策，所引起的索赔事项，包括定位或方案调整、主动性抢工或停工缓建、新工艺研究等。

2）外部客观条件变化：指不可预见的外部客观条件变化，所引起的索赔事项，包括政策法规变化、管控要求变化、突发灾害疫情、不可控的未知风险等。

3）项目策划管理不善：指因我方策划不当或管理失误，所引起的索赔事项，包括：操盘策划管理（销售策略不合理、开发节奏不合理、标段策划不合理等）、招采约定管理（单位选用不合理、招标质量不过关、合同约定不合理等）、工期管理（工期约定不合理、进度管控不合理等）、图纸管理（方案图纸重大变化、图纸做法不合理、验收标准把控不足等）。

（3）案例分析

【案例1】某项目2017年7月招标，2017年8月当地出规定办理施工许可证时需额外缴纳1.5%个人所得税，施工单位诉求配合发包人办理施工许可证额外缴纳1.5%个人所得税，导致税负增加，索赔该部分费用。

结论：索赔事项不成立，项目缴纳了该笔费用时可减免施工单位总部税金缴纳额度，总体来说施工单位未额外增加费用。

【案例2】某项目招标时间为2017年7月，施工单位依据2018年10月执行的《关于建设工程扬尘防治调整安全文明施工费计价规定的通知》，索赔调整安全文明施工费。

结论：索赔事项不成立，2018年10月执行的《关于建设工程扬尘防治调整安全文明施工费计价规定的通知》是对2017年2月7日发布的《关于进一步加强建筑施工扬尘污染防治的通知》（长环联〔2017〕4号）计价规则补充说明，经咨询长沙市造价站回复"《关于进一步加强建筑施工扬尘污染防治的通知》（长环联〔2017〕4号）发布之日起30日历天后的投标报价应视为已包含该文件所需措施费用"。

【案例3】某项目施工单位诉求因标段划分导致后浇带模板未能及时拆除，其模板支撑脚手架租期延长等费用增加，索赔该部分费用。

结论：索赔事项不成立，未能及时拆模非因标段划分原因，实为后浇带混凝土强度未达到拆模要求，依据《混凝土结构工程施工质量验收规范》GB 50204—2015规定"悬挑构件底模拆模时间须该构件混凝土强度100%达到设计要求抗压强度标准值"。

【案例4】某项目采用铝模施工，施工单位提出因采用铝模施工增加撑筋，撑筋应按钢筋工程量计算费用，索赔该部分费用。

结论：索赔事项不成立，撑筋应为铝模支撑体系的一部分，为铝模施工的常规措施，并非实体结构，其费用已包含在铝模综合单价范围内。

【案例5】某项目招标文件明确约定工作面分批次移交，相关费用综合考虑在开办费中考虑，实际开工日期以甲方开工令为准。实际各楼栋工作面移交施工单位时间跨度长达7个月，施工单位诉求因发包人工作面分批次移交跨度大，最终遭遇疫情、暴雨、禁运等客观因素导致其价格上涨、劳务与管理人员窝工、场地租赁延期等，索赔费用约4800万元。

结论：部分索赔事项成立，合同约定2020年2月8日完成竣工验收，实际2021年3月30日竣工验收，因发包人分批次移交导致施工单位遭遇疫情、暴雨、禁运等客观因素，合理补偿合同未明确约定的内容的相关费用约110万元。

【案例6】依据图纸设计要求，地库地坪内需设置疏水板，经现场计量疏水板每平方米含529个直径3cm、高2cm的空心圆柱体，现场空心圆柱体采用混凝土填充，施工单位索赔该部分费用。

结论：索赔事项成立，实际需要采用混凝土填充，按合同口径进行计量计价。

【案例7】某项目2021年1月28日取得施工许可证，发包人在未取得施工许可证的情况下，要求施工单位进场对A楼进行施工。施工过程中前后发生两次停工（2019年9月底基础垫层浇筑后停工、2020年5月28日到6月25日地下室顶板浇筑完成后停工），后期为满足预售要求于2021年3月3日至2021年4月27日进行主体结构抢工，施工单位索赔停工期间与抢工期间费用。

结论：索赔事项成立，停工期间窝工等费用与抢工期间投入抢工费用按合同口径进行计量计价。

【案例8】某项目合同工程量计量规则中约定"依附在施工单位各类自承建管道的普通套管不在工程量清单中单独列项，其费用包含于管道的综合单价内。防水套管、柔性套管、人防密闭套管于工程量清单中单独列项"，发包人指令项目现场依附在施工单位各类自承建管道的普通套管均使用钢套管，施工单位索赔套管费用。

结论：部分索赔事项成立，建议计取钢套管与塑料套管价差，依据《建筑给水排水及采暖工程施工质量验收规范》GB 50242—2002"3.3.13条 管道穿过墙壁及楼板，应设置金属或塑料套管。"规范未强制要求全部采用金属套管。

【案例9】某项目施工防水构造约定依据图集10J301第42页（钢板止水带平直段为190～290mm，厚度为2～3mm），市场通用钢板止水带为带燕尾段全长300mm。实施过程中项目部指令要求按总部第三方检查标准要求钢板止水带平直段300mm（含燕尾段总长400mm），施工单位索赔该部分费用（图6-2）。

图6-2 案例9图

结论：索赔事项成立，实际市场常用的为全长300mm钢板止水带，且该做法亦满足合同约定做法，项目部提高标准应予以计算钢板止水带400mm与300mm费用差额。

【案例 10】 某项目图纸约定剪力墙拉筋按"梅花型布置"设置，造价顾问现场查证为"双向布置"，随即建议发包人向施工单位提出反索赔。

结论： 反索赔事项成立，剪力墙拉筋按"双向布置"计算，扣除"梅花型布置"与"双向布置"费用差额。

 【项目背景】

某住宅项目的标识标牌由户外景观标识、物业类标识和地库标识构成，具体数量见表 6-2，试完成该住宅项目标识标牌合同结算编制任务。

某住宅项目的标识标牌数量清单　　　　表 6-2

类别	名称	A 地块	B 地块	地下室	小计
户外景观标识	平面指引牌	2	2		4
	户外公告栏	2	2		4
	机动车指引牌	3	2		5
	人行指引牌	3	2		5
	车库入口标识	3	2		5
	非机动车停车牌	6	3		9
	宠物便便箱	1	1		2
	楼栋牌	26	22		48
	单元入口牌	20	17		37
物业类标识	停车收费牌	3	2		5
	警示贴牌	41(高空抛物)＋82(小心地滑)＋10(已进入监控区)＋1(消防大门禁止占道)＋4(服务车放置点)			138
	警示立牌	7	8		15
	环境绿化提示标识	7	8		15
	说明立牌	2	2		4
	说明贴牌	5	4		9
	临时牌	3	2		5
地库标识	车库交通指引牌			43	43
	地库单元入口灯箱			53	53
	私家车位牌(含金属拉条)			1624	1624
	设备间			158	158

 【完成任务】

详见二维码资源：标识标牌合同结算文件。

6.10
标识标牌合同
结算文件

任务 2 项目后评估

 【任务目标】

1. 了解项目数据沉淀。
2. 了解项目后评估。

 【实操说明】

1. 配合数据沉淀

配合委托人对所有在建和已完工程成本数据的收集、管理、筛选、总结及应用，目的是将过去的成本管理经验、数据沉淀下来，总结、思考并指导新项目的成本管理工作。

(1) 数据库架构图（图 6-3）

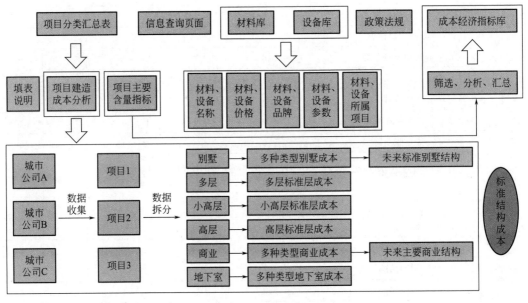

图 6-3 数据库架构图

(2) 数据分类

项目数据受到地域性的不同、城市的不同、结构类型的不同、产品定位的不同等因素，有可能导致数据的适用性差，我们首先将其分类。细分到哪个城市、不同的项目、项目中的不同结构类型、它属于哪一种产品定位，这样，在查询使用的时候能够清晰地看到并锁定我们所需要的成本数据，提高检索效率的同时也避免的数据收集紊乱。

(3) 数据填报与沉淀

1) 建造成本经济指标分析、填写；

2) 材料设备价格库分析、填写；

3) 各类型建筑技术指标含量分析、填写。

2. 配合项目后评估

在项目实施过程中及项目关闭后，基于成本对项目开发全过程的投资、设计、运营和成本管理工作进行全方位总结。通过复盘分析，针对项目全过程成本管理，分析亮点与不足，总结经验和教训，为后续项目的成本测算和成本管理提供经验库、数据库和案例库。

（1）后评估指导原则

开放心态、坦诚表达、实事求是、反思自我、集思广益。

（2）资料收集

1）收集待评估项目的所有相关成本基础资料，包括：项目可研报告、目标成本测算表、项目最新的动态成本报告，并负责汇总项目完整的结算资料，包括工程结算书、设计变更、工程变更等资料。

2）负责按产品类型和成本科目，分别归集建安、公共配套及基础设施的最终成本，将实际发生额与目标成本作对比分析报告。

3）前期及后期手续费、财务费、设计费、管理费、税金等其他费用的最终成本及分析向各个相关责任部门收集并汇总，形成全成本后评估报告。

（3）综合分析

1）对比项目结算成本与投资成本及审批版目标成本的差异，与限额指标进行最终对比分析，评价项目目标成本的准确、合理性，分析成本管理工作的科学性、有效性，总结其中的经验教训。

2）负责对照施工图、竣工资料、施工总包合同、工程结算书等资料，分析施工组织、工程承包范围变化、工程量变化、变更、市场因素等对成本的影响。

3）组织相关部门分析主要材料，尤其是客户较为敏感的装修材料、影响使用的卫生洁具、门窗等，从其使用效果和耐用程度上，评价材料成本的合理性。

4）最终实施的合约分判与合约分判计划进行对比、分析差异、总结经验教训，提出优化建议。

（4）编制项目成本后评估报告

1）项目概况及评估综述：项目概况、项目主要经济技术指标、项目开发周期等情况概述。

2）目标成本执行情况说明：通过目标成本与最终执行成本对比表的数据分析，概述成本超支科目、超支原因及后续应对措施。

3）合约分判执行情况说明：通过计划合约分判与实际合约分判的对比分析，优化合约分判模板。

4）变更、分判执行情况说明、案例分析，为后续项目开发提供知识积累，后续项目开发过程中能够有效借鉴经验、规避问题。

5）项目全过程成本管理经验总结及案例分析，做好在成本管理各个阶段的经验总结，尤其对索赔争议等总结分析，完善合同条款，提升成本管理能力。

（5）项目后评估案例

1）开盘后项目整体后评估

6.11
商业项目成本
后评估报告

① 项目整体概况：区位简介、土地情况、项目情况；

② 项目开盘后评估：经营管理评估、招采管理评估、报建管理评估、财务管理评估、营销/写字楼管理评估、工程管理评估、设计管理评估、客户风险评估、合约管理评估、人力资源管理评估；

③ 示范区后评估：示范区呈现、过程管控和工作亮点与不足；

④ 项目总结；

⑤ 项目后续开发思路。

2）专项后评估

3）结算后项目整体后评估

6.12
住宅成本后
评估模板

 【项目背景】

某住宅项目结算建安成本数据沉淀。

 【完成任务】

6.13
某住宅项目 1 期
建安成本数据

1. 商业项目成本后评估报告。

2. 住宅成本后评估模板。

3. 某住宅项目 1 期建安成本数据。

 综合训练

一、填空题

1. 工程竣工结算分为_____、_____、_____。

2. 已经竣工未验收且未实际投入使用的工程以及停工、停建工程的质量争议，双方应_____。

6.14
综合训练
参考答案

二、单选题

1. 发包人应在收到承包人提交的竣工结算文件后的（ ）内审核完毕。

A. 28 天 　　　　B. 21 天 　　　　C. 14 天 　　　　D. 7 天

2. 发包人委托造价咨询人审核竣工结算的，工程造价咨询人应在 28 天内审核完毕，审核结论与承包人竣工结算文件不一致的，应提交给（ ）复核。

A. 发包人 　　　B. 设计人 　　　C. 监理人 　　　D. 承包人

3. 根据竣工图、竣工技术资料、预算定额，按照施工图预算编制法，全部重新进行计算的竣工结算方式是（ ）。

A. 经济包干法 　　　　　　　　　B. 预算签证法

C. 竣工图计算法 　　　　　　　　D. 合同数增减法

三、简答题

1. 在采用工程量清单计价的单价合同中，工程竣工结算的编制应当遵照什么计价原则？

2. 竣工结算的审核期限是什么？

模块七

项目运营阶段造价咨询

Chapter 07

导言

　　项目运营阶段的造价咨询可以帮助项目管理者全面了解项目的成本、收益和投资回报率，从而制定出更加科学的决策。其次，通过监测和评估，及时发现和解决项目运营中出现的问题，避免成本超支和投资风险。此外，提供有关项目扩展、更新、转让等方面的建议，为项目的经济效益最大化提供有力保障。

　　因此，项目运营阶段的造价咨询是确保项目顺利运营的重要环节，但我国目前在项目运营阶段的造价咨询还处于起步阶段，需要一批全面了解项目运营情况，提供专业监控、评估、风险控制、合同管理、成本控制和决策支持等服务，为项目稳定运营和经济效益最大化提供有力保障的造价咨询人员，不断推动它的发展与完善。

训练目标

　　了解项目运营阶段造价咨询工作，了解运营阶段中工程项目后评价咨询和项目绩效评价咨询的主要内容和实务要点。

训练要求

　　解决缺陷责任期造价管理，进行实际项目中的项目总结。

7.1　项目运营阶段造价咨询概述

　　工程项目进入运营期后，要根据发包人的需求开展项目设施运行状况评价工作、项目绩效评价工作、项目后评价工作。试运行合格后，协助发包人办理项目移交手续。项目运营阶段的造价咨询主要从项目后评价咨询和项目绩效评价咨询阐述。

7.1.1　项目后评价概述

　　项目后评价是指对已经完成项目的目标、执行过程、效益、作用和影响所进行的客观且系统的分析。通过对项目的检查与总结，确定项目预期的目标是否达到，项目或规划是否合理有效，项目的主要效益指标是否实现，同时采集有效信息，对未来项目或后续运营阶段做出指导性意见与建议，提高整体投资收益。

在实际工作中，从项目开工之后，由监督部门所进行的各种评价都属于项目后评价的范围，因此，根据评价时点，项目后评价可细分为跟踪评价、实施效果评价和影响评价。

7.1.2 项目绩效评价概述

项目绩效评价是根据设定的目标，运用科学合理的绩效评价指标和评价方法，从项目投入、实施、运营、过程控制、结果及影响等角度，对预算支出的经济性、效率性、效益性等进行全面、客观、公正的分析、计算、比较并给出定量结论和说明。

7.2 项目运营阶段造价咨询的内容

7.2.1 工程项目后评价咨询

工程项目后评价的内容包括项目决策评价、项目建设过程后评价、项目效益后评价、项目可持续性后评价、项目管理后评价、项目综合后评价。

一、项目决策评价

项目决策评价主要从决策依据、投资方向、技术水平、引进效果、协作条件、土地使用状况、决策程序和方法、社会和经济效益等方面，将项目实施现状进行比较，如果项目实施结果偏离目标较远，要分析产生偏差的原因，提出相应的补救措施。

7.1
项目运营阶段
造价咨询

项目决策评价的指标体系包括项目决策周期和项目决策周期变化率。

1. 项目决策周期

项目决策周期是指项目从提出《项目建议书》起，至《项目可行性研究报告》被批准为止所经历的时间。该指标反映了投资者与有关部门投资决策的效率。将拟建项目的实际决策周期与当地同类项目的决策周期或计划决策周期进行比较，以便考察项目的决策效率。

2. 项目决策周期变化率

项目决策周期变化率是指项目实际决策周期减去项目计划决策周期的差与项目计划决策周期的比率。该指标大于零，表明项目的实际决策周期超过了预计的决策周期；反之，则小于预计的决策周期。

二、项目建设过程后评价

项目建设过程后评价是建筑工程项目后评价的主要内容，它是指依据现有的法律法规、制度和相关规定，在项目投产后，将投资项目的前期—建设期—生产经营过程中的目标与预期目标进行比较和分析，找出偏差，总结经验教训，项目建设过程评价包括：项目开工评价；项目施工组织与管理评价；项目建设资金供应与使用情况的评价；项目建设工期的评价；项目建设成本的评价；项目工程质量和安全的评价；项目变更情况的评价；项目竣工验收的评价；项目生产能力和单位生产能力投资的评价等。

项目建设过程评价指标主要包括实际建设工期与建设工期变化率，实际投资总额和实际投资总额变化率，实际单位生产能力投资，工程质量指标。

1. 实际建设工期与建设工期变化率

实际建设工期指已建项目从开工之日起到该项目验收之日止所实际经历的有效天数，它不包括开工后停建、缓建所间隔的时间，是反映项目实际建设速度的指标。建设工期变化率是指项目实际建设工期减去项目计划建设工期的差与项目计划建设工期的比率，该指标大于零，表明项目的实际建设工期超过预期的建设工期，说明工期拖延；反之，则说明工期提前。

2. 实际投资总额和实际投资总额变化率

实际投资总额是指项目竣工投产后重新核定的实际完成投资额，包括固定资产投资和流动资金投资。实际投资总额变化率是反映实际投资总额与项目前评估中预期的投资总额偏差大小的指标，有静态实际投资总额变化率和动态实际投资总额变化率之分。该指标大于零，表明项目的实际投资额超过预期或估算的投资额；反之，则小于预期或估算的投资额。

3. 实际单位生产能力投资

实际单位生产能力投资反映竣工项目实际投资效果。实际单位生产能力投资越少，项目实际投资效果越好；反之，投资效果越差。

4. 工程质量指标

反映工程质量的指标主要有两项：项目实际工程合格率和项目实际工程停工返工损失率。项目实际工程合格率是指项目单位工程合格数量与项目实际单位工程总数之比。该比值越大，说明项目质量控制做得越好。项目实际工程停工返工损失率是指项目因质量事故停工返工增加的投资额与项目总投资额之比。该比值越小，说明项目管理水平越高，项目管理水平与质量管理水平越高。

三、项目效益后评价

项目效益后评价是项目后评价理论的重要组成部分。它以项目投产后实际取得的效益（经济、社会、环境等）及隐含在其中的技术影响为基础，重新测算项目的各项经济数据，得到相关的投资效果指标，然后将它们与项目前期评估时预测的有关经济效果值（如净现值 NPV、内部收益率 RR、投资回收期等）、社会环境影响值（如环境质量值 IEQ 等）进行对比，评价和分析其偏差情况以及原因，吸取经验教训，从而为提高项目的投资管理水平和投资决策服务。

项目效益后评价具体包括经济效益后评价、环境影响后评价、社会影响后评价。

1. 经济效益后评价

根据建筑工程项目投产运营后产生的实际数据或者重新预测项目全生命周期内的各项数据，计算经济指标（如净现值、内部收益率、投资回收期），然后将这些指标与项目前评价中预测的相关指标进行比较、分析。如果实际的指标与前期预测的指标产生了较大的偏差，还要分析为什么产生偏差，总结经验教训。经济后评价是项目后评价的核心内容，实际上是指对建成投产后的项目实际经济效益进行再次评价，经济后评价从内容上来讲包括财务后评价和国民经济后评价。

工程项目国民经济后评价和财务后评价的出发点和评价角度有所不同，它是站在整个国民经济或者全社会角度，在财务后评价的基础上，以实际数据和国家颁布的影子价格为计算依据，根据经济效益和费用流量表来计算出该项目实际的国民经济成本与盈利指标，分析项目前评估和项目决策质量以及项目实际的国民经济成本效益情况，分析和比较国民经济后评价指标与国民经济前评价指标的偏离程度及其原因，分析和评价项目实际上对当地经济发展，相关行业和社会发展的影响，考察项目的国民经济实际状况、这为提高将来的项目决策科学化水平有很大的帮助。

由于有些项目后评价时点处于项目投产达产以后，项目的固定资产已经移交，此时项目的效益测算比较复杂。在可能的情况下，项目后评价不仅要分析项目的效益指标，还应分析企业的效益状况。此外，不少后评价项目属于改造和扩建工程，这些项目的后评价不仅分析其增量效益，还要分析和评价工程项目对企业整体效益的作用和影响显得更为重要。根据国家有关部门的规定，考核企业经济效益主要包括以下几项指标：销售利润率、总资产报酬率、资本收益率、资本保值增值率、资产负债率、流动比率（或称速动比率）、应收账款周转率、存货周转率、社会贡献率、社会积累率等。

项目后评价效益的分析一般应对比项目前后和有无项目的主要指标，用以分析原因。采用该分析方法可以分析项目后评价效益指标与前评估效益指标的偏离程度并找出原因，一般表述主要影响因素的变化及其影响程度的指标有：项目实施周期变化率、投资总额变化率、产品（或服务）产量和价格变化率、主要原材料或动力价格变化率、项目财务内部收益率的变化、项目经济内部收益率和净现值的变化。除了作以上对比外，应将项目的财务收益率与行业基准收益率或银行同期贷款的平均利率相比较，分析其财务效益；还应将项目的经济收益率与社会折现率或银行同期的贴现率相比较，分析其经济效益。

2. 环境影响后评价

环境影响后评价是指对照项目前期评估时批准的《环境影响评价》，重新审定项目环境影响的实际结果，审核项目环境管理的决策、规定、规范和参数的可靠性和实际效果。在审核已实施的环境评估报告和评价环境影响现状的同时，要对未来进行预测。对有可能产生突发事件的项目，要有环境影响的风险分析。环境影响后评价一般包括项目的污染控制、区域的环境质量、自然资源的利用、区域的生态平衡和环境管理能力。

3. 社会影响后评价

从社会发展的观点来看，项目的社会影响评价是分析项目对国家或地方发展目标的贡献和影响，包括项目本身和对周围地区社会的影响。社会影响评价一般定义为对项目的经济、社会和环境方面产生的有形和无形的效益和结果所进行的一种分析。社会效益评价是对项目在社会经济发展方面有形和无形的效益与结果的分析，重点评价项目对国家（或地区）社会发展目标的贡献和影响。包括项目本身和对周围地区的影响，即就业影响、居民生活条件和生活质量影响、地区收入分配影响、项目受益范围及受益程度，对地方社区发展的影响、当地政府和居民的参与度等社会效益评价的方法是定性和定量相结合，以定性为主。评价的调查地和分析方法的选择非常重要。在诸要素评价分析的基础上，社会效益评价要作综合评价。综合评价可以采用两种方法，即多目标评价法和矩阵分析法。

四、项目可持续性后评价

项目可持续性后评价的要点包括：确立项目目标、产出和投入与相关持续性因素间的真实关系（因果联系）；区别在无控制条件下可能产生影响的因素，即行为因素与需执行者调整的结构因素；区分在项目立项、计划、投资（决策）、项目运作和维持中各种因素的区别。

五、项目管理后评价

项目管理后评价是以项目竣工验收和项目收益后评价为基础，结合其他相关资料对项目整个生命周期中各阶段管理工作进行评价。其目的是通过对项目各阶段管理工作的实际情况进行分析研究，形成项目管理情况的总体概念。通过分析、比较和评价，了解目前项目管理水平。通过吸取经验和教训，以保证更好地完成以后的项目管理工作，促使项目预期目标更好地完成。

项目管理后评价包括项目的过程后评价、项目综合管理后评价及项目管理者评价，主要包括以下几个方面：

1. 投资者的表现

评价者要从项目立项、准备、评估、决策和监督等方面来评价投资者和投资决策者在项目实施过程中的作用和表现。

2. 借款人的表现

评价者要分析评价借款者的投资环境和条件，包括执行协议的能力、资格和资信以及机构设置、管理程序和决策质量等。

3. 项目执行机构的表现

评价者要分析评价项目执行机构的管理能力和管理者的水平，包括合同管理、人员管理和培训以及与项目受益者的合作等。

4. 外部环境的分析

影响到项目成果的还有许多外部的管理因素（如价格的变化、国际国内市场条件的变化、自然灾害、内部形式不安定等）以及项目其他相关机构的因素（如联合融资者、合同商和供货商等）。评价者要对这些因素进行必要的分析评价。

六、项目综合后评价

项目综合后评价包括项目的成败分析和项目管理的各个环节的责任分析。项目综合评价一般采用成功度评价方法，该评价方法是以逻辑框架法分析的项目目标的实现程度和经济效益的评价结论为基础以项目的目标和效益为核心所进行的全面系统的评价。

7.2.2　项目绩效评价咨询

本节以政府和社会资本合作（PPP）项目为例，展开对于项目绩效评价咨询的叙述。为规范政府和社会资本合作（PPP）项目全生命周期绩效管理工作，提高公共服务供给质量和效率，保障合作各方合法权益，财政部以及国家发展改革委发布众多PPP相关政策规章和实施细则。在《关于印发政府和社会资本合作（PPP）项目绩效管理操作指引的通知》（财金〔2020〕13号）中指出，PPP项目绩效管理是指在PPP项目全生命周期开展的绩效目标和指标管理、绩效监控、绩效评价及结果应用等项目管理活动。

PPP项目绩效目标包括总体绩效目标和年度绩效目标。总体绩效目标是PPP项目在全生命周期内预期达到的产出和效果；年度绩效目标是根据总体绩效目标和项目实际确定的具体年度预期达到的产出和效果，应当具体、可衡量、可实现。

PPP项目绩效评价结合PPP项目实施进度及按效付费的需要确定绩效评价时点。原则上项目建设期应结合竣工验收开展一次绩效评价，分期建设的项目应当结合各期子项目竣工验收开展绩效评价；项目运营期每年度应至少开展一次绩效评价，每3～5年应结合年度绩效评价情况对项目开展中期评估；移交完成后应开展一次后评价。PPP 项目运营期绩效评价共性指标以产出、效果、管理为一级指标，并根据项目行业特点与实际情况等适当调整二级指标，细化形成三级指标。

7.3 项目运营阶段造价咨询要点

一、咨询公司从事工程项目后评价的条件和任务

从事项目后评价工作的咨询公司要具有一定数量的专职项目后评价工作人员。他们应具有较系统的项目后评价理论知识，熟悉项目后评价工作规范，掌握项目后评价的基本方法，能胜任项目后评价工作的管理和操作等。项目后评价队伍要具有科学合理的知识结构、学科结构、职称结构和年龄结构。项目后评价机构还应具有从社会上不同行业和部门聘请一定权威性专家的条件和能力，并能充分发挥他们的作用，进行项

7.2
项目运营阶段
造价咨询实务

目后评价工作。聘请外部专家参与，既可以弥补执行机构专职评价人员的不足，满足具体项目评价对不同专业人员需要的特殊要求，又能给评价组带来新观念、新思维，提供项目评价所需要的专业技术知识和经验，同时还可以增强项目后评价的公正性和可信度，有利于提高项目后评价机构的声誉。

咨询公司从事工程项目后评价的任务主要包括制订项目后评价实施计划，建立项目后评价工程程序，规范项目后评价方法，建立项目后评价数据库，进行项目后评价的行业政策研究，进行具体项目的后评价工作。

二、工程项目后评价的程序

工程项目后评价一般分为 4 个阶段，分别包含项目自评阶段，行业或地方初审阶段，正式项目后评价阶段和成果反馈阶段。项目后评价一般包括运营后评价项目、制定项目后评价计划、确定项目后评价规范和选择执行项目后评价的咨询单位和专家等。

选择后评价项目有两条基本原则，即特殊的项目和规划计划总结需要的项目。在项目后评价任务委托、专家选定后，后评价即可开始执行。

1. 资料信息的收集

项目后评价的基本资料应包括项目自身的资料、项目所在地区的资料、评价方法的有关规定和指导原则等。项目自身资料一般包括：项目自我评价报告、项目完工报告、项目竣工验收报告、项目决算审核报告、项目概算调整报告及其批复文件、项目开工报告及其批复文件、项目初步设计及其批复文件、项目评估报告、项目可行性研究报告及其批复文件等。项目所在地区资料包括：国家和地区的统计资料、物价信息等。项目后评价方法规定的资料则应根据委托者的要求进行收集。

2. 项目后评价调查

项目后评价现场调查事先做好充分准备，明确任务，制定调查提纲。调查任务一般应回答的问题包括项目基本情况、目标实现程度、作用和影响。

3. 分析和结论

后评价项目现场调查后，应对资料进行全面认真的分析，回答以下主要问题：总体结果、可持续性、方案比选和经验教训等。

4. 项目后评价的报告

项目后评价报告是评价结果的汇总，是反馈经验教训的重要文件。项目后评价报告必须反映真实情况，报告的文字要准确、简练，尽可能不用过分生硬的专业化调整；报告内容的结论、建议要和问题分析相对应，并把评价结果与将来规划和政策的制定、修改相联系。

评价报告包括摘要、项目概况、评价内容、主要变化和问题、原因分析、经验教训、结论和建议、基础数据和评价方法说明等。

三、工程项目后评价报告编写

工程项目后评价报告的主要内容一般包括项目背景、实施过程评价、效果评价和结论建议 4 部分。

1. 项目背景包括但不限于项目情况简述、项目的目标和目的、项目建设内容、项目工期、项目总投资、资金来源及到位情况、项目评价的要求等。

2. 实施过程评价要求对项目实施的基本特点进行简单说明，对照可行性研究评估找出实际发生的主要变化，并分析这些变化产生的原因，讨论和评价这些变化对项目实施和效益的影响。项目实施评价的内容包括项目前期决策总结、项目设计概述、项目合同管理、项目组织管理、项目实施过程的投资和融资、项目建设实施总结、项目运营情况等。

3. 效果评价是对项目的成果和作用进行的评价，包括两部分内容：①对项目所达到和实现的实际效果和作用进行分析评价；②根据项目运营和有关情况，预测评价项目未来发展以及可能实现的效益、作用和影响。

4. 最终得出结论和经验教训。项目后评价报告的最后部分主要包括项目的综合评价、评价结论、经验教训以及建议对策等内容。

任务 1　缺陷责任期造价管理

【任务目标】

1. 了解缺陷责任期相关名词及定义。
2. 熟悉跟造价相关的工作内容。

【实操说明】

1. 了解缺陷责任期相关名词及定义。

（1）缺陷责任期

缺陷责任期是指承包人按照合同约定承担缺陷修复义务，且发包人预留质量保证金的期限，自工程通过竣工验收之日起计算。缺陷责任期一般为 1 年，最长不超过 2 年，具体由发承包双方在管理合同中约定。

（2）质保期（即实际具体项目的缺陷责任期）

指在公司与施工单位（供货商）之间签订的施工（供货）合同中相互约定的对于该工程或货物的质量保证、无偿保修期限。施工工程质保期以公司与施工单位的合同约定的质保期为准。

（3）质保金

即工程质量保证金，是指根据合同约定，按规定比例从工程款中预留的用于工程完工后，质保期内的后续质量维修的保证款项。

（4）质保金结算

指在工程合同质保期届满，保修责任全面履行完毕，扣除在保修期间实际发生或保修期间应当发生而递延的相关责任类、赔偿类、违约责任类、连带责任类等相关费用，施工单位结算支取预留的工程合同价款。

7.3
工程质量保证金
预留与返还

2. 具体工作内容

（1）业务环节（表7-1）

某地产项目缺陷责任期管理业务环节 表7-1

	活动	具体工作内容/工作方式说明	主责岗位	参与岗位	时间节点	该环节的产出
环节1	项目维保中心建立	维修服务部门/客户关系部于项目交付前30天成立项目维保中心，交付后当月内合约管理部向项目维保中心移交合同最终结算书等合同台账	维修服务部门/客户关系部	项目维保中心	交付前30天	项目维保中心人员配备
环节2	质保责任移交	1. 工程交付前30天，由项目部组织召开移交会，开发公司向物业公司出具《授权委托书》将质保期管理责任移交项目维保中心。同时，要求施工单位重新签署《工程质量保修协议书》并对其负责质保期内维修工作的人员出具《授权委托书》。 2. 项目竣工后，施工合同、竣工图纸、《工程质量保修协议书》及施工单位出具的《授权委托书》由项目部整理后全部移交项目物业公司进行妥善保管	项目部	项目维保中心物业公司	交付前30天	《授权委托书》(开发公司对物业公司);《授权委托书》(施工单位对维修人员)《工程质量保修协议书》
环节3	质保金接管及台账建立	1. 项目交付当日，合约管理部提供《项目分期合同台账》。项目维保中心根据《项目分期合同台账》，建立《质保金管理台账》。后续台账维护由项目维保中心负责，合约定期与项目维保中心进行核对。 2. 结算完毕后7个工作日内，合约管理部以邮件形式知会项目维保中心，项目维保中心根据《最终结算书》更新《质保金管理台账》	项目维保中心	合约管理部	住宅交付后9个月，商业开业后12个月	《最终结算书》(合约管理部提供扫描件)《质保金管理台账》
环节4	质保期内扣款	1. 因工程质量问题导致的维修：由项目维保工程师签发《维修告知函》，告知施工单位维修费用等相关事项，要求施工单位承担相关责任。在通知限定的期限内，施工单位不予以回复或拒绝维修，由项目维保中心发起《第三方维修申请》，启用第三方施工单位进行维修	项目维保中心	财务部合约管理部	如需扣款	《扣款函》《维修告知函》

续表

	活动	具体工作内容/工作方式说明	主责岗位	参与岗位	时间节点	该环节的产出
环节4	质保期内扣款	2. 因质量问题引起业主投诉,涉及赔偿的,或施工单位维修人员未按照《工程质量保修协议书》履行保修义务的,各项目维保工程师需根据维修费用、业主赔偿费用、违约金费用,签发《扣款函》并抄送合约管理部,将相关费用从施工单位质保金中扣除。 3. 维修服务部门是唯一具备施工单位质保期内质保金扣款权限的部门,其他相关部门如需对施工单位进行扣款,须取得所在项目维修服务部门片区经理同意后,由维修服务部门签发《扣款函》	项目维保中心	财务部 合约管理部	如需扣款	《扣款函》 《维修告知函》
环节5	质保金核对及风险管控	1. 项目维保中心定期与合约管理部及财务部核对《质保金管理台账》,并与合约管理部核对已结算合同《最终结算书》(扫描件)是否完全移交维修服务部门。 2. 施工单位质保金金额已不足预留金额50%时,由项目维保中心对扣款情况进行整理,评价质保期内施工单位履约情况并出具风险提示报告,抄送公司管理层。 3. 凡施工单位预留质保金金额不足支付维修或赔偿费用时,以先行止损为原则,产生的相关费用由开发公司先行垫付,然后向原施工单位追偿	项目维保中心	合约管理部 财务部	—	《质保金管理台账》
环节6	质保金支付申请暨OA审批	1. 施工单位在合同约定质保金付款周期内提出质保金结算申请,同时提供账户信息(需加盖该公司财务专用章)。如公司名称、账户信息、公章与合同不一致,施工单位需书面告知,否则不予以支付。 2. 项目维保中心与物业公司共同审核施工单位质保金付款申请书,并确定现场有无遗留问题,遗留问题全部维修处理完成后,方可签署质保金付款申请书并支付质保金。 3. 确认无遗留问题后,项目维保中心根据《最终结算书》《质保金扣款确认函》《质保金管理台账》出具《质保金量单》,并发起质保金支付流程。合约管理部及财务部在OA上进行审批	项目维保中心	合约管理部 财务部 物业公司	—	《质保金支付申请》; 《质保金量单》;《质保金扣款确认函》
环节7	质保金支付备案	1. 流程结束后,按照开发财务要求,项目维保中心向财务部提交付款材料,开发财务部确认后支付; 2. 财务部支付后,项目维保中心整理施工单位相关函件,更新《质保金管理台账》	项目维保中心	—	OA审批完成	《付款收据》(施工单位提交)

续表

	活动	具体工作内容/工作方式说明	主责岗位	参与岗位	时间节点	该环节的产出
环节8	维修资料管理、移交	1. 维修服务部门组织项目物业公司相关人员参加,参会人员在《资料移交明细表》上签字,《资料移交明细表》由维修服务部门进行保管; 2.《质保金管理台账》及质保金付款资料在项目质保期满五年后全部移交开发行政存档	维修服务部门	人事行政部	交付五年	《资料移交明细表》

(2) 造价相关的工作内容

主要是维修工作对工程造价的认定,即工程量和单价的确认。如果相关责任单位可及时完成维修工作的话,不产生任何费用计算事宜;如果在期限内原责任单位不能完成维修工作的话,通常会委托与地产公司有合作关系的第三方维修单位来完成修缮工作,由此产生的维修费用在原责任单位质保金中扣除。另行委托维修的工程量由维修服务部的工程师确认,单价按第三方的合同单价执行。如果修缮的工作比较大的话,也可能就修缮的工作内容进行项目招标,具体的操作同过程中的分包招标的操作。

 【项目背景】

某住宅地块项目交付后缺陷责任期内的维修工作,内容如下:

某住宅二期二标项目总包工程已竣工交付,目前正处于合同约定的维修责任期内。目前现场存在多处房屋质量问题,通知总包单位限期内维修整改,逾期则安排第三方单位修复,对应的费用由责任单位承担。

7.4
某项目缺陷责任期
维修工程案例

 【完成任务】

根据上述条件完成维修工程的费用审核。

任务2 项目总结

 【任务目标】

了解项目总结的内容与意义。

 【实操说明】

1. 注意事项

缺陷责任期内涉及某专业分包的修缮工作内容,要完善相关的手续,需相应的责任单位明确答复不维修或是在给定的时间内没有安排维修的情况下才可以安排第三方代工单位维修,对应的费用从专业分包的质保金中扣除。电话联系其维修对接人后,相关的通知文件需发至原责任单位的指定邮箱,作为后期计算时间节点和扣款的凭据;另外当对应的修缮工作量大,预估维修金额可能超质保金金额时,需要专项汇报后再安排维修和向原责任单位发起费用追溯。

2. 总结与分析

（1）问题梳理

项目交付后，哪些工程部位容易产生质量问题、存在安全隐患、投诉风险等；在找责任单位追责时，责任单位会就责任分判给到什么样的回复意见等，这些问题点汇总整理后，分析哪些属于个性问题，哪些属于共性问题。针对不同的情况分析问题产生的原因，从而追溯到产生问题的起源，探讨在今后的项目中如何规避这些问题。

（2）问题反思

1）从设计角度，能否有规避和改进或降低产生此类问题的设计方案，或者如何做好防护工作，减少维修频次和降低维修费用。

2）项目管理上采取有效措施规避，从过程监督和验收节点中明确对应部位的巡场内容，重点关注对应部位是否按设计要求施工，是否做到有效的养护等。

3）合约就工程部给的责任分判，在合同中明确责任分判的内容，属于责任单位的原因，原来合同没有提及或描述不到位的，明确录入合同条款中，规避费用风险。

4）在项目交付使用后，既有不断出现的问题，也有好的典型案例，所以不断总结，且项目之间作分享，好的做法不断推广，存在的问题一个个肃清，既提升了项目品质，也提升了团队的业务素养。

综合训练

7.5
综合训练
参考答案

一、填空题

1. ＿＿＿＿＿＿＿是指对已经完成项目的目标、执行过程、效益、作用和影响所进行的客观且系统的分析。

2. 工程项目后评价的内容包括＿＿＿＿＿＿、＿＿＿＿＿＿、＿＿＿＿＿＿、＿＿＿＿＿＿、＿＿＿＿＿＿、＿＿＿＿＿＿。

二、多选题

1. 项目决策评价的指标体系包括（　　　）。

A. 项目决策周期　　　　　　　　B. 项目决策周期变化率

C. 项目决策人员　　　　　　　　D. 项目决策方法

E. 项目决策地点

2. 项目建设过程评价指标主要包括（　　　）。

A. 实际建设工期与建设工期变化率

B. 实际投资总额和实际投资总额变化率

C. 实际单位生产能力投资

D. 工程质量指标

E. 工程安全指标

三、简答题

1. 项目运营阶段造价咨询有什么作用？

2. 如何编写工程项目后评价报告？

参考文献

[1] 雷开贵，雷冬青，李永双．全过程工程咨询服务实务要览［M］．北京：中国建筑工业出版社，2021．

[2] 中国建设工程造价管理协会．全过程工程咨询典型案例（2019 年版）：以投资控制为核心［M］．北京：中国计划出版社，2019．

[3] 李海凌，项勇．建设项目全过程造价管理［M］．北京：机械工业出版社，2021．

[4] 中国建设工程造价管理协会．建设项目全过程造价咨询规程［M］．北京：中国计划出版社，2017．

[5] 全国造价工程师职业资格考试培训教材编审委员会．建设工程计价［M］．北京：中国计划出版社，2023．

[6] 全国造价工程师职业资格考试培训教材编审委员会．建设工程造价管理［M］．北京：中国计划出版社，2023．

[7] 中华人民共和国住房和城乡建设部，中华人民共和国国家质量监督检验检疫总局．建设工程工程量清单计价规范：GB 50500—2013［S］．北京：中国计划出版社，2013．

[8] 浙江省建设工程造价管理总站．浙江省建设工程计价规则［M］．北京：中国计划出版社，2018．

[9] 周和生，尹贻林．建设项目全过程造价管理［M］．天津：天津大学出版社，2008．

[10] 戚安邦，孙贤伟．建设项目全过程造价管理理论与方法［M］．天津：天津人民出版社，2004．

[11] 王渭．关于建筑工程项目建设全过程造价咨询管理的思考［J］．城市建设理论研究（电子版），2023（20）：36-38．

[12] 刘文智．建设项目全过程造价咨询服务的重点及实施效果研究［J］．建筑经济，2021，42（9）：42-46．

[13] 万家织．建设工程全过程造价咨询服务探讨［J］．建筑经济，2020，41（S1）：97-99．

[14] 韩会宾．建设单位工程造价全过程管控要点分析［J］．建筑经济，2021，42（8）：52-56．

[15] 田志超，陈文海．新时代全过程工程造价咨询服务发展路径与策略研究［J］．建筑经济，2022，43（9）：5-10．

[16] 严玲，宁延等，全过程工程咨询理论与实务［M］．北京：机械工业出版社，2021．

[17] 吕晴．硬景施工图设计阶段景观工程造价控制措施——以西江园·淮王八景项目为例［J］．城市建设理论研究（电子版），2023，（13）：49-51．